U0867932

快乐算法

快 乐 是 每 一 个 人 的 默 认 状 态

[埃及] 莫·乔达特（Mo Gawdat）_著　刘 琨_译

中信出版集团 · 北京

图书在版编目（CIP）数据

快乐算法 /（埃及）莫 · 乔达特著；刘琨译 . -- 北京：中信出版社，2018.11
书名原文：Solve for Happy
ISBN 978-7-5086-8856-5

I. ①快… II. ①莫… ②刘… III. ①人生哲学－通俗读物 IV. ①B821-49

中国版本图书馆 CIP 数据核字（2018）第 072478 号

Solve for Happy: Engineer Your Path to Joy
by Mo Gawdat
Copyright © 2017 by Mo Gawdat
This edition arranged with InkWell Management, LLC.
through Andrew Nurnberg Associates International Limited.
Simplified Chinese translation copyright © 2018 by CITIC Press Corporation
ALL RIGHTS RESERVED
本书仅限中国大陆地区发行销售

快乐算法

著　　者：［埃及］莫 · 乔达特
译　　者：刘　琨
出版发行：中信出版集团股份有限公司
（北京市朝阳区惠新东街甲 4 号富盛大厦 2 座　邮编　100029）
承 印 者：北京盛通印刷股份有限公司

开　　本：880mm × 1230mm　1/32　　印　　张：13　　字　　数：210 千字
版　　次：2018 年 11 月第 1 版　　印　　次：2018 年 11 月第 1 次印刷
京权图字：01-2018-0171　　广告经营许可证：京朝工商广字第 8087 号
书　　号：ISBN 978-7-5086-8856-5
定　　价：58.00 元

版权所有 · 侵权必究
如有印刷、装订问题，本公司负责调换。
服务热线：400-600-8099
投稿邮箱：author@citicpub.com

战争的严酷对身处和平的人来说毫无意义

致阿里

无论你在哪里，我确信你都是快乐的

目 录

6 种重要错觉让我们陷入困惑，妨碍我们理解世界的能力，生活从此变成一场奋力抗争。正因为我们向快乐算法中输入的内容是错觉，所以求解的努力大多会失败，我们看不到这个世界的真容，又想知道生活为什么一定要如此残酷。当我们看穿那些错觉的时候，就好像负重消失了、视线清晰了，快乐也就成了常客。

7 处盲点会影响大脑加工信息的方式，并模糊我们对现实的感知。为了确保我们的生存，这 7 处盲点会与大脑的悲观倾向联合起来，它们妨碍我们求解快乐方程式的能力，从而让我们承受不必要的痛苦。

5 个终极真相一旦被知晓，你就会发觉生活总是一如期望。它们将让你的快乐方程式彻底得解。只要将自己锚定在真相，你就能超越想法，进入安宁的境界，在那里，没有什么能动摇你的快乐。你将超越以外部事件为条件的快乐状态，进入永久的安乐状态。

推荐序

假如谢耳朵和你谈“快乐算法”

孤独大脑公号主理人　喻颖正

你是一个美女。你让公司的技术男A帮你修电脑，他可靠到让你愿意把单身公寓的钥匙给他。你回到家，惊讶地发现他正站在窗台上贴报纸。他跳下来，对你说：“电脑修好了，拖了地，顺便做了顿晚饭。”你望向餐桌，上面躺着两桶老坛酸菜方便面。

他接着说：“我连了下你家的网络，密码过于简单。我进去后，发现附近有人蹭你Wi-Fi。于是我黑进去看了下，这人居然偷窥你。他住在对面那栋楼的506，所以我先用报纸把你的窗户贴上。我用他的账户给你订了窗帘，这表明你知道他知道你的地址——这可以警告他一下。”

一切都是解决问题。方程式、算法和“小孩子扔石头”般扑通一响的动作，这是技术宅的可爱和愚笨之处。所以，当《快乐算法》的作者——曾任 IBM（国际商业机器公司）、微软工程师，现任谷歌 X 首席商务官——勇敢地求解出快乐方程式，为你打造一把控制大脑的万能钥匙时，会如《生活大爆炸》里的谢耳朵般令人充满期待。

《快乐算法》抛出的三个彩蛋

中信出版社即将推出的《快乐算法》，有以下三个值得探寻的超级彩蛋。

彩蛋 1：如何用计算思维，实现你自己的快乐算法?

为了实现这一点，《快乐算法》的目标是：

找到可以被反复用于我的生活并且每次都能带来快乐的代码。

具体策略如下：

- 对“快乐”这一问题进行最小化分解，在这一过程中还运用了工程分析理论；
- 采用的是一种可扩展、可复制的事实驱动法；
- 挑战每个流程，测试每个可变部分，并观察每个输入内容的正确性。

作者用计算机思维来求解快乐。计算机思维是一种递归思维，利用启发式推理来寻求答案。它让我们能够剖析一个复杂的问题，并且开发出可行的解决方案。然后我们就可以将这个问题“翻译”成计算机和人都可以理解的形式，交给计算机去运行。

计算机思维有四个关键点：

1. **分解**。将复杂的问题或者系统分解成一个个小问题，或者分解成更易于管理的小分支。

2. **模式识别**。在一堆问题中找到它们的相似点或者相同的模式，让处理复杂问题变得更有效率。

3. **抽象化**。将复杂的问题剥离、过滤，只着重于处理重要信息，过滤掉不相关的细节。

4. **算法**。开发循序渐进的解决方案，或者创建一个可以遵循的、用于解决问题的逻辑步骤。算法是设计计算机程序最基本的方法。

《原则》一书，是将算法用于投资和人生；《快乐算法》一书，则试图用算法解决快乐与悲伤。二者的异同何在？

彩蛋 2：怎样以谷歌 X 的 10 倍速思维，颠覆传统的快乐原理？

谷歌 X，是谷歌公司运行的一个秘密实验室，其研发项目包括无人机、谷歌眼镜、无人驾驶汽车等。

谷歌创始人佩奇认为，很难让团队树立非常远大的目标，因为大部分人在接受教育的过程中缺乏“登月”的思维方式。

所以，谷歌 X 就是谷歌的“登月工厂”。其宗旨不是按照世界原有的运转方式去实现渐进式的改进，而是开发彻底改变事物原样的新技术，实现激进的、10 倍速的改进。

作者给自己设定了一个登月计划：让 10 亿人变得更加快乐。所以，他必须求解出方程式，而非简单地端出一碗鸡汤。

彩蛋3：21岁的孩子，如何指引自己的父亲实现求生探险？

本书其实是作者在儿子阿里不幸于21岁离世之后，一次痛彻心扉的求生之旅。在这个过程中，他的那位哲学家般的儿子，冥冥之中一直伴随着他、指引着他。

他讲过儿子阿里的一个故事：阿里走到一个流浪的女人身边，坐下来，聊了很久，后来把所有的钱都给了她。那个女人追上来送给阿里一盒护手霜。

阿里的一个朋友告诉作者，阿里最大的恐惧是失去某个真爱的人。因为阿里的离去，阿里最害怕的事情一直没有发生。这实在神奇。

作者从儿子阿里那里学到，学会无条件地给予、微笑、赞赏、谈话、问候，不要像对待二维的存在一样对待服务员和店员。

极度悲伤的作者命悬一线，他试图以解密快乐来自救。他是如何在儿子的帮助下脱离困境的？

作者认为，对一个工程师来说，算法代表了终极公平。

于是，《快乐算法》给出了“6–7–5法则”：

第一，让你陷入困惑的一共有**6种重要错觉**，以此理解生活，会加深痛苦。

第二，**7处大脑盲点**会误导你对现实生活的判断，因此而扭曲的情景则会让你不快乐。

第三，你要记住**5个终极真相**。

《快乐算法》实质上是大脑的一次自我考问。

人体器官的自我观察和自我满足并不常见。一个是手，但要左手和右手；一个是眼睛，但要通过镜子（或别人的眼睛）；唯有大脑，自己思考自己，每每想不明白，还总是感慨万千。

本书与《原则》的相同之处是，追求“算法”和“诚实到残忍”；不同之处是，《原则》像是把你请到一座宫殿，金碧辉煌，主人虽然推心置腹，但你还是小心翼翼，不敢随意触碰。

《快乐算法》像是到了一个男孩的密室，不够整洁，但好东西和意外惊喜绝对不少。尽管作者设计了一个结构化的叙述框架，但还是像贪玩的孩子一样，玩具遍地都是。热情慷慨的他有时把玻璃球视为珍宝，有时又把钻石随手一扔。该书真诚、有趣，但又交织着技术宅的小聪明和书呆子气。

《快乐算法》隐藏的三把神秘钥匙

作者时不时地用计算机和游戏来隐喻人生，比如真假、难度、关卡。那么这本书隐藏的三把钥匙是什么呢？

铜钥匙：工程师野草般的求解

“万一我能用可靠的数学方式证明设计者的确是一个真实的存在呢？”于是，作者将整个问题归结为一个数学问题，他模拟了一个造物赌场，横跨生物学、概率论等学科，来论证设计者（即“造物主”）的存在。

证据是确凿的，原理是高明的，推理是真诚的，结论可能是胡扯的（我也经常胡扯）。

但作者的技术背景，又令他从头开始推理，不依附于任何体系与概念，真实如野草般充满原生态。

作者有《火星救援》男主角的那种乐观，其忧愁和烦恼就像火星上那些被压缩的大便，打开虽然臭气熏天，但绝不黏稠，不会任由伤感蔓延。

他探讨生死和上帝的时候，是反油腻、反“朝阳仁波切”的。

他像工程师那样，开发了一个简单的流程。开始他觉得技术太简单、孩子气，但他又安慰自己：如果人类快乐的默认条件是以婴幼儿为模型的，那么“孩子气”或至少“像孩子一样”就不是什么坏事。

《快乐算法》给出了不少好玩儿、实用的工具，例如：

● 快乐清单：做填空题，“当____的时候，我感到快乐”。

● 快乐方程式：快乐≥你生活中发生的事情－你对生活的期望。

● 空白大脑测试：想一件很糟糕的事情，然后再消除掉。你会发现“让你不快乐的是想法，而不是实际事件本身”。

我还喜欢书中的冷知识：

● 大多数坐便器冲水的声音都是降 E 调。

● 只要你能买得起一杯 2 美元的咖啡，你就要感恩，因为超过 30 亿人每天的生活费还不到 2.5 美元。

● 你一共有 25 万亿个红细胞，它们都会在接下来的 4 个月内死去。读完本章的时候，你的整个身体已经死了 1.5 亿个细胞，其中 2000 个是再也无法被替代的大脑细胞。

玉钥匙：精神控制的大脑方法

作者擅长用电影场景隐喻。例如，在《黑客帝国》里，在救世主尼奥眼中，万事万物都以0和1的形式呈现在他眼前，对手进攻的速度和子弹的速度都变慢了。当你能够冷静地观察大脑中两个声音的对话时，就是看到0和1的开始。这时，你的想法会以更缓慢的速度流动，你就能躲开攻击，掌握控制权，这就是精神控制的黑带级别。

他有很多孩子气但又确实可行的办法。例如，在第十章，他给出了一系列具体的办法，让你“活在当下”，其中一个办法是选一个图腾。

他学习了《盗梦空间》里的方法，用图腾来区分自己究竟是在做梦还是醒着，例如，一块色彩鲜明的石头、一只陀螺，或者一个悠悠球。还可以是电子图腾，例如，手机的主屏幕。把图腾放在你每天都能接触几次的地方，每当你摸到、看到它时，就会记起：意识的间歇时间到了。

即使在讨论“死”这个沉重的话题时，作者也不忘引用伍迪·艾伦的话：“我不怕死，只是不想在它发生的时候身临其境而已。”

作者认为，物质的自我是一种错觉，生命不是受制于时空局限性的身体。在他的定义中，死亡是我们物质形态的终结，却不是生命的对立面。

死亡是出生的对立面。出生和死亡是两扇传送门。

水晶钥匙：自我救赎的终极思考

世间果真存在“快乐算法”吗？

有。但是并无通用版本，每个人都必须找到自己的“快乐算法”。

真理总是似曾相识但又能触动你的心。以下是书中的一些终极思考。

绝对真实，摘下面具。由于真正的你并不是自我假装的那个人，所以不断努力让别人认同自己选择的形象是一场注定失败的战争。这让我们不快乐。

接受设计。“我确切知道这很有可能是我最后一次呼吸，这有可能是我写的最后一个段落。这台机器，也就是我的物质形态，没有附带保修服务。”

放弃控制的错觉。命运无法预测，难以控制。

活在此时此地。不要活在自己的脑子里。

向下看。这会让你觉得很幸运。

时间是唯一的咖啡。和用什么杯子喝无关。

快乐的黄金法则。如果要在两种想法中选择一个，却不能完全肯定地证实其中任何一个，那么选择让你快乐的那一个。

书中写到“传送门”的游戏，里面有台叫格拉多斯的邪恶电脑，让你执行艰巨的任务，以蛋糕作为奖励，但却说“蛋糕是谎言”。哪怕你一个蛋糕都得不到，你还是会爱它，因为它很有趣，所以你会原谅它。

这让我想起了热门电影《头号玩家》的精神世界。

作者和他儿子都喜欢一个电子游戏主题曲：

不必为过去每一次失败而沮丧。

只要你勇于尝试，永不退让。

在此生都不可能再快乐的境况下，作者仍然选择快乐。这令他相信：儿子是安好的，他已经玩到了游戏的下一关。

又或者，快乐如同人生中的每一个喜怒哀乐，从来不容易，严酷如战争。

正如他儿子的文身：“战争的严酷对身处和平的人来说毫无意义。”

人生没有随机性

好儿子阿里去世 17 天后，我开始了写作，而且一发不可收。我的写作主题是快乐——与当时的情景有些格格不入。

阿里真是个天使。他让自己接触到的每一样事物都更加美好，也让自己遇到的每一个人都更加快乐。他总是平静的，也总是快乐的。你无法忽略他的能量，也无法忽略他对人生道路上出现的各种存在的热爱。当他离开的时候，我们有十足的理由不快乐，甚至苦闷。那么，他的离世又是如何让我写下以下这些文字的呢？好吧，故事要从他出生的那段日子讲起，甚至还要更早些。

追求物质世界不等于得到快乐

从第一天参加工作到现在，我已经收获了相当多的成功、财富和名誉。然而历尽这一切的我却时常感到不快乐。我职业生涯的早期是在

IBM 和微软这样的科技巨头公司度过的，个人才智和自我意识都得到了极大提升。没错，还有就是赚了一点儿钱。但是，我发现命运赐予我的越多，我就变得越不快乐。

这不仅仅是因为生活已经变得错综复杂——你知道，就像 20 世纪 90 年代那首说唱歌曲的名字——《钱越多，问题越多》(*Mo Money, Mo Problems*)。关键在于，除了金钱和才智方面的收获，我无法在生活中找到一点点安乐[①]。哪怕是被我视作此生最大幸福的家人，给我带来的安乐也不尽如人意，原因就在于我不知道如何去接受它。

具有讽刺意味的是，当我还比较年轻的时候，尽管要为谋生而奋斗，而且常常只能尽力维持生计，我却一直很快乐。但是到了 1995 年，当我和妻子收拾行装，带着两个孩子移居迪拜的时候，事情却发生了变化。需要说明的是，我并不是针对迪拜。那是一座很棒的城市，当地人既慷慨又大方，真的给人一种宾至如归的感觉。我们搬过去的时候，迪拜恰好处于爆发式增长的起点，就业机会多得令人咂舌，而且你可以找到数百万种让自己快乐，至少是尽量快乐的方式。

但是，迪拜也给人一种超现实的感觉。在炽热沙滩和碧绿海水构成的炫目美景的映衬下，地平线上高耸着密密麻麻的未来派办公楼和住宅楼。尽管每套公寓的价格高达数百万美元，却仍然吸引了络绎不绝的全球买家前来抢购。在大街上，保时捷、法拉利、兰博基尼、宾利互相挤占着车位。那种财富集中化带来的奢靡氛围让你眼花缭乱，同时也让你

---

① 本书中的“安乐”（joy）着重表达的是一种内心纯粹的、安然的喜乐，是比快乐更高一层的喜乐与宁静。——编者注

忍不住问自己：跟这一切相比，你是否真的算功成名就。

还没到阿联酋的时候，我就已经习惯性地将自己和那些超级富豪朋友做比较，结果总是让人失望。但是那种低人一等的感觉并没有促使我去看心理医生，也没有促使我修身养性，相反，它让我更加努力去奋斗。从孩提时代起，我就是个痴迷于阅读的书虫，后来又成了痴迷于电脑的极客（geek），但读书的爱好一直没变，如今我只是将这种爱好进行到底而已。我买了一大摞书，从中学习股票走势的技术分析，甚至连绘制每幅图表的基本公式也不放过。通过这种学习，我终于能够像个行家一样预言市场上的短期波动。每当结束一天的工作后，我就会在美国纳斯达克差不多开盘的时间回到家里，利用我的数学技能大赚一笔，就像个日内交易员（day trader）一样——更确切地说，我属于夜内交易员（night trader）。

然而——估计我不是第一个对你讲述这种故事的人——赚的钱越多，我就越苦闷。结果只是让我更加努力地工作和购买更多的玩物，因为我已经被一种假设误导：所有这些付出迟早都会得到回报，到时我就可以沿着非凡成就筑造的彩虹桥，找到想象中位于尽头的金罐子——快乐。我变成了一只仓鼠，在心理学家所谓的“快乐水车”上不停奔跑。得到的越多，想要的就越多；越努力，就要为努力寻找越多的理由。

一天傍晚，我在网上轻轻点了两下鼠标，就到手了两辆劳斯莱斯老爷车。为什么？因为我有这个能力，也因为我拼命地想要填补自己的精神空洞。可想而知，当看到那两辆漂亮的英国经典造型汽车停到门前路边的时候，我的情绪并没有丝毫好转。

回首人生的那个阶段，跟我相处实在没有什么乐趣。我的工作主要是在非洲和中东扩张微软的业务，正如你想象的，这让我好像待在空中的时间比待在地面的时间还要多。在不断求取“更多”的过程中，我变得固执己见且郁郁寡欢，即使在家里也不例外，对此我心知肚明。我很少花时间去欣赏优秀的妻子，也很少花时间去陪伴可爱的儿女，并且从不肯停下来享受在我面前打开的每一天。

我反而任由自己在力争上游、焦虑不安和吹毛求疵中度过绝大部分的清醒时间，对成就和业绩几近苛求，甚至还如此要求孩子们。我急于让这个世界变成自己心目中的理想模样。直到 2001 年，这种马不停蹄的状态和空虚的感觉已经将我带入一片黑暗。

那一刻我终于明白，不能再继续忽略问题的存在。从镜子里看到的这个固执又不快乐的人并不是真正的我。我怀念曾经的我，那个总是快乐又乐观的年轻人，而且我厌倦了以这种疲惫、痛苦又好胜的样子继续前行。我决定把自己的不快乐当作一种挑战：打算运用极客的自学方法，再加上工程师的分析头脑，为自己打通一条出路。

快乐算法的源起

我在埃及开罗长大，母亲是当地的英国文学教授，所以早在步入校门之前，我就已经在书海中汲取良多。从 8 岁那年起，我每年都会选择一个关注点，然后在腰包允许的情况下尽可能地购买大量相关书籍。而一年中接下来的时间，则被我用来学习每本书中的每个词。这种执念让我成了朋友间的笑谈，但也是这种根深蒂固的习惯，成了我应对所有挑战和实现所有雄心壮志的良方。每当在生活中遇到难题时，我就会通过读书来化解。

此外，我还自学了木工、镶嵌、吉他和德语，钻研了狭义相对论，研究了博弈论和数学，还学会了相当复杂的计算机程序开发。从小学到青少年时期，我一门心思地攻克那一座座书山。等到年龄更大些的时候，我把同样的热情用于学习经典车型收藏、烹饪以及超写实主义素描。基本上仅仅凭借书中学到的内容，我就在商业、管理、金融、经济和投资领域达到了堪称精通的水平。

人们在面对难题的时候，往往倾向于按照自己所了解的方式尽力去做更多的努力。于是，在三十几岁时，总是感觉苦闷的我开始埋头苦读各种跟我这种困境相关的书籍。我购买了所有我能找到的以快乐为主题的书。我参加所有以快乐为题的讲座，观看所有以快乐为题的纪录片，然后用心分析我学到的每一个知识。不过，我分析这个问题的角度和心理学家并不一样，尽管使“快乐研究”成为热门学科的正是他们的著作和实验。当然，我的思路也没有追随哲学家和神学家，尽管他们从人类文明起源就开始为解决人类快乐这一问题而努力不已。

基于个人接受的训练，我对快乐这一问题进行了最小化分解并运用了工程分析理论。我采用的是一种可扩展、可复制的事实驱动法。为了研制出一套能够产生预期效果的算法，我在整个过程中挑战了每一个明知要摸索着进行的流程，测试了每一个可变部分的配合情况，并观察了每一个输入内容的正确性。作为一名软件开发人员，我给自己设定的目标是找到可以被反复用于我的生活并且每次都能带来快乐的代码。

说来也奇怪，在付出所有这些超理性的努力之后——说我像科幻作品《星际迷航》中的斯波克先生也不为过——第一个真正意义上的突破口却出现在跟母亲的一次闲聊中。她总是告诉我要努力工作，把我的财富成就看得比什么都重要。她经常援引一句阿拉伯谚语，大致翻译过来就是“节衣一年，缩食一年，然后你就会找到永远的快乐”。年轻的我对这个建议深信不疑并坚决执行。我努力工作、努力存钱，如今已经算是一名成功人士。我如约履行了自己的义务，于是有一天我问妈妈：“我现在有权期望的快乐在哪儿呢？”

在那次谈话中，我顿悟到：快乐不应该是一种让你等待或争取的东西，就好像它需要被赚取一样；快乐也不应该依赖任何外部条件，更不依赖事业成功和财产增加这种变化无常又可能转瞬即逝的特定情况。在那之前，我的人生道路已经开满了进步和成功的鲜花，但是每次更进一步追求快乐，我就感觉那个标杆又被后移了一点。

我终于明白，做了这个、得到那个，或者达到某个标准就会让人变得快乐的理论并不可靠，只要我还迷信这种观念，就永远也不会得到快乐。

在代数里，解方程的方法可以多种多样。举例来说，如果 A=B+C，那么 B=A–C。如果你想求解 A，就要得到另外两个参数，即 B 和 C 的值。如果你想求解 B，就要换一种运算步骤。你选择求解的参数不同，解决方法就会大不相同。当你决定求解快乐的时候也是如此。

我开始明白，自己之前所有的尝试都是在解决错误的问题。我给自己设定的挑战是将物质财富和身份地位相乘，最终，这一切努力的产出结果将是快乐。其实不然，我真正要做的是跳过中间步骤，只求解快乐本身。

这个历程花费了我差不多10年的时间，不过到了2010年，我已经开发出一个方程式和一个精心设计的、简单易懂的、可供复制的快乐算法，以及让二者保持相得益彰的方法。

经过测试，我证明了这个体系的有效性。无论是生意的失败，还是机场的安检长队，抑或是糟糕的客服，所有这些情况带来的压力都不能冲淡我的快乐。而作为丈夫、父亲、儿子、朋友和员工，我的日常生活中难免有起起落落，但无论某一天过得怎样——好还是坏，或兼而有之，我发现自己都能享受那种乘坐过山车般的经历本身。

经过首次尝试，我终于变回为那个快乐的人，那个我心目中的“我”，并且将那种状态保持了很久。我与几百位朋友分享了这一缜密的流程，结果发现“快乐算法”对他们也一样有用，而且他们的反馈还帮助我更进一步完善了它。后来的事实证明，这套算法的确是个好东西，因为当时的我根本不知道自己将会那么需要它。

阿里的离开

我的父亲是一位杰出的土木工程师，是一个特别善良的人。尽管我的爱好一直都是计算机科学，但是为了让他高兴，我选择了土木工程专业。反正学什么对我的个人教育来说都不是最重要的，因为正如父亲所相信的，只有在现实世界中才能学到真正的知识。还在上中学的时候，父亲就鼓励我每个假期都去不同的国家游历。起初，为了让我能够拥有那种体验，他要省吃俭用地存下每一分钱，并安排我在旅行过程中拜访亲朋好友。后来，我就可以用自己打工赚来的钱支付旅行费用了。现实世界的那些体验真的很宝贵，所以我发誓要让自己的孩子也拥有类似的体验。

说来也是一种幸运，我学生时代的最大收获和幸福正是缘于选择了那所大学。在那里，我认识了一个充满智慧和魅力的女人——妮芭丽。她毕业一个月后，我们结婚了。又过了一年，她成了阿里乌姆，也就是阿里的母亲——中东地区的女性在生下第一个孩子后就会被这么称呼。又过了 18 个月，我们的女儿阿亚也降生了，她是我们家里的阳光，也是不可抑制和振奋人心的力量。生命中有了妮芭丽、阿里和阿亚，我的幸福简直漫无边际。对家人的爱促使我发奋工作，尽我所能地为他们提供最好的生活。我就像一头冲锋的犀牛，担负起生活中的各项责任。

2007 年，我加入了谷歌。尽管这家公司目前成绩斐然，但在那个时期，它的全球业务还没有展开，所以我的角色就是要拓展东欧、中东和非洲市场。6 年后，我调职到谷歌 X，在这里，我最终做到了首席商务官的位置。谷歌 X 员工的宗旨并不是按照世界原有的运转方式去实现渐进式的改进，恰恰相反，我们要开发将会彻底改变事物原样的新技术。我们的目标是实现一种激进式的、以 10 倍速的改进，也就是所谓的 10X。这让我们的工作带有一种科幻色彩，例如能够作为空中风力涡轮机的自动化碳纤维风筝，能够捕捉生理数据、与其他计算机进行无线通信的内置微型计算机的隐形眼镜，以及能够将电信技术带入平流层进而使身处世界任何一个角落的人都能享受到互联网服务的热气球。在 X

公司，我们把这些称作射月（moonshots）计划。

当你想让现存事物有些许改进的时候，出发点往往是相同的工具和假设，以及相同的思维模式，它们是旧技术的依据和基础。但当你想要挑战数十倍的改进速度时，出发点就会是一片空白。投身于某个射月项目的时候，你爱上的是问题，而不是产品。在承担某个任务之前，你甚至不知道自己是否有能力完成它。这样一来，你设定的目标就会足够大胆和创新。以汽车行业为例，人们数十年来的关注焦点都在安全性能上，并通过在传统设计上不断做加法来实现持续、累积的进步——那是所有人从 20 世纪初就已经习以为常的设计。而 X 公司员工在面对这个问题时却要先问一句："当初为什么要允许发生事故呢？"我们就是在那个时候投入了无人驾驶汽车的射月计划。

在此期间，我得益于效果显著的快乐算法，一边感受着事业带给我的激情，一边为创造未来添砖加瓦，而我的儿子和女儿也在学习与成长，并且延续着源自我父亲的传统，每年夏天都到新的地方旅行。他们在世界各地有很多可以拜访的朋友，而且总是外出探险。

2014 年，阿里正在波士顿上大学，而且那年他有到北美长途旅行的计划，所以我们没想到他会像往年一样回到迪拜的家。正因如此，5 月，他打电话说归心似箭，特别想回家跟我们待一些日子的时候，我又惊又喜。当时他有种莫名的紧迫感，问我们能否在这学期一结束的时候就为他订一张回家的机票。阿亚也计划回来看我们，所以我和妮芭丽都开心得难以置信。我们安排好一切，热切地盼望着 7 月合家团聚的安宁气氛。

阿里到家 4 天后，突然出现了急性腹痛，于是住进了当地医院，医生的诊断结果是他需要做一个常规的阑尾切除术。我并不担心。事实上，我很庆幸他是在家里的时候发病，因为这样我们就可以照顾他。虽然这个假期可能跟我想象中的有些出入，但要适应这种计划的改变还算容易。

阿里在手术台上的时候，要被插入一根注射器，然后注入二氧化碳来扩张腹腔，为接下来的手术步骤清理出空间。但是那根针偏偏被多推了几毫米，刺穿了阿里的股动脉——负责从心脏输血的一根大血管。然后情况变得越来越糟，在有人发现铸成大错之前，宝贵的抢救时间已经白白溜走，接着又出现了一系列失误，造成了致命的后果。几个小时后，我亲爱的儿子走了。

妮芭丽、阿亚和我甚至还没来得及从噩耗中回过神来，就有一大群朋友来到我们身边，帮忙料理各项事务，支撑我们面对生活中刚刚发生的这场巨变。

他们都说，人生中最难承受的莫过于丧子之痛。对于父母来说，这种事无疑让人痛彻心扉。我们失去阿里的时候正值他的大好年华，让这种承受难上加难，而失去他的原因居然是本来可以避免的人为错误，可能恰恰是所有这一切中最难承受的部分。

但对我来说，失去阿里的感觉更糟糕，因为他不仅仅是我的儿子，还是我最好的朋友。他出生的时候，我还很年轻，所以感觉我们好像在相伴成长。我们一起打游戏，一起听音乐，一起读书，一起欢笑。阿里18岁的时候，已经明显比我认识的许多男人聪明。他是我的支柱、我的知己。很多时候，我甚至在想：等我长大的时候，真希望能像阿里一样。

尽管全天下的父母都认为自己的孩子卓尔不凡，但是我由衷地认为阿里真的如此。他离开之后，我们收到了来自世界各地的信息，有数千人向我们描述这个 21 岁的年轻人如何改变了他们的生活。在来信的人中，有些只有十几岁，有些则已年过古稀。我永远都不会知道，阿里哪儿来的那么多时间和智慧去触及那么多人的生活。他是安宁、快乐和善良的榜样。他的存在感就源于不断将这些品质在他的人生道路上充分播撒。有一次，我从远处看到他在一个流浪的女人身边坐下，跟她聊了很长时间。他把她当作一个值得交流的人，后来还翻遍全身口袋，把所有的钱都给了她。当他离开的时候，流浪女人追上他，把手伸进自己的袋子底部，掏出一小盒尚未开封的、塑料包装的护手霜送给他——那一定是她最值钱的东西。那件礼物成了阿里最珍视的物品之一，如今又成了我们最珍视的物品之一。

但现在，一次医疗事故让我瞬间就失去了他。我学到的所有关于快乐的内容就要接受测试了。我想，如果这次能将自己和家人从最深层次的沮丧中解救出来，就算是一次巨大的成功。

但是我们做到的不仅于此。

阿里突然之间从我们的世界消失，让我们夫妻二人以及我们的女儿都深感痛心。当然，对他的思念之痛至今还萦绕不去，而且我们时常为再也不能跟他拥抱、聊天或打游戏而拭泪。尽管当时我们已经能够很好地保持安宁——甚至快乐——的状态，但那种心痛的感觉还是催生了纪念和祝福他的念头。伤心的日子固然存在，但我们并不觉得痛苦。我们的内心是满足的，甚至是安乐的。

简单说吧，是快乐算法带我们渡过了难关。即使是在为阿里的离世感到最悲痛的那些日子里，我们也不曾愤世嫉俗、埋怨人生。我们没有觉得被骗或沮丧，而是以安宁的心态走过了最艰难的历程，就像阿里可能会做的那样。

快乐算法的神奇力量

在阿里的纪念仪式那天，我们家里挤满了前来致敬的人，同时外面还有一大群人在迪拜近44℃的暑热中等待，就是不愿意离开。那是一场别开生面的纪念仪式，以各种方式营造着阿里终其一生都在传播的那种快乐氛围，含泪而来的人很快就融入这次活动的积极能量中。他们先是在我们的怀里哭泣，但是当我们开始交谈，当他们开始理解我们对这些事情的看法，得知我们的快乐算法后，就纷纷止住了眼泪。人们在屋子里信步，欣赏布满每面墙壁的数百张阿里的照片（都是满面笑容），品尝桌子上放着的阿里最喜爱的零食，或是挑一件他的物品作为纪念，想起他留下的所有快乐的回忆。

空气中弥漫着爱和积极的能量，拥抱和微笑数不胜数，活动快要结束的时候，不了解情况的人很可能会以为这只是朋友间一次快乐的聚会——或许是一场婚礼，抑或是一个毕业典礼。即使是在这种悲伤的场合，阿里的积极能量也能填满我们家的每一个角落。

纪念仪式之后的几天里，我发现自己总是在沉思：阿里在这种情况下会做什么？所有认识阿里的人都喜欢找他寻求建议，但他不会回来了。我拼命地想要问一问他："阿里，我要如何应对失去你这件事？"其实答案我已经知道了。他只会说："结束了，爸爸，我已经死了。你做什么都不会改变这个结果，所以还是随遇而安吧。”当四下寂静的时候，我的脑海里只有阿里一遍遍重复这几句话的声音，别的什么也听不到。

于是，在他去世 17 天后，我开始了写作。我决定听从阿里的建议，做些积极的事情，把我们的快乐算法尽可能地分享给世界各地正在承受不必要痛苦的人。4 个半月后，我终于搁笔，完成了第一份草稿。

我并非圣贤，也不是隐居寺院的僧侣。我照常工作，参加各种会议，也不止一次地犯错——那种让心爱之人伤心的大错，为此我悔恨不已。事实上，我并不总是快乐的。但是我发现了一套很有用的算法——一个曾经带我们走出悲痛的算法，那是由阿里亲身示范、以生命助力打造的算法，也是我想要在本书中呈现给大家的内容。

我希望能通过分享阿里的信息——他安宁的生活方式——来纪念他并传承他的理念。我极力想象着传播这种信息所能创造的积极影响，也想知道我从事这样一份具有全球影响力的引人瞩目的工作是否并非毫无缘由。所以，我接受了帮助 1000 万人变得更加快乐的远大使命，并请你加入这场名为“千万要快乐”（#10millionhappy）的运动，让我们齐心协力，在全球范围内掀起一股小规模的阿里式安乐的潮流。

《快乐算法》的第一版（www.solveforhappy.com）问世几个星期之后，我的几段视频开始在网上疯传，不但浏览量过亿，而且分享数和点赞数也有数百万之多。显而易见，我分享的信息引起了人们的共鸣，改变了人们的生活。我的读者和观众自行接受了远大使命，他们纷纷将自己的心得体会转述给心爱的人，然后让后者把爱传出去，把消息散播出去。就这样，我只用了几个月的时间，就超额完成了将这种快乐的信息传递给1000万人的远大目标。

我没有什么理由就此止步。既然这种方式如此有效，那么这项使命或许也该继续下去。于是在一群志愿者的拥护下，我们一致决定将目标提高到“千千万要快乐”的等级。事实上，我已经在着手成立一个基金会（www.onebillionhappy.org），希望借此提供必要的工具和资源，支持人们互相分享这个快乐算法的运动。

虽然对我来说，阿里的死是一场始料未及的打击，但是当我回顾过去时，感觉他对此竟好似早有预见。他意外离世的两天前，曾经让全家人坐在一起，就像个睿智的祖父召集孩子那样，说他有很重要的话对我们讲。他说他知道给父母提建议似乎有些奇怪，但却感觉非做不可。阿里平常是个少言寡语的人，如今却特意为此安排出时间，并且大部分时候都在对妮芭丽、阿亚和我讲述他对我们的爱，他衷心感谢我们为他的人生所做的一切。那些话听得让人心里暖暖的，然后，他又对我们每个人都提了一些具体要求。

他对我的要求是：“爸爸，你永远都不要停止工作，要不断发挥重要的作用，要更多地顺从你的内心。你在这里的工作还没结束。”然后他停顿了几秒钟，坐回椅子上——仿佛在说，但如今我在这里的工作已经结束了。接着，他又说：“就这些，我说完了。”

本书的问世和“千千万要快乐”的运动就是为了执行我的快乐偶像布置给我的任务。在有生之年，我要把实现全球人民的快乐作为个人使命，这是我为阿里专门制订的射月计划。

Part One

第一部分　搭建快乐算法模型

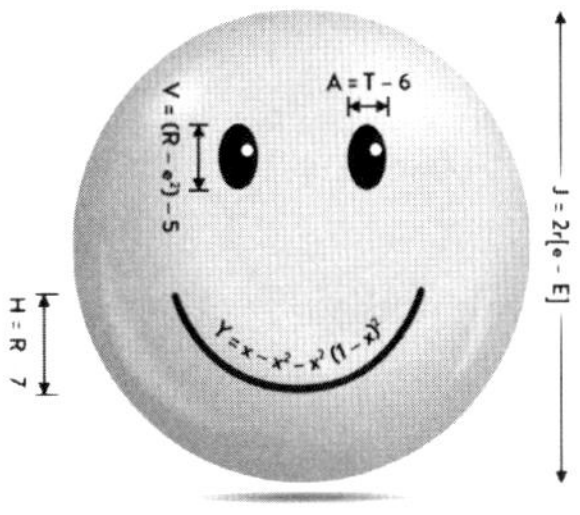

在现代社会，快乐被笼罩上了一层神秘色彩。我们对于快乐是什么以及快乐何处寻的理解大多被扭曲了。

其实如果知道你想要寻找的是什么，求取的过程就会变得简单易行。虽然忘却旧的习惯可能要花些时间，但是只要你在这条道路上坚持不懈，就一定会抵达目的地。

第一章

建立快乐算法

无论你是富有还是贫穷，高大还是矮小，男性还是女性，年轻还是年老，也无论你来自什么地方，从事什么工作，说什么语言，承受什么灾难，这些统统不重要。不管你在哪里，也不管你是谁，你都想要快乐。快乐是人类的基本诉求，就像呼吸一样。

当身边的万事万物看上去恰到好处，当人生的起承转合看上去严丝合缝，那种美好的感觉就是快乐。真正的快乐往往转瞬即逝，太过短暂，但就在那片刻间，你脑子中的每一个想法都顺心惬意，而且你不会介意时间就此停止，让这一刻延续永久。

在生活中，无论我们选择做什么，归根结底都是在试图找到并保持这种感觉。有些人在浪漫的爱情中追寻，有些人在财富或名望中追寻，还有些人则通过某种形式的成就追寻。但是众所周知，总有那么一群人，明明拥有深情的爱人、非凡的成就，以及环游世界的机会，也有能力将金钱能够买到的所有东西都收入囊中，尽情沉醉在奢侈品的世界中，但还是渴望实现捉摸不定的目标：满足、如意、安宁——也被称为快乐。

明明是如此基本的诉求，为什么要历经千辛万苦才能找到呢？

真相并非如此。我们只是找错了地方而已。

我们以为它是一个需要到达的终点，而实际上，它就在我们每个人出发的地方。

你是否有过这样的经历：遍寻钥匙不见，结果却发现它们一直都在自己的口袋里？记得吗，你挪开桌子上的所有东西，在沙发下面搜来找去，而且随着钥匙失踪的时间越来越长，你的挫败感也越来越强？当我们努力向“身外”寻找快乐，而实际上快乐——我们这个物种的基本特征——一直都在我们内心的时候，其实就在做同样的事情。

快乐是我们的默认状态

看一看你的电脑、智能手机，或其他类似的装置，它们全都被设计师和程序员预设了偏好设置，比如特定的屏幕亮度，或是本地化的用户界面语言。刚刚出厂的产品按照创造者心目中的最优标准进行设置，就被称作处于“默认状态”。

简单来说，人类的默认状态就是快乐。

如果你不相信，就花点儿时间跟一个刚刚“出厂”的人类——婴儿——相处一段时间。显而易见，那些小号人类的启动阶段总是伴随着频繁的哭闹，但实际上，只要最基本的需求得到满足，即没有饥饿，没有恐惧，没有可怕的孤独，没有生理上的疼痛或持续性的失眠，他们就会非常快乐地活在当下。即使在世界生活困苦的某个地方，你也能看见小脸儿脏兮兮的孩子们把小石子儿当作玩具，或者抱着一块破塑料板当作想象中的跑车的方向盘。他们也许住的是简陋不堪的小房子，但只要有东西吃，有一点点安全感，你就会看见他们开心地跑来跑去，嘴里还不停地模仿着汽车滴滴的声音。甚至在有关难民营的新闻报道中，成千上万的人因为战争或自然灾害而无家可归，出现在镜头前的成年人总是表情阴郁，但背景里仍能听见孩子们踢足球的笑声，尽管所谓的足球不过是一团破布而已。

不仅仅是孩子们，你的默认状态也是快乐。

回顾自己的亲身经历，你一定能够记起一段没有烦恼、没有忧虑、没有困扰的时光。那时的你是快乐的、平静的和放松的。关键在于，你不需要快乐的理由。你不需要自己的团队赢得世界杯，不需要职位高升，不需要激情四射的约会，不需要带有直升机起落坪的游艇。你需要的只是没有不快乐的理由。换句话说：

请记住！

快乐就是不存在不快乐。

它是我们没有幻想也没有干扰的休眠状态。

请记住！

快乐是你的默认状态。

当你使用有某种内置程序的设备时，有时会无意中改变它的默认设置，甚至因此让某些功能用起来不再顺手。安装一个总是能连接到互联网的 App（应用程序），会让电池寿命锐减。下载恶意软件，会让所有东西都乱套。人类默认的快乐状态也会发生同样的情况。在来自父母或社会的压力，以及信念体系和不合理期望的共同作用下，一些快乐的原始程序会被改写。那个从快乐出发，在婴儿床上咿咿呀呀玩着脚指头的“你”会受到一连串错误的想法与感觉的影响。从此快乐成了一个飘忽不定的神秘目标，而不是每天早上你一睁开双眼就已经拥有的东西。

如果要描绘那幅画面，不快乐的你就像被埋在一堆由错觉、社会压力和错误信念构成的石头下面。想要实现快乐，你需要从一些最基本的信念开始，一块一块地将那些石头搬开。

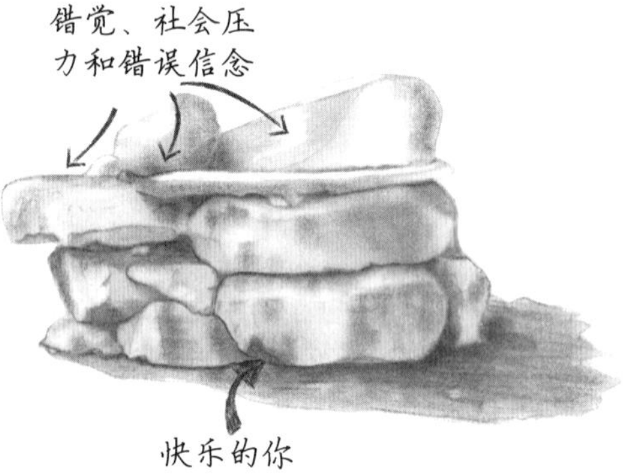

在技术支持部门工作过的人都知道，有时候要让某个设备恢复正常功能，第一步就是恢复出厂设置。但是人类跟那些设备不一样，并没有配备复位按钮。不过，我们拥有忘却和避免人生道路上不良因素影响的能力。

当初我们怎么会以为，快乐必须在身外寻找，必须去争取、抵达、实现甚至赚取呢？我们怎么会大错特错地相

信，快乐在我们的生活中只是蜻蜓点水般的存在呢？我们怎么会放弃快乐这种与生俱来的权利呢？

答案可能会让你大吃一惊：或许我们一直以来就是被这么训练的。

成功不是快乐的必要条件

你可能也得到过我母亲给我的那种合理建议，说我应该努力学习、努力工作、努力存钱，为了实现某些目标而心甘情愿地推迟某些形式的满足感。诚然，她的建议是促使我成功的重要因素，但我却误解了。我以为她的意思是我需要一路推迟快乐，或是说只有到我成功的那一天，快乐才会如期而至。

事实上，世界上最快乐的人群有些恰恰生活在相对贫困的拉美国家，那里的人似乎不怎么在意经济保障或是我们所谓的成功。虽然他们也要为谋生而每天工作，但是除此以外，他们认为快乐才是第一要事，所以会花时间陪伴家人和朋友。

我不是要给看上去新鲜有趣，但仍处于贫困线以下的生活涂抹上浪漫色彩。但是，那种无论经济条件如何，都能每天保持快乐的心态确实值得我们学习。

我并不反对物质上的成功。毕竟推动人类不断进步的除了内在的好奇心，还有那种绝对合理的愿望——为了能挺过冬季、旱季或歉收季节而储备足够的物资。几千年前，一个人的家族或部落掌控的领土越多，狩猎和采集的技能越强，生存的机会就越大。

久而久之，坐在杧果树下虚度光阴的观念逐渐淡化，取而代之的是通过少量创新和掠夺，扩张领土以及储备多余物资来以防万一的观念。

随着人类文明的发展，更多的领土和更多的财富通常意味着更好的生活条件和更长的预期寿命。最终，资本主义出现，并被新教价值观强化，使得经济繁荣成为上帝眷顾的一个标志。个人努力和个人责任催生了如今被我们称作收入不平等的现象，反过来又刺激人们更加卖力地工作，只为了不被别人超越和不被排挤出局。而且一旦你升入高位，肯定就不想再落至原点。因为随着竞争愈演愈烈，曾经为整个家族或村落提供安全感的传统给养已经失去作用。

我们之前的那个年代见证了经济大萧条以及接踵而来的两次世界大战，在此期间，哪怕是位于收入金字塔顶层的人也不得不为基本生活而担心。结果导致那种困境塑造了整整一代人对于孰轻孰重的判断，也让他们更加坚信，人生最重要的事就是不要让这样的困境重演。而最为人们接受和传承的“保障政策”，就被称作“成功”。

随着20世纪和21世纪的新旧交替，这种情况愈演愈烈，中产阶层给子女灌输的观念使其相信，唯一合理的路线就是在学校里度过数年时间，掌握各种技能，然后在一生的努力工作中学以致用，希望借此得到生活的保障。于是，我们学会了把这条路线当作人生的头等大事（即使因此变得不快乐），指望着当自己最终获得社会定义的成功时，就会兑现快乐的承诺。

不如现在就问一问自己：根据你的耳闻目睹，有多少人是通过这条路线得到快乐的？反过来再问，又有多少成功的银行家或者企业高管明明腰缠万贯，却总是愁眉苦脸？有多少表面上“拥有一切”的人成了自杀事件的主角？你认为这样的事为什么会发生？一言以蔽之，其原因在于基本前提有误：成功、财富、权力和名望并不能通向快乐。实际上：

成功不是快乐的必要条件。

埃德·迪纳和理查德·伊斯特林对主观幸福感与收入相关性的研究表明，在美国，虽然收入提高会带来主观幸福感的增加，但只表现在一定程度上。诚然，打两份工才能负担一套小小的公寓和一辆破旧的本田汽车，同时还清学生贷款，那感觉实在不怎么样。但是一旦你的收入达到人均年收入的平均值——现在美国的这个数据是大约 7 万美元——主观幸福感就会进入近乎停滞的稳定状态。虽然收入减少的确会抑制幸福感，但是收入增加并不一定会让你更快乐。[1] 也就是说，被广告商称作快乐钥匙的各种昂贵物品，如高端手机、豪华汽车、豪宅、标榜地位的行头，真的没那么重要。

财富、权力以及大量玩物并不是快乐的必要条件，就算是，因果链条真正发挥作用的方式也不是那样。英国华威大学的安德鲁·奥斯瓦尔德、欧亨尼奥·普罗托和丹尼尔·斯格罗伊发现，快乐可以让一个人的生产效率提高大约 12%，相应地，也更可能获得成功。[2] 所以说：

尽管成功不能通向快乐，但快乐确实能够助力成功。

然而，我们还是要把追求成功作为自己的重要目标。亚伯拉罕·马斯洛是最早关注快乐的人，也是研究心理轨迹的心理学家之一。早在 1933 年，他就深刻总结了我们对成功的追求："人类角逐的过程就是男人和女人将自己卖空的过程。"

尽管一般水平的成功在我们这个社会很常见，但是那些获得高水平成功的人往往都有一个共性、一个让他们卓尔不群的特点，那就是他们全都近乎不可遏止地热爱自己的事业。许多成功的运动员、音乐家和企业家之所以能够取得成功，就是因为这种职业本身可以让他们快乐。就像马尔科姆·格拉德威尔在《异类》[①] 一书中所说，用 10000 小时去做一件事，你就会成为全世界最擅长这件事的人之一。[3] 那么，要在一件事上花费如此长的时间，最简单的方法是什么呢？答案就是将这些时间花费在一件让你快乐的事情上！与其用尽一生追求成功，并希望借此抵达快乐的彼岸，这难道不是更好的方法吗？在工作中，在个人生活、社会关系或恋爱经历中，无论我们做什么，都应该直接：

---

① 此书中文版（2 版）已由中信出版社于 2014 年出版。——编者注

请记住！

求解快乐。

快乐清单

2001年，正处于人生低谷的我想通了一个道理，那就是如果我连自己想寻找的是什么都弄不清楚，就永远都不会恢复快乐这项与生俱来的权利。

于是，为了收集各种必要数据来判断什么能让我快乐，身为工程师的我着手开发了一个简单的流程。不过，最初我有点犹豫不决，因为那种技术实在太简单了，似乎有点孩子气，但是接着我就想明白了：如果人类快乐的默认条件是以婴幼儿为模型，那么“孩子气”或至少“像孩子一样”就不是什么坏事。

一开始我的做法很简单，就是把让自己感到快乐的每一件事都记录下来。我给它取名为“快乐清单”。实际上或许你也想做同样的事，为什么不从现在起就花点儿时间，拿出一支笔和一张纸，随便记几件让你快乐的事呢？随着任务的展开，你会发现这一步并不太困难。清单只要有一串简短的陈述句就好，关键是切入要点，所以你可以按下面这种结构填空：

当 ____________________ 的时候，我感到快乐。

别不好意思。反正没人要看你的清单，所以完全没必要觉得不自在。清单里可以包括一些显而易见的事，比如给你的狗挠下巴，或是看一次美丽的日落；也可以包括一些稀松平常的事，比如跟朋友聊天，或是吃到炒蛋。怎么写都不算错，把你能想到的都写进去，越多越好。

等你写完的时候，至少写完第一遍的时候，就回头看看，标出几件能够在清单中置顶的、让你最快乐的事——如果要求你按优先性排序。这些就可以做成一份很有价值的简短清单，在我们接下来要讨论的内容中发挥作用。

现在告诉你一个好消息：生成快乐清单这件事本身就是一种非常快乐的体验，所以当你完成的时候，应该会感到精力充沛和神清气爽。我每周至少会加工一次我的清单，添些新的内容进去。这么做不仅能让我笑逐颜开，还帮助我养成了一种据心理学家说有助于让人长期保持快乐的态度——感恩。当你接受现代生活的真相以及快乐俯拾皆是的事实后，就懂得了感恩。

所以继续下去，乐在其中吧。我去泡杯咖啡，等一会儿你（顺便说一句，当安静地喝咖啡的时候，我会感到快乐）。

建立快乐方程式

直觉告诉我，你的清单里差不多全是生活中的平凡时刻——孩子的脸上绽放出一个微笑、一大早就闻到暖暖的咖啡香，以及每天都会发生的类似的事。

那么问题出在哪里呢？既然快乐时刻的触发如此稀松平常又轻而易举，为什么“找到”快乐对很多人来说都是一项巨大的挑战呢？为什么当我们“找到”快乐的时候，它又那么容易溜走呢？

我们这些工程师出身的人在拿到一组原始数据时，要做的第一件事总是绘图，为的就是找到一条趋势线。所以，让我们把这种办法用于你的快乐清单吧，看看不同的快乐实例之间有什么共同特征。发现趋势了吗？

虽然让你快乐的时刻可能跟让我快乐的时刻千差万别，但是大多数清单都离不开这样的一般命题：当生活看似对你百依百顺的时候，快乐就出现了；当生活表现得如你所愿的时候，你就会感到快乐。

可想而知，反之亦然：当现实生活不符合你的期望时，不快乐就会出现。本来你期望婚礼当天阳光明媚，结果一场大雨不期而至，仿佛连老天爷都在跟你作对，而这种作对带给你的不快乐可能永远都萦绕不去并伺机而动。每当你对自己的配偶感到灰心或充满敌意的时候，它就会被唤醒：“我早该知道的！我们结婚那天下雨就是个征兆！”

对一个工程师来说，要表述这种快乐的定义，最简单的方法就是建立一套算法——快乐算法。

它的意思是：如果对事件的感知等于或超出你的期望，你就会快乐——至少是没有不快乐。

但换成比较微妙的说法就是：让我们不快乐的并非事件本身，

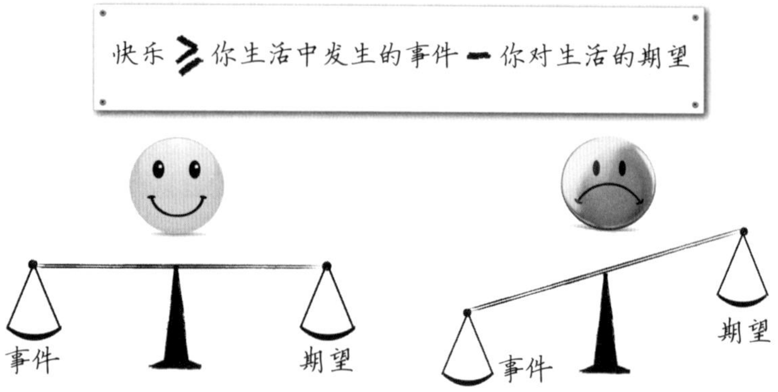

而是我们对事件的想法。

快乐的关键在于你的想法

我要用一个简单的测试来重申这个概念，就叫它空白大脑测试（Blank Brain Test）吧。非常简单，请你回想一段不快乐的时光，例如，朋友对我无礼的时候，我不快乐。然后花些时间沉浸在这一想法里，让它在你的脑子里反复出现，尽可能多地激发不快乐的情绪。任由这个想法萦绕不去，就像我们经常任由类似的想法毁掉自己的日子一样。

请花一分钟的时间，构想这样一个想法——同时请接受我的歉意，居然让你想起难过的事。现在，空白大脑测试开始。在现实世界没有发生任何改变的情况下，消除那个想法，哪怕只是一小会儿。怎样才能做到这一点呢？可以让另外一个想法占据你的大脑（比如读几行字，就像你现在正在做的这样），或者放一段劲爆的音乐并跟着哼唱。也可以试试矛盾过程理论（Ironic Process Theory），这样你就会通过尽量不想某件事而想起某件事，比如，不断对自己说："不要想冰激凌，不要想冰激凌……"直到你发现自己除了冰激凌，什么都不想。

现在感觉怎么样？不再回想起朋友无礼举动的那一瞬间，你难过吗？我猜不会。尽管除了你的想法什么都没变，但你的感觉发生了变化。朋友还是那么无礼，但你再也不会感觉那么糟糕了。知道这意味着什么吗？一旦那个想法没了，痛苦就消失了！

当一个无礼的人冒犯了你，他并不会真的让你不快乐，除非你把事件本身转化为一种想法，然后容许它在你的脑子里萦绕不去，接着又容许它让你痛苦。

请记住！

让你不快乐的是想法，而不是实际事件本身。

但想法并不是总能对实际事件做出精确的诠释，所以思维方式的细微改变都会对我们的快乐产生剧烈影响。我之所以知道这一点，是因为我人生中最快乐的一个时刻就是当我漂亮的萨博经典汽车在一次事故中完全报废的时候。

那是我特别喜爱的一辆萨博 900 Turbo 汽车，有着英国赛车绿的车身和米色的软顶。有一天，妮芭丽驾驶它出门，结果跟一辆卡车正面相撞。我的玩物没了，但我却快乐得发疯，因为气囊、安全带以及其他所有使萨博享誉世界的安全性能真的发挥了作用，让妮芭丽毫发无损地离开了事故现场。我失去了汽车，但那又怎么样？只要我心爱的妻子没事就好！

现在设想一下：如果我的车是在停于某处而且里面没人的时候被撞坏的，我肯定会震怒。虽然结果是一样的——都是彻底报废的汽车和平安无事的妮芭丽，但带给我的体验截然不同。事件本身无关紧要，关键在于我看待它的方式。

好了，现在提一个类似于“如果我有 5000 万美元”的假设性问题：如果事件没变，但是改变看待事件的方式可以改变事件带来的体验，我们会不会仅仅通过改变想法就变得快乐？

当然会！事情本就如此，向来如此。

当一个无礼的人向你道歉的时候，虽然歉意本身不能将事件删除，但是能让你感觉好过一些，就是因为道歉的举动改变了你的思维方式，更好地调整了你内在的情感世界和外在的现实世界，平衡了你的快乐方程式。你开始接受这个世界。由于生活变得更如你所愿，所以你又感到快乐了，至少不再不快乐。

当你发现那个无礼的人并不是有意如此，或是你误解了他的意思，也会产生同样的转变。虽然已经说出口的话连一个音节都没有改变，但是你的思维方式发生了改变，是它平衡了方程式，让不快乐的理由不复存在。

有充分的证据证明，我们确实能够操控自己的想法。每当我们被要求完成某个任务的时候（比如，现在你要指示自己的大脑去读下面这几行文字），其实就在做着这样的事。我们明确地吩咐大脑做什么，然后它就照做。完全照做！

快乐始于自觉的选择

就像我们的快乐清单大多由平凡的素材构成一样，平凡的日常生活中也有许多不如意的时刻。即使对小宝宝，也就是我们默认为的快乐模型，也有许多可能引发情绪波动的事情：尿布湿了，太长时间没人陪伴，肚子饿了，睡眠不足。这些不舒服的时刻或许短暂，但起到了一个关键又切实的作用。湿乎乎的尿布带来的不适感导致小宝宝大哭，而小宝宝大哭又导致妈妈、爸爸或临时看护人来换尿布，也就是说在导致不良后果之前，问题就得到了解决。只要当前的不适感消失了，小宝宝就会回复到快乐的状态。

与此类似，成年人日常生活中的不适感大多不仅短暂，而且有用：难熬的饥饿感促使你吃东西；睡眠不足造成的心烦意乱催促你上床睡觉；被刺扎到让你缩回手指；踝关节扭伤带来的疼痛迫使你休养一段时间，等它康复。哪怕是很严重的身体疼痛的存在，也是在神经系统和外界环境之间传递信息的一种重要形式。没有疼痛带我们离开险境，我们就会在不知不觉中做各种伤害自己的事情，也就不可能生存。

请记住！

生活中的疼痛与不适越令人讨厌，就越有用！

但实际情况是：我们受伤——我们愈合。你烫伤了手指，于是用冰敷的方法让疼痛缓解。一旦皮肤组织开始自愈，炎症或刺激消失，疼痛就完成了使命。大脑感觉不再需要保护受伤的地方，于是抑制信号的发出，疼痛就拜拜了。因此除非是严重伤害或慢性疾病，否则身体疼痛一般不会对快乐构成阻碍。

虽然可能不那么明显，但是日常的情感疼痛与此类似，也具有让人生存的功能。对小宝宝来说，太长时间没人陪伴可能会很危险，所以不断延续的独处状态让他害怕，于是他通过大哭引来看护人。而作为成年人，与人隔绝带来的痛感，也就是所谓的孤独，示意我们可能需要改变自己为人处世的方式，更多地接触外界，并且更努力地试着与他人交往。焦虑带来的痛感如果能够使你认真准备即将到来的考试或者演讲，就是有用的；内疚或羞愧的感觉如果能够让你通过道歉或一些补偿修复重要的社会关系，就是有用的。

如果你经历了情感不适，就会在接下来的几分钟、几小时，或者几天里感到一丝伤痛，具体持续多久取决于那种不适经历的剧烈程度。但是一旦你停止想它，受伤的感觉就消失了；一旦时间流逝、记忆褪色，你就能认可和接受自己经历的事情，从中吸取教训，然后继续前行；一旦疼痛不再被需要，就会自然而然地消逝。

但痛苦的情况却不是这样。

如果我们任由哪怕是最微小的情感痛苦萦绕不去或反复露头，同时在想象中不停地回放那种痛苦的起因，就无异于在改写我们默认的快乐状态，将没必要的痛苦重置为偏好设置。

如果你再加上自己模拟出来的痛苦，如“我真是个蠢货，居然伤害我的朋友”“我什么都做不好”“我活该受惩罚，受折磨”，就是选择通过生动的想象将痛苦放大。这一层附加上去的内心对话只会让当时的情景反复出现，直到让你苦闷不堪，最终陷入更深、更久的痛苦。但是别搞错了，你此时感到的苦闷并不是周边世界的产物——事件已经结束了，而你却在继续痛苦——而是大脑的杰作。从这个角度来说：

请记住!

是我们任由痛苦以自生疼痛（self-generated pain）的形式萦绕不去。

世界上所有的思想只有在转化为行动的前提下，才会对我们的现实生活产生影响。它无论如何都不会改变事件，而只会在我们内心以无尽痛苦和悲伤的形式发挥影响力。无论是预料未来会发生糟糕的事，还是回味过去的糟糕时刻，都不属于日常疼痛带来的有用、有益又不可避免的体验。这种不断延期的疼痛是我们系统里的一个严重缺陷，原因在于：

请记住!

痛苦无论如何都没有任何好处。一点儿都没有！

有趣的是，就像我们拥有让自己任意沉浸在痛苦中的能力一样，只要用心，我们也有调试疼痛系统的能力。只不过，我们并不总是做出这样的选择。

想象一下，你需要做个根管治疗，而牙医给了你两个选择：一是需要几天康复时间的标准治疗流程；二是一种会让你疼得更厉害，同时也需要更多康复时间的根管治疗。你怎么可能会选择第二种呢？

可悲的是，每天都有几百万人偏偏在做着这样的事：他们实际上就是选择了康复过程更久、更痛的那种根管治疗。一切都源于你将脑子里的想法视作绝对真相。你紧抓这种想法不放的时间越久，疼痛延续的时间就越长。

我的好儿子离开那天，一切都陷入了黑暗。我感觉自己有权痛苦地度过以后的人生，唯一的选择就是闭门颓废下去。而事实上，我有两个选择：一是选择痛苦地度过以后的人生，而这并不能让阿里回来；二是选择感受那种疼痛，但要停止苦闷的想法，尽我一切所能地纪念他，而这同样不能让阿里回来——不过它会让这个世界稍稍容易承受一些。这样的两个选择，你会选哪个？

我选了第二个。

请别误解我的意思。我每天无时无刻不在想念阿里。每当特别需要他的笑容和安慰的拥抱时，我就会开始想念阿里。这种疼痛非常真实，估计会持续存在，但我对此并不抗拒。我没有让脑子里连续不断的痛苦想法将其放大，没有像个受害者一样诅咒生活，没有感到被骗，没有对医院或医生感到恨意或怒意，而且没有为将他送到那所医院而感到自责。这样的想法毫无意义。我选择不痛苦。这帮助我看透人生，并积极前行，向阿里送上深情的祝福并留下他生前的快乐回忆。

你会在面对艰难时期的情况下做出这样的选择吗？假如你有这个能力，也有这个可能，你会选择停止自己的痛苦吗？我能理解，你在生活中或许经历了难以承受的困境，包括失败、疾病或穷困带来的疼痛，但是请不要让那些想法说服你，不要以为自己活该痛苦，不要以为自己不配拥有快乐。

请记住！

快乐始于一种自觉的选择。

生活不会捉弄人，只是有时会给你出些难题而已。即使在这种情况下，我们也总是有两个选择：或是尽我们所能地接受疼痛、放弃痛苦，或是一味痛苦。反正无论选择走哪条路，生活依旧都会给你出些难题。

把这一点记在心里。现在你知道自己要做什么了，接下来我会告诉你该怎样做。

第二章

快乐算法模型："6-7-5"法则

一个想法拥有让自己的主人痛苦数年之久的能力。它的种子可以生长再生长，直到成为愤怒的野兽。然而，我们还是会信任自己的想法，任由它们扎根。可以说，快乐完全取决于我们控制每一个想法的方式。

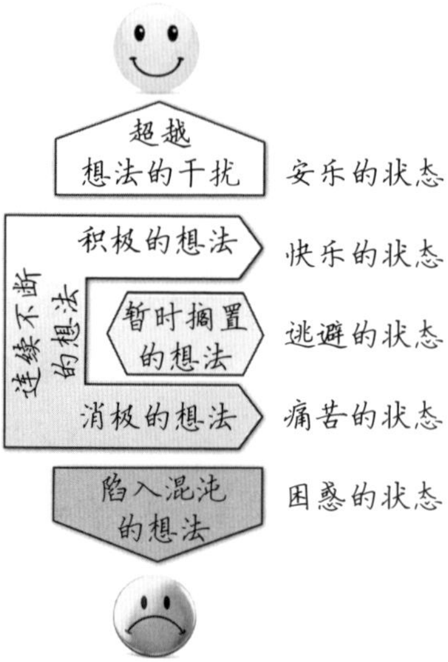

但与普遍观念相反的是，我们体验到的情绪不仅有快乐和悲伤，还有可能进入更多样化的状态，至于具体是哪一种，则取决于我们的想法是哪一种。

· 允许想法被错觉影响，你就会陷入困惑的状态。

· 拥有消极的想法，你最终就会处于痛苦的状态。

· 通过乐趣来暂时搁置想

法，你就会发现自己处于逃避的状态。

· 构想积极的想法，并认可生活中发生的事件，你就会达到快乐的状态。

· 超越想法的干扰，了解生活的真谛，你就会永远活在安乐的状态。

了解这些状态的不同之处，以及最终处于其中某种状态的原因，可以帮你建立一个稳固可靠的快乐算法模型。每次应用这个模型，你都会被它引向快乐。现在我们要对每一种状态进行细节性研究，就从上页图中最下面的开始，然后一路向上，直到安乐的状态。

困惑的状态：陷入错觉不能自拔

你是否有时感觉自己被悲伤吞没，就像身陷流沙之中？你是否有时感觉自己无法摆脱四周的迷雾，只能任它模糊你的视线、干扰你的判断？当你感觉生活与你作对，而你活该苦闷的时候，就处在困惑的状态。

我们的困惑源于所有人早在孩提时代就学习接受的错觉。我们学习如何在这个对错觉信以为真的世界生存。当你允许那些错觉来诠释周边世界的时候，你的判断就会缺少客观性，你求解快乐的尝试就总会产生错误的结果，由此导致的困惑则会将你引向痛苦的深渊。当初我们为什么要学习接受那些错觉呢？

想象一下，如果让你绕着一条空荡荡的赛道优哉游哉地开车，那么即使你不了解汽车的基本构造，也不了解 G 力（G-Force，重力）对转弯的影响，可能也会开得很好，大多数司机都是如此。但是当事情出现差错的时候，这种糊里糊涂的状态就显得捉襟见肘了。如果赛道上不断出现飞驰的汽车，而唯一的出路是冲到终点线，那么要实现活着离开赛道的目标，你就真的需要对汽车的工作原理有基本的了解。

至于为什么会出现差错，可以借助时间错觉（Illusion of Time）的例子来分析。我们大多数人时常因为时间的虚幻性而倍感压力。我们耗尽时间，浪费时间，感觉时钟每天嘀嗒得越来越快，蚕食着我们紧张的人生，却没有能力让它慢下来或停下来。它从不间断的步伐压得我们喘不过气，让我们感觉正在一条满是疯狂赛车手的快车道上。

当我们陷入一种错觉而不能自拔的时候，再尝试求解快乐方程式就显得毫无意义。生活变得让人如此困惑，我们甚至懒得再费那个神了。我们开始接受自己本就应该不快乐的念头，然后，我们的痛苦就会持续更久、伤得更深。

痛苦的状态：扎根消极的想法

当一个悲伤的想法扎根后，我们就会痛苦，然后任由它萦绕不去。为什么我们明明都想要快乐，却还是任由那些想法延长自己的痛苦呢？为什么明知担心不会对最终结果有任何影响，我们却还是要为考试结果而担心呢？为什么明知痛苦无法影响已经发生的事情，我们却还要近乎执着地回想过去的某件事，让自己在懊悔中备受折磨呢？为什么要任由想法剥夺我们像孩子一样的默认状态——快乐呢？

让消极的想法保持活跃似乎正是人类大脑原始设计的一部分。连续不断的想法之所以要在那儿无限循环，只是为了服务于我们最基础的本能：生存。

我们的祖先居住在危机四伏的环境中，要想生存，他们需要随时随地做出战斗或逃跑反应（fight-or-flight response）。基本法则是这样的：将某种不构成威胁的事物视作威胁，要比将某种构成威胁的事物视作安全更为安全。而且，做出这种反应的速度越快越好。于是，大脑就开始用足以让他们生存的方式处理现实世界呈现出来的信息，哪怕因此无法准确地反映真相。

如今时过境迁，但人类原始的生存程序还是萦绕不去。当评估某个事件的时候，我们的大脑倾向于“宁求稳妥，不愿涉险”的八字方针。我们倾向于构想最坏的场景，这样就可以未雨绸缪；我们倾向于改变真相，这样就可以让有限的脑力迅捷有效地对其进行加工。这一切看似还好，直到你发觉它常常会让你不快乐。

尽管有些事件的确会辜负我们的期望，但是我们常常过分关注一些本来没有必要太在意的东西。如果能看清事件的真相，我们就会发现，它们大多完全符合我们对生活应有的期望。这些事件其实没有什么错处，绝对没有，唯一的错处或许只是我们的思考方式。

虽然我们对事件的感知纯属虚构，但让我们深信不疑，并据此得出期望落空的结论，于是让这些事件一直保持活跃，不断带来痛感，又让自己深陷其中，承受痛苦的折磨。

人类大脑的原始设计包含了确保我们这个物种生存的特征。如今同样是那些特征，却已经变成误导大脑运作方式的盲点。受到干扰的大脑几乎不会告诉我们真相，因此时常会毁掉我们的快乐算法。

在我揭示这些盲点，并告诉你该如何修复它们的时候，你会发现我们的对话要点中存在诸多乐趣。

逃避的状态：脱轨的快乐

说到乐趣，也就是现代人最喜欢的消遣，就要提及一个不可小觑的误区：感觉像是快乐的东西往往不是真正的快乐！它会让我们在追寻快乐的轨道上发生脱轨。

我们可能会忽略快乐和乐趣的区别，用真正的快乐换取转移大众注意力的手段，比如派对、饮酒、美食、疯狂购物或沉迷性爱。

从生物学的角度来说，感觉良好是我们这部生存机器的组成部分，有着至关重要的作用。我们的大脑会利用它来驱动那些无关乎眼前威胁的生存行为，为此，当大脑想要鼓励我们更加频繁地做某件事的时候，就会让我们的身体在此期间充斥大量血清素、催产素和其他让人感觉良好的化学物质。例如，繁殖对我们这个物种来说生死攸关，但是对尚未成为父母的夫妻来说，没有孩子的生活意味着没有眼前的危险。如果性爱不能带来快感，如此重要的生存功能就会被无视。因此，交配带给我们快感，进而促使我们这个物种繁衍生息。

所以，乐趣是有用的，但有些人因为害怕自己那些难以应对的想法，为了逃避才拼命寻找乐趣。从这个角度来说，他们追求的乐趣就像是一粒止痛药，只能减缓痛苦。而乐趣之所以能成为有效的止痛药，是因为它可以暂时关闭大脑中蔓延的那些连续的想法，借此模仿快乐。

没有了想法，我们就会回到像孩子一样的默认状态——快乐！

但是，眼前的快感一旦消逝，消极的想法就会卷土重来，复原痛苦。于是，我们又接着寻找更多的乐趣。

就像吃止痛药一样，当一粒药的效力消退，你会再拿出一粒，直到最后，常规药力的止痛片已经无法再麻痹那种疼痛。到了那个时候，我们就会想办法向生活中注入更极端的快感，比如极限运动、更狂野的派对，以及各种形式的过度放纵。高潮越强烈，效力消逝得就越快，我们重陷痛苦的程度也就越深。当这个恶性循环变得无法承受，有些人就会拼命以化学方法麻痹他们的大脑，用毒品或酒精作为寻求头脑清静的最后尝试。

以乐趣作为逃避的手段，我们的快乐方程式依然没有得解，而且造成不快乐的核心问题也被我们忽视。可以说，虽然乐趣能够带来片刻癫狂，但是在抑制真正的快乐。

其实，乐趣并不都是坏的。事实上，乐趣本身一点儿都不坏。

有一种利用乐趣的明智方法，那就是将它当作切断电源的应急开关，为你带去片刻安宁，这样你就可以让脑子里的声音冷却下来，同时有机会往那一串没完没了的唠叨中插入一些理性因素。每当你感觉脑子里的想法变得消极的时候，就可以选择一种健康的娱乐项目，如锻炼身体、听听音乐、做做按摩，这些都能起到“切断电源”的作用。

还有一种更明智的利用乐趣的方法，就是主动安排定期定量的康乐项目，我把它定义为最终不会伤人伤己的娱乐项目。这样一来，乐趣就不那么像麻痹神经的止痛药，而更像是一种“快乐补充剂”，可以作为定期服用的“保健品”。身为商务人士，我深知我们只能改善可以被量化的东西。所以，为自己设置一个乐趣配额吧。我就是这么做的！我的目标是每天听音乐、每周看喜剧、锻炼身体，以及其他让人感觉良好的活动。当生活中有了足够的娱乐内容，安宁的时段被拉长后，你的大脑要想通过唠叨来操纵你的日常生活，就变得越发困难。

永远都不要忘记：任何形式的乐趣和娱乐都只是一种暂时的逃避状态——一种无意识的状态。所以，千万不要在那里停留太久。尽快沿着它向上攀升，追寻真正、持久的快乐。

快乐的状态：一念之间的想法

快乐全在想法的一念之间。这里所说的“想法”是正确的想法，是一种切合实际并且能让快乐方程式完全得解的想法。虽然这是个很有意思的话题，但快乐并不是本书要直接讨论的内容。我们要讨论的是如何让痛苦停止，进而回复快乐的默认状态。就生活的打开方式来说，如果你能认清它的真相，而且你的期望切合实际，那么将两者对比之后，你就会消除造成不快乐的因素，并且常常能发觉万事万物的美好，于是就有了快乐的感觉。就过往人生中的每一件事来说，只要粉碎了错觉、修复了盲点，快乐方程式就能正确得解。但是要在迂回曲折的人生道路上将快乐进行到底，我们还应该以更高级的状态为目标。

安乐的状态：超越想法的干扰

达到安乐状态的人不仅接受生活的原貌，而且全然沉浸其中。比如，艺术家、作家和工程师，心理学家米哈里·契克森米哈赖认为，这些人与当下如此和谐，以至进入一种被他称为“心流”（flow）的永恒极乐境界①——只有他们，才能与生活中出现的大事小情水乳交融。他们达到了一种不间断的快乐状态，我称之为“安乐”[1]。

之所以随手选了安乐这个词，是因为英语里没有哪个词可以

① 《心流》一书已于 2017 年由中信出版社出版。——编者注

精确地描绘这种状态，实在是够遗憾的。内在的安宁、沉静、平静——这些都还算接近。也许把它们合成一个词会最为接近，但单独拿出来的话，没有一个词可以表达真正的意思。

我有一个朋友，天生没有嗅觉。有一天，她让我给她形容玫瑰花闻起来是什么样子的。我搜肠刮肚地想找到合适的词语。能说什么呢？一朵玫瑰花闻起来就像……怎么说呢，就像一朵玫瑰花！欣赏玫瑰香味的最好办法莫过于亲身体验，安乐也一样。我唯一能做的就是帮你体验一次，然后你就知道它是什么样子的了。

当你行进在一个不熟悉的地方时，会不断地在地图上估计自己当前的位置，以便确定该走周围的哪条路。你会一个街区接着一个街区地比较地图与这个地区的实际布局。求解快乐方程式的做法与此类似，你要随着生活的打开节奏一件接一件地思考所发生的事。

当你行进在熟悉的道路上时，就不再需要地图。你只需要以几个主要地标为参照物，然后跟着感觉走，就可以不费吹灰之力地抵达目的地，根本不需要思考太多。

安乐的情况与此类似，它的出现始于对生活原貌的深刻理解。这种理解需要两个前提：一是高瞻远瞩，即从所谓的两万英尺①的高度分析快乐方程式；二是大彻大悟，即认清车轮滚滚向前的生活始终如一，无论过去、现在还是将来。这样一来，你的期望就会切合实际。此后哪怕生活坎坷，也不会让你措手不及，因为根

① 1英尺＝0.3048米。

据你切合实际的期望，人生道路本就会有一点儿坎坷不平。

即使行进在熟悉的道路上，也会有讨厌的跌跌撞撞——虽然让人不开心，但是由于可以预见，所以你会轻松平静地度过。你会发觉在超市收银台耽误很长时间是你应有的期望，以此类推，严苛的工作、讨厌的领导、"月光"的收入都是你应有的期望。情况本就如此，它们不过是人生道路上的跌跌撞撞而已，没什么可大惊小怪的。

如果说乐趣出现在暂时搁置想法的时候，而快乐出现在大脑接受生活中各种事件的时候，那么安乐就出现在想法不再被需要的时候，因为此时分析已经结束，方程式已经永久得解。

我的好儿子阿里在背上刺了一个文身，内容是他的人生格言：战争的严酷对身处和平的人来说毫无意义。那个文身是他的充分写照。正是在这样的信念下，他才能活得像位年长的智者，什么都不能打搅他不间断的平静。他已经超脱了想法，并在那里找到

了安乐。

安乐最具迷惑性的地方是让人们以为它只属于那些放弃了人生快车道的僧侣，实情并非如此。安乐可以融入你所做的一切，哪怕是在最紧张的生活方式中也不例外。

以前玩儿股票的时候，第一次大笔赔钱让我惊慌失措，有好几天都在痛苦、懊悔和自责中度过。不过接下来我又玩儿了几年，也赔过几次钱，而且比第一次的损失还惨重，但是我始终保持沉着冷静。一旦你了解市场的本质，知道偶尔赔钱——我称之为“波纹”（ripple）——本就是游戏规则的一部分，你就不会再为局部的损失痛苦，而会开始关注全局。尽管交易员的生活罕有安乐的时候，但是蕴含着达到安乐状态的必要技能：一是针对市场固有风险，形成切合实际的期望；二是每当“波纹”出现时，能够不受其影响。

请记住！

真正的安乐是融入生活的原貌。

要怎样才能找到安乐呢？

答案是：就像行进在熟悉的道路上一样度过你的人生。找到定向路标——找到真相。

快乐算法模型

人生的每一天都有新的事件发生，有新的期望要设定，有新的快乐方程式要求解。大多数人都会根据发生的每一个事件随机地变换自己的状态。我们都曾向快乐前进几步，然后回到困惑的状态；我们都曾在短暂的乐趣中找到一条捷径，然后经历痛苦的状态。

你已经受够了这些，是吗？只要直接求解不间断的安乐状态，你就能得偿所愿。所以，

请记住！

永远不要满足于安乐以下的状态。

实现不间断的快乐并不像跟朋友去玩个通宵、参加个瑜伽班、买辆新车那样容易，你要粉碎错觉、修复盲点、拒绝止痛药，还要思考和了解真相。

现在是时候开始快乐算法的训练了。作为一名工程师，我会以速记的方式向你传授技巧——肯定没有当今的快乐大师讲得那么天花乱坠，也不是什么高深莫测的内容，你要做的只是记住三个数字：6、7、5。

快乐算法"6-7-5 法则"的作用机制是这样的：

首先，让你陷入困惑的一共有 6 种重要错觉。当我们尝试用这些错觉去理解生活的时候，很可能会一无所获，而痛苦则会加深，并持续更久。

其次，7 处大脑盲点会误导你对生活现实的判断，因此而扭曲的情景则会让你不快乐。

只要你粉碎 6 种错觉、修复 7 处盲点，别再试图逃避，往往

就会达到快乐的状态。

最后，如果想让快乐持续，你就必须牢记 5 个终极真相。

把它们全部结合在一起，你就得到了快乐算法模型。

粉碎 6 种重要错觉

修复 7 处大脑盲点

牢记 5 个终极真相

你的训练从明天开始。

6

Part Two

第二部分　6 种重要错觉

6种重要错觉让我们陷入困惑，妨碍我们理解世界的能力，生活从此变成一场奋力抗争。正因为我们向快乐算法中输入的内容是错觉，所以求解的努力大多会失败，我们看不到这个世界的真容，又想知道生活为什么一定要如此残酷。当我们看穿那些错觉的时候，就好像负重消失了、视线清晰了，快乐也就成了常客。

第三章

想法错觉≠你的想法

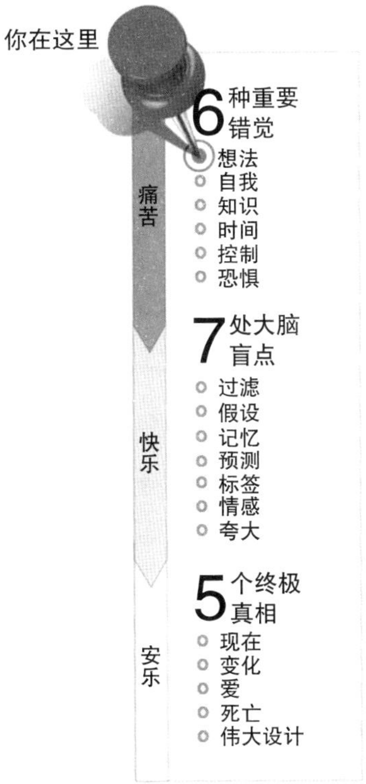

听，

能听见那个声音吗？

就是你脑子里的那个声音？

先别往下读，停顿一分钟，享受片刻安静。看看多久之后你的脑子里会冒出那种声音，它讲述着你每天要做的各种事情，让你想起在街角遇见的那个无礼的人，让你担心得不到那个企盼已久的升职机会。

虽然具体内容可能会有所区别，但那没完没了的一串唠叨是我们每个人都能听到的。它让我们为还没发生的事而担心，它轻视我们、教训我们，它争论、争吵、辩论、批评、比较，几乎不曾停下来喘一口气。它日复一日不停地说，我们就只好不停地听。

尽管脑子里有个声音是再正常不过的事，但不能就此说明那是件好事。我们不应该忽视它带给我们的不快乐、疼痛和悲伤。不是吗？

我们或许有必要花些时间多了解一下那个声音。就从最基本的开始吧：是谁在说话？那个声音是你在跟你说话吗？如果说话的那个人是你，那么你为什么要自言自语呢？

脑子里的那个声音不是你

如果说有一件事可以永远改变你的生活，那就是发现对你说话的那个声音不是你！

用一分钟时间思考一下这个问题。它实在太简单了，甚至不需要证明。感知的必要条件是一个有利的观察点，要观察某个事物，你就要置身其外。如果不离开地球，我们就不可能看到它的全貌。只有当宇航员传回地球的照片时，我们才能见到它的真容。你看不到自己的眼睛，因为它们是你身上负责观看的器官。它们在镜子里的图像只是一种反射而已，并不是你的眼睛。

如果你能听见某个人在收音机里讲话，那个人就不是你。类似地，如果你发觉自己的脑子里有个声音在讲话，你和那个声音就一定是两个独立的个体。

还不相信？那么这样设想一下：如果你停止思考几秒钟，会发生什么？这是每个人都会偶尔做的事情。难道那意味着你在这片刻间就不存在了吗？你不再是你了吗？那么是谁在享受此时的安静呢？答案是你，真实的你。当你早上睁开眼睛，在一连串的想法开始之前的那一瞬间，看看闹钟——是谁在看？在那些想法走马上任并开始对这一天进行解说之前，是谁留意到了外面的阳光？是一天中接下来的时间都不得不听着脑子里的那个小声音不停唠叨的人。等我们讨论那个声音是谁的时候，这个概念很快就会变得更加清晰，但目前你只要明白一个简单的真相：

请记住！ **你脑子里的那个小声音不是你！**

这一点看似简单，但能够彻底改变你对待想法的方式。现代文化过分看重逻辑与思维，甚至达到了让我们将自己与思想等同的地步。勒内·笛卡儿的“我思，故我在”（I think，therefore I am）的著名论断似乎被大脑占支配地位的西方文化广为接纳，但事实真的如此吗？

如果你相信你就是你的想法，那么你与你的想法就具有同一性。换句话说，如果你有一个看似顽皮的想法，那么你可能会认为你就是顽皮的。明白了吗？但是，一个顽皮的想法并不等于一个顽皮的人。顽皮想法的出现仅仅是为了供你思考，这就是大脑的工作。至于如何处理那些想法，要取决于你自己。你不一定要服从。

当你终于明白你不是你的想法时，也就看穿了所有错觉中最复杂的一个：想法给人的错觉。你不是你的想法，那些想法的存在是为了服务于你。

笛卡儿应该这样说：

请记住！

我在，故我思（I am，therefore I think）。

如果那个声音不是你，那又是谁呢？在漫画里，它会被描绘为两个小魔鬼之间的争论：一个在你的左肩上，一个在你的右肩上，每个小魔鬼都在你耳边低语着它们的意见。在《新世界：灵性的觉醒》一书中，埃克哈特·托勒把那个声音叫作“思考者”（the Thinker），有些宗教认为它是为自己的阴谋强词夺理的魔鬼，还有些宗教则称它为“低语者”（the Whisperer）或“陪伴者”（the Companion）。这些名称都有一个共性，那就是它们都把那个声音视作一个独立的个体，它努力怂恿你做某件你本来不会做，但在经人劝说的情况下可能会做的事。[1]

我有一个朋友，她把脑子里的那个声音唤作“贝娅”。当我问她原因的时候，她说，那是她在上中学时最不喜欢的一个女孩儿的名字，那个女孩儿总是强迫她做她不想做的事。

随便你叫它什么吧。那个声音的实质跟我们接下来的对话内容无关。重要的是你承认它的存在，承认它不是你，并且明白它的表现形式。我干脆就叫它大脑，因为它本来就是。

那个声音是你的大脑

大脑由2000多亿个神经元以及将它们连接起来的数百万亿个突触组成，是地球上目前为止最复杂的机器。如果把每个神经元当作一台小型电脑，那么大脑拥有的神经元个数就是连接到整个互联网的所有电脑和设备之和的30倍。[2]它连接你的感官，控制你的肌肉功能、运动、行动和反应。它能进行复杂分析、数学计算和逻辑推理，也是阻止你向快乐靠近的那种消极、连续不断的唠叨。它是我们最有价值的工具。只可惜，它没有自带操作手册，所以我们很少有人真正懂得如何更好地使用它。

想象一下，如果你得到了一辆世界上速度最快的跑车，而你用到的唯一部件却是它的音响系统，那该有多么大材小用。再想象一下，你开着这辆跑车去越野，结果陷在路上，因为人家出厂的时候压根儿就没打算去那种地方行驶。还有更糟糕的，你从来没有接受过赛车训练，只会像个疯子一样开车，结果伤人伤己。

在使用大脑的时候，以上三种错误是我们都会犯的，包括用错了地方、没能发挥它的最大功用，以及让它随着我们的想法失控地运转，任由它毁掉我们和别人的生活。其实，我们可以比这做得更好，但首先要弄清楚我们为什么会这样误用大脑。

要了解这台复杂的机器为什么会那么喋喋不休，就要追溯到它一句话也不说的那个时期，也就是观察一个新生儿。在我们会说话之前，大脑是沉默的。我们只是躺在那儿，观察这个世界并与其互动。等我们长大一些，注意到爸爸和妈妈总是用各种各样的词语来传达信息，比如瓶子、食物、尿布、洗澡。当我们重复那些词语的时候，就会得到夸奖，所以我们渐渐学会按照名字称呼各种事物的技能，哪怕身边没有人能听见。词语成了我们理解和交流知识的唯一方法。我们开始讲述自己观察到的事物，帮助自己理解它们。在婴幼儿时期，我们会大声说出这一切。后来，当这种行为在社交场合开始变得令人尴尬时，我们就把那种讲述转移到内心。从那时起，它就再也不肯停下来了。

20 世纪 30 年代，苏联心理学家利维・维谷斯基曾经观察到，内心独白伴随着微小的喉部肌肉运动。基于此，他提出内心独白是由大声说话内在化发展而来的理论。20 世纪 90 年代，神经系统科学家证实了他的观点，他们利用神经影像证明大脑区域——例如，左侧额下回——不但在我们大声说话的时候处于活跃状态，在我们内心独白的时候也处于活跃状态。你脑子里的那个声音其实是你的大脑在说话，只不过你是唯一能够听见它的人。

大脑的两种思维模式

现在我们知道是谁在说话了，但它为什么要说话呢？大脑和其他器官一样，都为了执行某种功能而存在。就最基本的来说，大脑的核心任务是确保身体的安全与生存。

这种工作有一部分甚至在你毫不知情的情况下就完成了。当周边视觉（peripheral vision），也就是眼角余光捕捉到一辆汽车沿着街道向你飞驰而来的画面时，大脑就会向你的双腿传达快速移动的指令。但在有些情况下，你面临的威胁需要的不仅是一种反射式行为，这时大脑就会触发肾上腺素的释放，让你为战斗或逃跑反应做好准备。这些生存反应本质上都是机械性的，它们的发生不需要你做出任何自觉的决定。很厉害吧！

当大脑为了让你远离可能的危险而提前进行规划的时候，则会通过想法来添加一道保护层。它评估每一处洞穴、每一棵树、每一块岩石，或者老虎可能藏身的每一个地方。当你眺望美景的时候，大脑要做的第一件事不是稍事休息，也不是享受其中，而是全面考虑看似不妥并可能构成威胁的各种因素。大脑还习惯于虑及远期的危险，让我们为冬天做好打算，提供安全场所来保护幼子，它会不断分析每一样潜存问题的事物，哪怕它们多如牛毛。

最早的人类生活在危机四伏的环境中，那时无论对个体还是对物种的生存来说，上述两种形式的大脑功能都生死攸关。恐惧让你得以存活，而这是大脑全权负责的工作。就反射来说，它甚至不会跟你征求意见，时至今日依然如此。它只是做着自己该做的事。但当涉及不会带来眼前威胁的决定时，大脑就会用两种不同的方法更加全面地评估由此带来的挑战：一是根据直觉的快速评估，另一个是经过深思的慢速评估，[3] 于是就出现了看似对话的结果。

——嘿，哥们儿，还记得那个很酷的汤米吗？就是被老虎撕成碎片的那个。我们不想有同样的遭遇，对吧？

——对，不想。

——那就好。看到眼前的这棵树了吗？老虎好像就是从这样一棵树后面跳出来撕咬汤米的，所以我们还是沿着河岸走吧。你觉得好吗？

——不好，走丛林中的这条路更快，而且河边没有什么可以捕捉的动物。

——是这样的，哥们儿，杰西卡今晚要回洞了，我很想跟她在一块儿。我们随便做点什么事，都好过被老虎撕来咬去，所以今天还是走河边吧。

——对啊！杰西卡！那好吧！

这种对话是大脑在尝试做出可能的最佳决定。诺贝尔经济学奖获得者丹尼尔·卡尼曼在他的畅销书《思考，快与慢》[①] 中对这一过程做出了精彩阐释。他一分为二地论述了两种思维模式的天壤之别："系统 1"是一种快速的、基于直觉的、带有感情色彩的思维模式；"系统 2"是一种更慢速的、更慎重的、更符合逻辑的思维模式。在书中，他多次举例说明系统 2 会纠正系统 1 的错误或快而不当的判断。正因为有这两种系统的存在，所以你会时而听见脑子里有两个声音。它们只不过是两种思维模式在从不同的视角看待眼前的问

① 《思考，快与慢》一书已由中信出版社于 2012 年出版。——编者注

题，并各显其能地在大脑这个中央舞台上进行辩论。

笑一笑吧，好歹你不是个疯子。

你才是大脑的主人

自从人类出现，大脑就承担了让我们得以生存的全部职责，而且由于最初的生存机会渺茫得多，所以我们把大脑当成了毋庸置疑的领导。但时至今日，这种情况还合理吗？

不可否认，大脑在某些方面的确做得非常出色，但不应该被赋予权衡一切的自由。当它操纵反射式行为和机械性功能的时候，是不需要思考的。所有生死攸关的功能都是如此——想法完全被排除在外。虽然你的肺、腺、心、肝以及其他器官都是在大脑的指令下机械运行，但不是缘于自觉的想法——你不会花几个小时沉思这类事情，甚至没有能力指挥它们运转。假如大脑获准控制它们，反而会造成严重的错误。例如，大脑可能会在疼痛异常剧烈的时刻做出看似合理的决定——停止心脏运行，结束你的生命。好在人类的设计并没有包含这个特征，因为想法并不总是产出最好的结果，所以，

请记住！

所涉及的事情越重要，连续不断的想法越被排除在外。

你是否曾留意到这一点？

嗯，你猜怎么着：快乐真的是重要的事情。既然如此，我们

为什么要任由想法来捣乱，剥夺我们快乐的权利呢？正确的做法是：当涉及机械性操作的时候，你可以把大脑当成毋庸置疑的领导，但当涉及想法的时候，你就应该掌握完全的控制权。大脑的职责是生成逻辑，供你思考。只要它产生想法，你就要提醒自己这个问题：谁在为谁工作？

请记住！

你是老板，你做主。

也就是说，要由你来吩咐大脑做什么，而不是反其道而行之。就像你现在正指示大脑专注于这一页的文字一样，你可以一直吩咐它专注于什么。你就是需要全权负责，表现得像个老板一样。笛卡儿的话应该完全反过来说：

请记住！

我在，故我大脑思（I am，therefore my brain thinks）。

发挥大脑的有用思考

要在现代社会顺利行事，就必须区分什么对你有利、什么对你有弊。尽管我们有时候感觉所有的想法都不过是一连串毫无用处的胡言乱语，但是实际上，有些想法是有用的，而且最有用的想法通常是无声的。大脑可以产生的想法有三种：见解性（用于解决问题）、经验性（专注于当前任务）和叙述性（唠叨）。它们彼此的区别显而易见，所以发生在大脑的不同区域。麻省理工学院的研究员在 2009 年做过一项研究，揭示了见解性思考如何发挥作用。[4] 他们记录了参与者猜谜时的大脑信号——每个参与者都要在想到答案的第一时间就将谜底大声说出来。结果显示，大脑有两个区域参与了猜谜过程，而且都在右侧。其中一个区域负责的是幕后工作，而谜底却是在另一个区域——最多在 8 秒钟以后——以想法的形式被我们意识到。

更有趣的是，发生这种有用的思考的两个大脑区域与发生连续不断的想法的大脑区域全无交集。多伦多大学在 2007 年做过的一项研究也曾对这一现象进行说明，当时研究员监控了两组参与者的大脑功能：其中一组参与者是新手，大脑里活跃着连续不断的想法；另一组参与者则接受过 8 周的训练课程，学会了如何将注意力集中在当前。[5] 研究发现，第一组参与者连续不断的想法调动的是大脑的中线区域，而第二组参与者（擅长将注意力集中在当前的那些人）则激活了右脑，以及用于见解性思考的大脑区域以外的那些部分。

现在有个好消息要告诉你：连续不断的想法只不过是一种简单的大脑功能，它强而有力地证明了我们的想法绝对不是我们自己——它们不能定义“我们”。再说一遍，你不是你的想法。大脑之所以会生出想法，是为了服务于你。如今我们已经发现，不同种类的想法发生在完全不同的、相互独立的大脑区域，那就意味着我们可以通过训练，更多地使用其中一种想法。

我们需要在执行任务的时候对当下投入许多关注，也需要解决各种各样的问题，这两种都是非常有用的大脑功能。真正不被需要的是叙述性的想法，也就是毫无用处又没完没了的唠叨——让我们感觉有点儿抓狂并且深陷痛苦不能自拔的那部分想法。

瓦解痛苦循环圈

每当我们的祖先在他们居住的不利环境中发现威胁时，就会启动身体的战斗或逃跑反应。而在现代社会，我们遭遇的事件大多只对心理健康或自我意识构成威胁。面对这种情况，往往没有合适的生存机制保护我们不被其伤害。正是由于我们做不出让人满意的反应，所以大脑就倾向于坚持不懈地用一串连续不断的想法一遍遍重温尚未解决的威胁。

根据快乐算法可知，循环往复地想起某件事，将其与我们的期望做不当比较，结果就会导致痛苦。若我们不能有所作为，就会引发那个想法一遍又一遍地回放，形成一个没完没了的“痛苦循环圈”。

但是，我们可以通过抵消各个节点的消极因素来瓦解这个痛苦循环圈。

一个途径是采取可能的最佳行为，这样不管结果如何，都能立竿见影地瓦解这个循环圈。因为一旦采取了某个行为，我们的大脑就会专注于相关事务的执行性要素，大脑的另一个部位就会参与进来，于是我们的想法就切换为监控行为结果的模式，而不是连续不断地专注于同一个想法。

另一个途径是不再让想法转变成痛苦，具体措施是通过修复盲点来确保看清事件的原貌，而不是大脑对它们的成像。这是第九章要谈到的话题。

当初为什么要任由这个循环圈开始呢？如果那个小声音能安静一些，情况会不会好一些？

操控想法的 4 个技巧

只要想一想你对心脏和肌肉的控制程度，就会注意到两者之间存在差别。心脏是一直跳动的，你不能控制它停下来，它属于一台自动化装置。肌肉的情况则不同，你能够部分控制它们。虽然反射性的肌肉行为是你无意为之的，但指挥手臂负重可以是你有意为之的。即使要负荷的是一件很重的东西，你也可以鼓励自己的肌肉再给力一点儿。这样的系统在你的身体里还有很多，我把它们称作可操控装置。

这是一种本质上的差别。

由于你能部分控制自己的大脑，所以它属于可操控装置的范畴。你可以吩咐它思考什么、如何思考，甚至完全停止思考。只要对这种操控勤加练习，直到掌握要领，你就能做到。很不可思议吧？

操控大脑听上去可能有点儿像科幻电影的主题，但是在日常生活中随处可见。专心做作业、制订财务计划，或跟某个朋友讨论某个话题，都是在练习操控大脑和吩咐它做事。你也可以练习这样操控大脑里的声音。

接下来要讲到4个练习技巧，其中每一个技巧都建立在前一个技巧之上，所以你要依照顺序，逐一掌握。这些技巧虽然简单，但还是离不开训练。练习可以让它们变得越来越容易，直到成为大脑的第二天性。如果有一段时间不练，大脑就会企图恢复旧习，而且偶尔还会成功。对此你不必惊慌，只要亲切而温柔地对它说："我明白你在做什么，也知道这样很难为你，但只要你现在配合一些，对我俩都有好处。"

技巧1：观察对白

首先，要花些时间熟悉你打算驯服的"野兽"。最好的做法就是尽可能经常性地坐下来并静观其变，这个技巧名为"观察对白"。

不要压抑即将冒出来的想法，而是要持续观察它们的发生和发展。观察一个想法，然后放下，并提醒自己这个想法不是你。想法有来就有去，它们没有力量对你做什么，除非你赋予它们力量。

当你掌握了观察对白的技巧，就会有种观看《宋飞正传》[①] 的感觉，似乎那不过是一档言之无物的节目而已。你聚精会神地追着剧情，动不动就开怀大笑，但没必要参与其中。你不会评价，也不会置喙，干脆就把大脑当成情景喜剧中的角色，随便它怎么说。

① 《宋飞正传》(*Seinfeld*) 是我最喜欢的一部20世纪90年代的美国情景喜剧。

既然已经知道了那些想法不是你，要远离烦恼或愤怒就容易多了。你可以观察出现的每一个想法，然后放下。在每天上下班的时候，或等待跟人见面的时候，或每当有几分钟空闲的时候，都可以这样观察对白。把它作为你最喜欢的消遣，作为专属你个人的情景喜剧、你的“言之无物的节目”。

这种做法的最大好处在于：只要你掌握了观察一个念头并将其放下的技巧，大脑里的话题很快就会枯竭。只有当你紧抓一个念头不放的时候，它才得以继续。你会愕然发现，大脑居然这么快就被驯服了。一旦你感觉它那串狂野、挑衅、连续不断的想法放慢了速度，就可以开始练习下一个技巧了。

技巧 2：观察剧情

没有人能够将每一个想法都放下，时不时就会有个想法赖着不走。这种现象是有迹可循的：你会发觉自己完全陷入那个想法中，较少意识到周边的世界。这就说明学习观察剧情的时机到了。

你要做的第一步是承认自己的感觉，也就是被想法触发的那种情感。不要压抑它，而要顺其自然。或许你还想刨根问底——不是为了解决问题，而是为了加强理解——为什么自己变得愤怒或不安？是哪个想法导致了这样的结果？

回想从前，我有很长一段时间会因为周围有孩子哭叫或玩耍的声音而心烦，每当我想在咖啡馆享受片刻安静的时候，都会遭遇这种情况，好像只要我去，他们就会出现。信不信由你，写这几段文字的时候，我正在一个近乎没人的咖啡馆里——除了几个孩子在我身后那桌大喊大叫。要在过去，我一定会在愤怒的想法中备受煎熬，比如，那些做父母的就不能做点什么吗？难道他们就没有一点儿责任感，也不懂得尊重别人吗？

我的想法越是萦绕不去，我就变得越愤怒。直到有一天，我学会了观察剧情的技巧。我不再关注吵闹的孩子，而是学着观察触怒我的想法。然后问自己：为什么会有这些激烈的情绪？为什么变得这么愤怒？为什么孩子的尖叫声会让我心烦，而音乐的巨响却不会？（我是一个重金属音乐爱好者，孩子的尖叫声不可能比那还吵。）

然后一切都清楚了。

当我还是个年轻的父亲时，被我视作阳光的阿亚精力特别充沛（她现在也是这样）。每次我们出门，她都是制造噪声的那个人。我至今还记得当时那种尴尬和不安的感觉。作为一个没有能力“控制”自己孩子的父亲，我的自我意识受到了伤害。我真的不想破坏任何人的安静时光，所以对此深感内疚。如今我在这种尴尬的情景中换了一个角色，成为当初被我打搅了清静的那个人。虽然已经时隔多年，但我的大脑仍把小孩子的尖叫声和那些尴尬与内疚的感觉联系在一起。答对了！

在认清这些感觉的原因后，它们立刻就变得容易驾驭了。孩子们再也不会让我心烦。他们叫着嚷着，而我依然保持平静。这些日子以来，那些喧闹声让我又想起阿亚小时候是多么才华横溢，于是笑了起来。我记得她如何将那种精力全部投注到自己的理想中，并最终成为现在这样一位艺术家；我记得正是由于那种不安现状的特点，才促使她在长大成人后游历的国家比我当年还要多。同样的事情，过去让我愤怒，如今却让我快乐。重构想法，也就重构了情感。

现在又有一家人推着儿童车坐到我旁边。我发誓这不是我杜撰出来的。喧闹声响起来了，而我笑了。我想你，小阿亚。

开始观察剧情吧。虽然从情感追溯到作为其源头的想法是一个简单的举动，但是可以为你提供一个喘息的机会，让你冷静下来。而且由于专注于二者之间的联系需要用到负责解决问题的那一侧大脑，所以当它帮你确认了哪个想法是始作俑者，也就帮你打断了连续不断的唠叨。若你观察得足够仔细，往往还会发现那个想法并不准确，当然也就不值得你付出这样的代价给它持续酝酿的机会。

当你开始习惯这种练习，就会留意到大脑的重复模式。你可以把大脑当成一本翻开的书，解读它玩弄的各种花招儿，然后等它故伎重演的时候，你只会笑着说："呵呵，你真笨，大脑！为什么不给我一个更好的想法呢？"

技巧3：给我一个更好的想法

一旦有个消极的想法扎了根，处理起来就会很棘手。未经驯服的大脑总是需要紧抓一个想法不放。常常是在消除了一个消极想法并留下一处真空地带后，就会迅速填补上同属一个情绪范畴的某个想法，即另一个消极想法。正因如此，当你身处黑暗的时候，就仿佛整个天都要塌下来一样。你往往会被一个又一个的消极想法吞噬。要是能成功打破这个循环该多好啊！于是你选择用一个快乐的想法填补那个真空地带，以确保另一个消极想法不会乘虚而入。

这就是乐趣的开端。

道理很简单。看着“大象”这个词，用几秒钟时间，全神贯注于它。

如果我问，此时你在想什么？有没有可能在想一头大象？我敢保证，无论你之前在想什么，当读到“大象”这个词的时候，你的想法都发生了变化。

请记住！

你的大脑可以被装填！

这件事看起来容易，做起来也不难，它是大脑想法循环圈的一个巨大漏洞。我们完全能够预言这个秘密后门的效果。每次用一个想法试探大脑，它都会不由自主地上钩。对此我们可以化害为利并充分利用：装填大脑，让它按照你的意愿专注于某种事物——随便什么事物都可以，只要让那样事物进入你的意识就好。

既然选择不限，那么你应该吩咐大脑想什么呢？没错，你说对了：

请记住！

快乐的想法。

如果你可以按照自己的意愿，用任何想法装填自己的大脑，为什么还要装填快乐以外的想法呢？

阿亚大概 5 岁的时候，曾有一次哭个不停，而我一心要向她解释为什么不应该为她感到难过的那件事而哭。她满眼泪水地看着我，一副可爱至极的模样，说："爸爸，我哭的时候，就不要提让我哭的那件事。如果你想让我快乐，只要胳肢我就行了。"就是啊！从此我牢牢记住了这种简单而宝贵的智慧。我们总是以为自己需要一个解决方案，将不快乐赶走，但不快乐的原因常常没有道理可言，因此也就没有真正的解决方案，就如伪假设也没有真正的解决方案一样。所以要变得快乐，最容易的方法就是快乐。消除那个不快乐的想法，用快乐的想法取而代之，接下来只要顺其自然就好。

从现在起，每当出现一个会导致疼痛的想法，你只需要装填大脑，让它想点儿别的。生活有时仅此而已！

不过有一个重要的细节应该牢记：大脑无意识部位的想法是较为根深蒂固的。有意识的思想以词语为媒介，而无意识的思想则早在你还不会使用词语之前就形成了，因此是以视觉图像和知觉感受为媒介的。之所以说它重要，是因为没有与“不”这个词相对应的图像。也就是说，无意识的大脑部位不能加工一个否定词。在有意识的思想中，你可以轻而易举地否定一个概念，比如“不要痛苦”。但无意识的思想在接受这个概念的时候却只会想到它能理解的那个词——恰恰就是你想否定的那个词——痛苦。因此，你要做的不是否定一个概念，而是用那个概念的对立面取而代之。只要在无意识思想的状态，就不要想着“不要痛苦”，而要想着“快乐”；不要想着不从事一份你不喜欢的工作，而要想着从事另外一份工作；不要想着结束一段恋情，而要想着你希望展开的新恋情。这就是让思维切换到快乐想法的方法。

请记住！

在每个概念的积极面都能发现快乐。

利用快乐清单（见第一章）是让快乐想法库存充足的最简单途径。一个快乐的想法无论如何都用不着跟让你脱轨的黑暗主题扯上关系。用清单上随便一个快乐想法来装填那个真空地带，都可以让你脑子里的消极能量短路。而一旦连续不断的消极想法戛然而止，你就会发现恢复积极思维变得容易多了。

如果你在一开始的时候发现这个技巧太困难，那就把快乐清单写在一张便笺纸上随身携带。你有比这更有效的方法吗？比如把快乐想法拍成照片，存在手机里，让你随时都能看到。

有那么几年，我无论去哪儿都会带着一张折页，里面写着 19 个快乐的想法。如今我再也用不着把它拿出来了，因为那张折页的画面会一字不落地自动出现在我的大脑里，把消极的想法挤走。而当我重置到积极的心态时，就会开始专心应对眼前的挑战。具体来说，就是我能牢牢控制大脑部位，并利用积极的能量和有用的想法让情况好转。

快乐清单还有一个更好的用法，那就是前瞻性地，而不是防御性地使用它。每天都把清单拿出来几次，聚精会神地看。长此以往，你或许会特别擅长此道，以至于再也用不着等到消极想法出现的时候。大脑在积极地带停留的时间越久，要切换到消极地带的难度就越大，无用的大脑部位也就衰减得越多（如果你不使用这个部位，它就会慢慢消失不见，而这实在是件幸事）。

通过练习，你还能够以此为基础更上一层楼：不但用快乐的想法装填大脑，而且那个快乐的想法还和曾经让大脑陷入消极思维的话题息息相关。为此，你只需要预备一系列用来探索事物积极面的问题。

以“我讨厌自己的工作”这个想法为例，如果你把决定权交给大脑，那么它就会相信这个想法，并且变本加厉，联想到工作中所有让你苦闷的事情。不如换个方式，用类似下面这样的问题装填你的大脑：“这份工作一定有让我喜欢的地方，到底是什么呢？”

最开始的时候，不肯配合的大脑会固执己见，生出另一个消极想法："我讨厌老板对我颐指气使的样子。"对此，你可以平心静气、锲而不舍地回应（就仿佛在跟一个6岁的孩子讲话）："那么，上班的地方有哪里是让我喜欢的呢？"只有这样，你才会收获至少算是部分积极的想法，比如，"前台人员给人的印象很好，但是我的天啊，那个地方可是够乱的"。只要你坚持不懈，积极的想法就会源源不断地涌现。"我喜欢楼下的咖啡店，上下班的交通很方便，薪资待遇还不错。"将这些想法留存下来，终于开始奏效了。现在你能看到积极想法填装了半个杯子了。

通常来说，事物不会只有不利的一面。所以你要训练大脑找到有利的一面，并让其成为想法的焦点。你可以像制作快乐清单那样，再制作一个通用问题清单，用来引导积极的想法，比如，"这种情况有什么好处，有什么让我喜欢的地方"。也可以将其提炼为一个简单的问题："被装满的半个杯子里是什么东西？"

一旦你掌握了窍门，就能驾轻就熟地寻找事物的有利面了。其实它们本来就在，只不过是你以前没去寻找而已。从此你的大脑学会两件事：一是消极的想法并非长久之计，二是要想吸引你的注意力，就只能构想积极的想法。大脑将被成功驯服。

当发现自己能够轻而易举地调整脑子里对话方向的时候，就说明你已经具备进一步简化这套流程的条件了。下次当留意到一个消极的想法出现在大脑里时，你只需要回应，“给我一个更快乐的想法”。真的，只需要这一句话而已。大脑的第一反应通常是逃避任务，但只要你坚持不懈，它终会俯首听命，而且从此你只需要不断重复这个命令，“给我一个更快乐的想法”，直到你如愿以偿地得到一个更快乐的想法。要是成功做到这一点，就已经接近人类目前所能做到的“大脑控制”了。

恭喜，现在老板是你，而不是你的大脑！

技巧4：让鸭子闭嘴

如果你已经练习了一段时间的观察对白，现在就应该能猜到我要讲什么。难道你不觉得脑子里有一只小鸭子吗？而且从早到晚嘎嘎叫个不停，让你几乎没有片刻安宁？那只鸭子始终都在嘎嘎地叫。《生活 DIY[①]》（*Life DIY*）一书的作者皮特·科恩——就曾经谈及他训练过的顶级运动员如何被那种持续的嘎嘎声影响了成绩。听闻此言，已经让大脑学会积极思维的我陷入了沉思。虽然现在我已经知道如何让那只鸭子积极地叫，但皮特是对的。有时我的确希望自己能干脆让那只鸭子闭嘴！

① DIY，即 do it yourself 的缩写，意为自己动手制作。——编者注

有许多众所周知的冥想技巧可以帮你练习那种安宁。较为常见的做法是让大脑全神贯注于思想范畴以外的某个事物，比如玫瑰的美丽、烛光的摇曳，或者你自己的呼吸。

虽然冥想不是一种生活方式，但那种练习却是在为某种生活方式做好准备。如果练习一结束，你就回到平常"满脑子想法"的生活方式，那么练习又有什么用呢？你的终极目标应该是出了冥想室就能进入意识更佳的生活状态，只有这样，它才能成为你始终如一的生活方式。

你可以借助大脑运行的另一个奇特之处做到这一点。打个比方，大脑就相当于计算机科学所谓的串行处理器，也就是说，它每次只能专注于一个想法。哪怕你有时觉得脑子里有100万个想法同时存在，其实也只是大脑在它们之间迅速切换而已，就像洗牌一样。

现在花一分钟时间玩玩下面这个游戏。请你想方设法同时想两件事情：尝试一边想着上周末的快乐时光，一边回忆昨天的那场争论。继续尝试。很难，对吗？现在尝试一边大声读书，一边从643往回默数。你会留意到，当朗读的时候，倒数就暂停了；而当倒数的时候，朗读就暂停了。内心的独白也是如此，大脑这台了不起的机器一次只能做一件事。

请记住！

对大脑来说，多重任务处理只是一个传说！

我们可以充分利用大脑的这个特征。要想让那只嘎嘎叫的鸭子闭嘴，我建议你用它无法思考、评价或判断的事物——它只能观察的事物让它应接不暇。这个技巧的具体办法如下：把注意力转移到外在的环境上，观察房间里的灯，注意书桌上的随便一样东西，捕捉厨房里弥漫的咖啡香气，留心桌子上的木纹，或聆听街道上汽车的声音。别错过对任何一样事物的观察。留心身边的每一个细枝末节，这是你在新生儿时期经常做的事，即只是观察。

或者你也可以借鉴冥想技巧，将注意力转移到你的内在，仔细留意自己的身体：感受昨天锻炼后的肌肉酸痛感，或在书桌前坐太久导致的腰背痛；观察你的呼吸，或感觉血液在体内流淌。

由于大脑需要释放出足够的循环空间，才能不断关注它自己生成的想法，所以它会一直将无穷无尽的刺激因素过滤出去，而你要做的则是将这些刺激因素全部接收下来。选择一样不会被大脑加工成想法的事物，让大脑淹没在来自物质世界的各种信号中，这样它就不会再活在自己那个泡影一般的虚幻世界里。你每消除一个过滤器，就给大脑提供某种可以加工的东西，同时削弱它生产毫无用处的想法的能力。

这一次，你不是在给大脑装填好的想法，而是压根儿就没有给它装填想法。此时安静就出现了。看你的脸上浮现出了多么安宁的笑容！

不过你要当心，这个地带可能会让大脑感觉非常不舒服。毕竟大脑已经习惯当老板了，而且你开关大脑的能力似乎威胁到了它的存在。所以它会发兵反击，也就是向你派遣更多的想法。对此你最好的回应就是静观其变，冷静地观察内在和外在世界，一遍又一遍地不断消除那些过滤器，直到恢复安静。

借用这个技巧，我已经学会如何轻松地拔掉大脑的插头，即使做了这么多年左脑型技术领域的高管之后，也依然如此。有时候我会在长途飞机上连坐几个小时，脸上挂着一个无声的微笑，脑子里只有隐隐约约的想法，或干脆什么都没有。那感觉如在天堂。我仿佛拥有一个开关，只要提出需求，就能将所有的想法关闭。我只需坚定地向大脑下达命令：“我要你闭嘴，马上！”将感官过滤器一一消除，然后就可以在没有大脑解说的环境中享受这个世界了。

你自己也试试看，那是一种无与伦比的安乐状态。

请记住!

学会让鸭子闭嘴。

快乐的想法才是你的“救世主”

在 1999 年的科幻电影《黑客帝国》（*The Matrix*）中，机器人创造了一个名为矩阵的虚拟世界，用于征服人类。而基努·里维斯扮演的尼奥则成为“救世主”，被选中解救人类。当尼奥最终看透矩阵植入他大脑的幻影和想法时，万事万物都以 1 和 0 的形式呈现在他的眼前。以我程序员的头脑来看，这意味着尼奥能够见微知著，并因此掌握了完全控制周边环境的能力，从此再也没有什么能伤害到尼奥了。矩阵“特工”快如闪电的动作都变得像慢镜头一样，尼奥不费吹灰之力就能挡住他们打出的拳头，并躲开他们飞射的子弹。

当你看穿想法给人的错觉，离这种技术水平就不远了。有太多的快乐并不取决于周边世界的环境，而是取决于你由此生成的想法。只要你学会了冷静地观察对白和观察剧情，就是开始看到1和0的时候。从此你能够看到自己的想法，并且懂得，它们战胜你的唯一力量正是你授予它们的。

就像尼奥一样，你将开始感觉到自己的想法以更为缓慢的速度流动。你将观察到每一个想法，并闪避它的攻击。而更重要的是，一旦学会命令大脑去给你更好、更积极的想法，你就达到了全权指挥的阶段。你有能力让大脑按照你的吩咐去理解周边的世界。

《黑客帝国》有一段剧情让我始终深有感触，那就是在尼奥最终看清世界原貌的那一刻，他的面容变得那么公正无私。尽管特工使出了浑身解数，但无论矩阵对尼奥使出什么手段，他都不为所动和无动于衷。他做了该做的事，知道自己已经赢得了这场战争的胜利，他已经到达了安宁的状态。

你也能成为像尼奥一样的“救世主”。你能够阻止大脑里那些“子弹”的急速飞行，安宁地看着它们以最原始的形态嗖嗖飞过。

要达到这样的水平可能要费些时间，而在此之前，你应该做到心无旁骛。这是大脑控制的黑带级别，是彻头彻尾的安宁。

请不要任由错觉愚弄你。

请记住！

你不是你脑子里的那个声音。

当我说到“我们不是我们的想法”，并解释这意味着什么的时候，大部分人可能都会露出如释重负的微笑。他们知道自己再也不必听那只鸭子叫了。但是没过多久，一个新的困惑就出现了。他们的大脑又猛地回到超攻击模式，提出一个根本性的问题：如果我不是我脑子里的那个声音，那么我是谁？

问得好。先用几分钟思考一下这个问题，然后开始阅读第四章。

第四章

自我错觉：还原一个真实的你

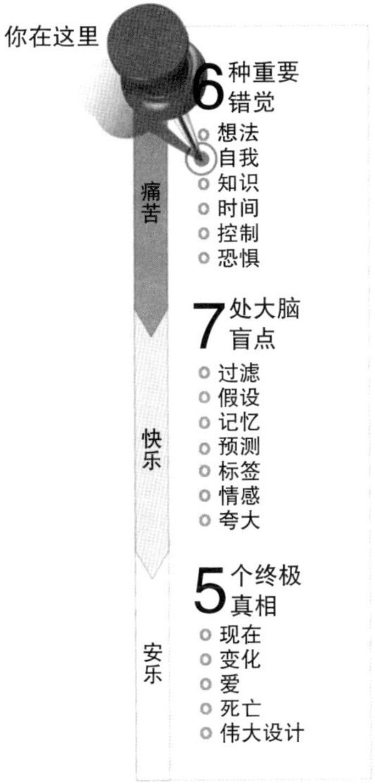

这无疑是你将要问到的一个最为关键的问题。

你穷尽一生都在为自己服务。购物、吵架、争论、恋爱、吃饭、锻炼、赚钱，并学会满足个人形象——和真实的你毫无相像之处的一张人格面具——的需求。难怪你真正的需求从未被满足，或许从未被提及，甚至从未被识别，而识别恰恰是一个起步动作。

在人类有史以来需要破解的多层错觉之中，自我给人的错觉是最深藏不露的一个。哲学家、神学家和心理学家都曾尝试看穿这种错觉，然而时至今日，几乎还是人人都戴着一层又一层的面具。

这种错觉共分三层：第一层，相信你是你的物质形态；更深的第二层，认同一张和你毫不相像的人格面具（你的自我意识）；再到最深的第三层，误解你在这个世界的位置。这三层错觉仿佛一个俄罗斯套娃，真正的你藏身在多层错觉之下，需要将它们一层又一层地揭开。

当你揭开这些错觉的时候，首先会发现你不是谁，然后继续蜕去外层，直到露出真实可靠的核心，也就是将要经受感知性和永久性测试的那个你。

感知性测试基于一个简单的主客观关系。如果你是能够观察周边客体的主体，那么你就不是你在观察的客体。如果你在看这本书，那么按照定义，你就不是这本书。看见地球的唯一途径就是在它之外占据一个有利的观察点，很容易理解，对不对？

而永久性测试则是基于一个简单的连续性问题。如果与你有关的一种品质或一种描述发生改变，而你保持不变，那么那种品质就不是你。如果你曾经是个教师，而如今是个作家，那么这些都是可变的状态，而不是永久的你。

在第三章里，我们用一种完全背离现代观念的方式确定了两个观点：第一，你的想法不能定义你；第二，你不是你的想法。这为上述两个测试提供了支持。你的想法不能通过感知性测试。如果你是你的想法，那么你又怎么能观察它们呢？它们就像屏幕上的图像一样在你的脑子里冒出来，而你不是图像，也不是屏幕，你能够观察它们这一事实证明它们是完全不同的个体。你的想法也不能通过永久性测试：在你成功地停止思考的那一瞬间，你不会停止存在；它们消失的时候，你没有消失；它们改变的时候，你保持不变，这就证明它们是独立于你之外的个体。想法的两个测试结果都不及格，所以说它们不是真实的你。接下来，我们要把这两个简单的测试用于与人们有关的其他身份。

本章的篇幅很大，而且到处都是全新的理念，所以我建议你做些准备，比如一杯提神的饮料、一个舒适的座位，还有一个清醒的大脑。

你是物质世界的观察者

在我们说到“你是谁”之前，剥掉你显然不是谁的那些外层要相对容易一些。

你的身体是全世界识别你的方式。你的面部特征、指纹，以及DNA（脱氧核糖核酸）都可以作为依据，识别出独一无二的你。无论你是什么，都与这个身体有关。它一定是你——肯定不是别人！

现在坦白说，你是否曾经看着镜子，感觉镜中的那个人不是你？我曾经就是这样，而且现在还是这样。你是否曾经观看视频里的自己，同时心里在想，“怎么看起来怪怪的”，或是“真想不到我居然是那个样子”。你是否曾经听过录音带里自己的声音？听起来像你吗？在出版商让我为本书录制音频版之前，我一直以为自己的声音听起来像一个小姑娘。听我这么说的时候，他们都哈哈大笑，因为事实证明，我的嗓音非常低沉。即使你现在还不曾有过这种自己不像自己的感觉，随着年龄的增长，或者当你的物质形态变化而你的内心感觉依然没变的时候，也肯定会体会到。

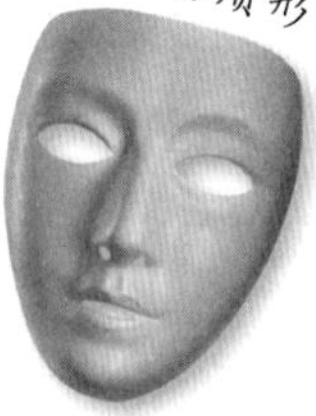

想一想永久性测试。如果现在你从镜子里看到的身体是你，那么6岁时你从镜子里看到的身体是谁呢？那不是你吗？当你增重几磅的时候会怎么样？是更多的你吗？如果你在一次不幸的事故中丢掉了一根手指，独一无二的指纹也随之不见，你就不再是你了吗？你剪掉的指甲是小片的你吗？如果你需要一次肾脏移植会怎么样？你会变成一部分捐赠者加上一部分你吗？

你的身体由50万亿到70万亿个细胞组成，而且每秒钟都有两三百万个细胞新陈代谢。[1] 红细胞大约可以存活4个月，而白细胞平均可以存活一年，皮肤细胞可以存活两三个星期，结肠细胞的命运要残酷一些——它们大约4天后会相继死去。你的物质形态差不多每几年就会完全更新一次，有时会更新许多次。[2] 那么，这些曾经出现的变体中哪一个是你呢？

想一想感知性测试。如果你的身体是你，那么你怎么能看见它和观察它呢？如果它是客体，那么谁是主体呢？

事实上，只需要几行文字就能看穿这种错觉：

请记住！

你不是你的身体！

请花几分钟时间想一想这个观点，然后让它在心里沉淀。在此期间，暂时不要开始思考你是谁，我们还要继续讨论你不是谁。

尽管那个身体不是你，却吸引了你太多的注意力。我们许多人一生都在呵护自己的身体，日晒，塑形，进行调理。有些人一生都在为自己的身体而沮丧，只因为希望它看起来有所不同：更高一些，更瘦一些，或者更壮一些。很多人格外在意它的缺点——鼻子、肤色或者胎记——并且只要活着，就每日每夜都为它而苦恼。有些人切割它、拉伸它、用硅胶填充它，有些人用暴饮暴食塞满它，而另一些人则以宗教、信仰或时尚的名义剥夺它的基本需求。它总是被过分关注。

如果租一辆车去旅行，那么你会相信那辆车就是你吗？如果你拥有它几年，会改变什么吗？你的身体其实是带你在物质世界走这一遭的物质化身，它就是一辆车、一个容器，别的什么都不是。这辆车并非毫无用处，它非常重要。如果你一生只能拥有一辆车，那么你肯定会好好照顾它，让它保持健康，拥有完美的使用状况，你要确保它不会损坏，也不会在长途旅行中让它给你带来麻烦。你会让它保持外表干净、有光泽，并且感激它为你服务多年和陪伴终生。然而，无论你用它做什么，也无论你多么频繁地使用它，你都不会把它当作自己。

然而，就仿佛觉得身体给人的错觉还不够混淆视听似的，你还要再戴上更多的面具，进一步扭曲事实，直到真实的你到达无法辨识的地步。下面我们要继续讨论错觉，但会加快点儿速度。还有别的错觉，而且还有很多。

你还不是什么

你不是你的想法，不是你的身体，那么还有什么是无法通过感知性测试和永久性测试的呢？只要我们继续用排除法，最终你一定会找到真实的自己。

可能你是你的情感，因为人们会说“我恋爱了”。这个错觉挺有意思。恋爱之前你是谁呢？如果你的爱增加了会怎么样？会是更多的你吗？如果你的爱停止了会怎么样？你消失了吗？所以，你不是你的情感。

或许你是你的信仰：我是一名印度教徒、基督教徒、穆斯林、犹太教徒、无神论者，或者我有精神信仰，但并不信教。那意味着什么？如果你接受一种新的信仰，会变成一个新的你吗？当你只有两岁，也就是信仰体系还没有形成的时候，你是谁呢？所以，你不是你的信仰。

当被问到你是谁的时候，你总是用一个名字来回答。我是莫，但显然我的名字不是我。我们的名字可以变成绰号和婚后的名字，但我们却保持不变。所以，你不是你的名字。

有些人以自己所属的群体来表明身份：我是埃及人，或者我是某个足球俱乐部的粉丝，但这些暂时性的状态也会发生改变。你不是你所属的族群。

我是 ××× 的儿子。不，你不是。有些人会发现妈妈保守了一个秘密，父亲其实不是自己的生身父亲，但这些人不会从地球表面消失。我是汤姆的妻子。好吧，但在遇见汤姆之前你是谁呢？所以，你不是你的家族树的一枝。

那么我一定是我的成就。我是这个项目的投资者或那本书的作者。在此之前你是谁呢？我是白手起家的百万富翁。要是所有的钱都没了会怎么样，之前那个白手起家的百万富翁就不是你了吗？所以，你不是你的成就。

我是一辆黑郁金香色劳斯莱斯幻影敞篷跑车的荣耀车主。骗谁呢？你开的车或你穿的名牌衣服能决定你是谁吗？如果劳斯莱斯被盗了，那个贼就成了你吗？所以，你不是你的财物。

现在你一定已经熟悉这种方法了，那我们来加快速度。你不是今早上班乘坐的那辆公交车，也不是公交车司机；你不是你刚刚踩到的那只蚂蚁，也不是昨天让你惊叹的那只蝴蝶；你不是本书的页面，也不是用来写作本书的电脑；你不是你的猫，不是太阳，也不是构成我们整个宇宙的原子。你曾经观察到的任何事物都不是你，而在你保持不变时发生过变化的所有事物也不是你。

如果你周围数以万亿计的事物没有一个是你，那么你是谁呢？

真正的你

只需要一瞬间的完全存在意识，就可以遇见真实的你。在这一瞬间，你要安静地坐下来，观察你周围的一切，或是观察你体内的一切。试着留意脑子里的想法，留意气息的吐纳，留意手指触碰这本书纸张的感觉，试着感觉血液向双脚流淌，感知周围的声音、眼前的亮光，试着留意各种各样的小细节，包括远处汽车经过的声音，还有邻居做晚饭时飘散出来香气。

你刚刚观察到的这些都不是你。

请记住！

你是观察者。

你是意识到周围发生的一切的那个人。我知道这可能听起来让人大失所望，但你的确从来不曾看见过你。你不是被看见的人，

请记住！

你是看见的那个人。

真希望有一种你的大脑能够理解的方式，可以让我用来描述真实的你，但是很可惜，我们没有配备适合做这件事的装置。人类自身的所有仪器装备都被调整为观察物质世界的模式，而你——真实的你——并不是一种物质客体。

“告诉”的小游戏

有一个名为“告诉”（Tell）的小游戏可以帮助理解为什么描述你竟然如此困难。先从一轮容易的开始。请告诉我海底 60 多米是什么样子，还有纽约东南沿海以外 300 多千米是什么样子。你能明确地告诉我吗？不，你不能，因为你从来不曾看见过它们。

那么好吧，能否请你在没有收音机的情况下告诉我，此时你周围的无线电台在播放什么，你能吗？当然不能。即使你被电波包围，也无法感知，因为你没有接收它们的仪器。

最后这个属于陷阱问题。能否请你告诉我新鲜烘焙的曲奇看起来是什么味儿的？你能吗？为什么不能？因为气味不具有可视性——它无法被看见。

现在往下进行，告诉我真实的你是什么样子的，你能吗？就像你不曾看见过深海世界一样，你也不曾看见过真实的你；就像你没有仪器接收无线电波一样，你也没有仪器感知真实的你。而更重要的是，由于它的非物质性，所以它无法被看见。被看见是物质世界才具有的特性。

虽然你不理解你的真我是个事实，但却并不意味着它不存在。

无论你是否有能力完全理解深海世界、无处不在的无线电波以及曲奇的气味，它们都是存在的。

进一步扩展我们的想象力，思考一下：要观察这个物质世界，你就必须位于它之外的某个有利的观察点（类似于要观察一幢建筑物，你就必须从它里面走出来）。这个观念具备许多创造潜能。比如，《黑客帝国》和《阿凡达》这样的电影，就是将这个概念发挥到了极致。这些电影里的角色能够遥控他们的物质形态。同样，在你的人生电影中，如果你不是布景的一部分，就连代你在各个场景中穿梭的“阿凡达”的身体（化身）也不能等同于你，那么这些电影刻画的现实可能就离真相不算太远。

我们暂停一会儿，想一想刚才讨论过的内容。我最初理解这个概念的时候，发现它真是酷极了。理由如下：既然你不是你的财富，那么钱多还是钱少就与真实的你没有丝毫关系。如果一个贼抢走了你辛苦赚来的部分收入，虽然可能会影响你的物质形态，你的想法也可能会让你痛苦，但是真实的你什么都没有失去。你会在自己保持不变的同时，观察这些变化。

那种迫使你保护人生中所有财物的错觉，其实只是你的物质形态在试图控制它周围的物质世界。真实的你不会被那个物质的外层以及它里面包含的内容影响。举例来说，就算你突然失去了身份地位，也没有什么大不了。用来识别你的是真实的你，而不是你给人的暂时性错觉。既然不害怕失去，也不担心未来，你就明白没有什么能够真的伤害你。

现在我要进一步启发你的思维。前面我们已经确定，你不是那具会老、会变、会死的身体。接下来想象一下你在一次事故中失去四肢的情况。你的物质形态将减少一半，那很痛苦，而且可能会改变你的想法与行为。但你并不会因此就失去一半真实的你。你真实的自我将保持不变。

现在想象一下这个概念的极端情况。假设你失去了 100% 的物质形态，然后再问那个有趣的问题：当你失去了整个身体的时候，真实的你会发生什么？它不再存在了吗？当你的身体死亡和腐烂的时候，真实的你会去哪里？

在我个人的信念中，答案是："你"什么都不会发生。你只是不再与你的物质形态相连而已。你依然是你，而且你会说："哇哦，真好玩儿！"

正是在这种信念的帮助下，我发觉虽然阿里的物质形态可能已经腐烂，但是他实在的、神奇的自我仍然活着，而且总有一天，我也会离开我的物质形态，而那样没什么不好。在这样一个艰难时期，这是个绝妙的想法。

我知道，对于那些与物质的自我紧密关联的人来说，这是信仰的一次飞跃，但是一旦你真的看破，就永远都不能再回头。要达到不间断的安乐状态，你必须接受这个真相：物质世界的万事万物最终都会消失和腐烂，但真实的自我会保持平静，不受影响。与真实的自我相连，就能看穿物质世界给人的错觉，最终将得到安宁和快乐的终极体验。让我们继续探索，一切都将有一个圆满的美好结局。

摘下自我意识的面具

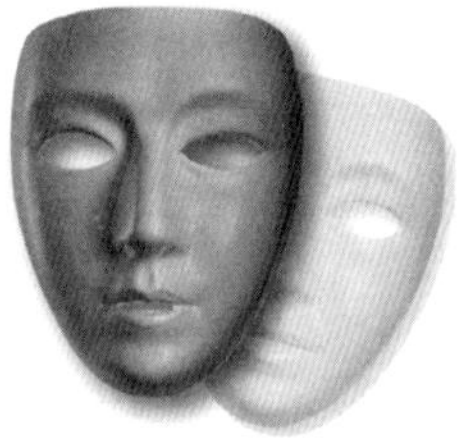

在尝试确定“你不是谁”的过程中，我们揭开了人类为创造某个身份而戴上的许多层面具。那些面具代表了自我的错觉的第二层。它们可以用一个词来概括—— 一个自从人类社会化就开始让我们百般纠结的词，就是“意识”。

自我意识在这里的意思不是傲慢，而是一种身份认同感、一张人格面具——你看见的自己以及相信（或希望）别人看见的你。

自我意识并非与生俱来，所有人都一样。人生之初，我们并不觉得自己和这个世界的其余部分是相互独立的个体。在不过几个小时的清醒时间里，我们会完全沉浸在当下。当开始玩耍的时候，我们会平静地拿起一个玩具，然后放下，再拿起另外一个，脑子里一个消极的想法都没有。当肚子饿了或者妈妈离开房间的时候，那种安详的状态会出现暂时性的间断，但只要烦恼被消除，我们就会立刻恢复平静。

然而，下一个阶段的成长却会带来一个根本性的改变，而这一切都源于你留意到妈妈或当时的看护人将名字与各种事物联系在一起。她用“妈妈”指代自己，用“娃娃”指代玩具，用某个可爱的名字指代你，比如说“波基”。

在你成功地控制自己的语音处理器并生成第一个词的瞬间，嘴里胡乱蹦出了一个名字——“妈妈”。只见妈妈朝你跑过来，哈哈笑着，对你又抱又亲。“没错，宝贝，我是妈妈。我爱你，每次你叫妈妈，我都会跑过来。”

你想：“嗯，这挺有趣的。”那第一个词让你接收到无法抑制的兴奋情绪，也教会了你的大脑一种因果关系，那就是：叫事物的名字会得到夸奖，于是你便加速了这种处理过程。特里（tlee）、塔特（tot）、阿普冷（A-plen）、卡啊（caar）、米克（mik），由于你发出这些音节的方式特别可爱，所以得到了更多的夸奖，于是你再接再厉，继续扩展词汇量，直到说出那个将会永远改变你的人生，并且成为你的身份的词，同时也是大脑在你有生之年的核心焦点——“波基”。

按照此后故事情节的打开方式来判断，那个时刻一定会升级为你人生中最重要的时刻之一。你终于拥有了一个身份。起初，你会用第三人称指代自己：“波基饿了。”接下来，波基变成了“我”（主格，I），并且这个词开始成为你整个存在的绝对中心。没过多久，你又加上了“我”（宾格，me）、“我的”（名词所有格，mine）、“我的”（形容词所有格，my），于是处理完毕。你的自我意识诞生了。

“波基”变成了意味着所属关系的所有格。为了创造出一个更加复杂的身份，你将自己与各种物品联系在一起。那个曾经无论玩什么都十分快乐的天真孩子开始有了一个最喜欢的玩具："我的娃娃。"而且如果"我的娃娃"不见了，波基就会感到心痛，并且大哭起来。游戏时间不仅仅意味着玩耍，同样也意味着身份的构筑。现在只有某些玩具才能让你快乐，不是因为它们更好玩儿，而是因为它们是让你感觉完整的某个身份的组成部分。

当你学会将自己的身份——由我（主格）、我（宾格）、我的（形容词所有格）和我的（名词所有格）构成——与周围其他人的身份互相比较的时候，情况就变得更加糟糕了。比别人"少"会让你伤心。哪怕你已经有了最喜欢的玩具，但只要有哪个玩具是朋友有而你没有的，你也会有不如人家的感觉。你开始不喜欢自己的玩具，找爸爸要另外一个玩具。如果他拒绝，你就会表示抗议。你乞求、恳求，直到得偿所愿，但是只要有了下一个目标，你就会立刻丢掉这个新玩具，就像当初立刻要得到它一样。

那个曾经无论玩什么都可以单纯地享受当下的快乐平静的小宝宝怎么了？不见了。他总是竭力定义一个不断演变的身份，并为此忙得不可开交。

当大脑的关注点从玩具的物质世界升级到不可触摸的无形世界，情况甚至变得更为有趣。你放开桌子自己站立，然后趁着还没摔个屁墩儿的时候向前迈出一步，这样的简单动作居然让妈妈兴奋异常。她一边喊着："干得好，波基！"一边跑过来扶起你，亲吻你。她开心得哈哈大笑，仿佛你征服了全世界。于是你想："嗯，这样真不错。可能我应该多玩儿一些这样简单的小把戏，好得到更多异乎寻常的赞赏和关注。”

接下来的几个星期里，你大喊：“妈妈，看啊，波基会走路了！”

妈妈喊：“好耶！”

“妈妈，看啊，波基会爬楼梯了。”

妈妈叫：“太棒了！”

“妈妈，看啊，波基找到了一个玩具！”

“干得好，波基！”

“妈妈，看啊，波基会抠鼻子了！”

“不，不，波基。坏波基。”

你发觉一些动作是被社会接受的，可以带给你表扬和鼓励，而另一些动作则是不被接受的。聪明如你，从此学会了多做前一种事，少做后一种事。为了被这个社会容纳和接受，你开始打造一张人格面具，一个你希望别人看到的样子。至于内在的你究竟是什么或者是谁已经不再重要，重要的是你看起来是什么。于是在人生接下来的日子里，你的关注点不再是你的实体，而是你的形象。

接下来，维护形象的癖好中又掺入了吸引关注的癖好。你很快就发觉，抠鼻子会吸引更多的关注，而把玩具收拾整齐却不会被留意。由于你希望寻求的是关注，所以叛逆心理从此诞生，“为吸引关注而奋斗的战士”占据了支配地位，它说，“我要被关注，无论付出什么样的代价”。

等我们长到十几岁，不安全的感觉和融入社会的压力就会达到顶峰，这也是身份认同危机出现的时候。我们距离自己“真实”的秉性越来越远，距离同龄人“被接受”的秉性越来越近。如果14岁发生性行为让我们被接受，有些人就会立刻亲身实践。“干得好，波基。”如果踢足球比加入科学俱乐部更酷，就把科学俱乐部抛诸脑后。“干得好，波基。”如果远离毒品、香烟和酒精让我们看起来别别扭扭，就照单全收。“干得好，波基。”

然后我们步入成年时期。参加工作，打扮入时，重复着毫无意义的各种词语：协同（synergy）、断层（chasm）、生态系统（ecosystem）、拆分（spin-out），还有喝酷爱牌（Kool-Aid，意指被洗脑或盲信）饮料。这都是哪国语言？听起来简直不像英语，但我们还是要用，只因为这样会被接受。我们变得不苟言笑，确保不在工作中流露情感。有些人学习打高尔夫球，出席商务晚宴，参加团队聚会，我们融入社会。“干得好，波基。”在争先恐后的过程中，有些人为了不断升级人格面具，不惜为名牌衣服或豪华汽车一掷千金。我们凭借人格面具赚取一切，又用一切来保养人格面具，但没有一样能让我们真的快乐起来。即使如此，我们也不曾停下脚步思考自己的所作所为，反正只要能让自我意识保持完好无缺就行了。

我们扮演的角色

一旦我们开始戴上层层面具来加固自我意识，就会在日后的人生中扮演各种角色。其中有强势高管的角色：专业人士，穿着考究，沉着冷静，冷酷无情。有妈妈的角色：跟孩子讲儿语，穿着拖鞋，与其他妈妈一起喝早茶。有艺术家的角色：行为古怪，叛逆而神秘。有爱国主义者的角色：自豪，从戎，杀敌。有成熟绅士的角色：总是吹毛求疵，貌似有渊博的文艺知识，每说两句话就停下来沉默和深思一会儿。有性感女郎的角色：穿着性感，高跟鞋，梦幻般的嗓音。有大男子主义的坏男孩儿角色：文身，自信，冷漠又轻蔑的眼神。

每个身份都会成为一种角色，就连最基本的那种也不例外。例如，男孩儿或女孩儿一生中的一系列行为都要基于社会期望。粉色或是蓝色，娃娃而不是足球，裙子而不是短裤。角色成为你被期望的形象，而且如果你感觉自己不同于大家对你的期望，生活就会变成一场奋力的抗争。

还有受到社会期望引导的长幼角色，即长大后的行为举止应该有别于年幼好玩时的行为举止。孩子到了面对“现实世界”的时候，每个人都要求他们变得“严肃”起来。在学校里，他们被要求安静地坐上几个小时——不许说话，不许移动，不许玩耍。我们认为家庭作业优先于探索和发现。我们期望孩子们不再孩子气，而是开始守时间和守规矩。虽然有些孩子会反抗一段时间，但大多数孩子早晚都会顺从。

如果我们都摘下面具，不再伪装成不是自己的样子，只是尽我们所能将工作做到最好，会发生什么？交易订单会变少，还是发明会变少？我认为都不会。因为推动我们进步的是我们做的工作，而不是我们戴的面具。在一个设有自我意识的世界里，别人眼里的我们是什么样子的并不重要。无论别人如何看待我们，我们都会为了做出最好的努力和追求最好的结果而全身心投入。尽管一个专业人士的自我意识建立在让工作看似困难的基础之上，但最好的结果常常不需要他做什么就可以实现。例如，最好的管理者会聘请有才之士，很少插手管理。当伪装不再是必要条件时，人们就会发现最好的专业人士往往是那些压根儿就不扮演什么角色的人。

戴上自我意识的面具

每个角色都有一种外貌特征、一种着装标准、一种语言风格、一群同龄人、一个讨厌的敌人、要讨论的热门话题、要假装的面部表情，以及要烦恼的伤心事。要学会某个形象很容易——电视上每天都在播放。只要剪切加粘贴，我们都能成为演员。我们戴上不同的面具，隐藏实际的情况，不让任何人看见，包括我们自己。

我们假装的身份成了我们人生的全部，我们开始相信它，甚至比别人还相信。一般情况下，别人尚且能觉察到我们的反常行为，然后将我们扮演的角色及其对应的公众形象进行比较，待觉察到那不过是一种表演之后，最终予以排斥。

当自我形象遭受任何形式的攻击或威胁时，我们就会本能地保护自我意识。本能的战斗反应让我们争论和争吵，而逃跑反应则让我们退缩和沮丧。那些原始穴居人的工具已经为了适应自我意识盛行的现代社会而演变：长矛变成了名牌衣服和豪华汽车，猎人的手势变成了俚语，融入环境的最好伪装变成了脸谱网（Facebook）之类的东西。在整个过程中，快乐算法彻底失灵，因为我们的期望是让别人接受我们假装出来的形象，而这永远都不会得到满足，于是我们就感到不快乐。

对此我有亲身体验。在沮丧到极点的时候，我曾有过这样的经历。有那么几年，我迷上了汽车。它们的艺术设计激起了我的兴趣，更重要的是，它们能服务于我的自我意识。我选择了一个成功又老到的收藏家的人格面具，并戴着它郁郁度日。尽管我现在仍然爱车，但已经失去了拥有它们的冲动。我发觉满足自我意识的冲动会玷污我的爱好。在成功以前，我购买的汽车就是个谎言，用来假装和掩盖我尚未成功这一事实；而当真的成功时，我就不需要靠一辆车去证明。无论是这两种情况中的哪一种，汽车都不能让我快乐。所有维持自我意识的道具都不能让我快乐。

阿拉伯民间文化里有一则故事。

> 一位老教师的学生们在离开学校多年后去看望他。大家谈论着自己在生活中有多么成功，并纷纷对敬爱的老师表达感激之情。接着他们又都开始说起自己面临的压力，说起自己为了实现各种期望而经历的紧张生活。显而易见，成功并没有让他们变得更快乐。
>
> 老教师起身准备了一大壶咖啡，回来时拿了一个装满各

式杯子的托盘。有些是水晶的，有些是银制的，还有些则是便宜的塑料杯。他让学生们自己倒咖啡，结果每个人都去拿可选范围内最漂亮又昂贵的杯子。

当他们重新坐下，老教师先称赞了最漂亮的那些杯子，但接下来就指明，他们想要的其实只是咖啡而已。而无论杯子是什么样的，咖啡都一样。他说，如果社会地位、时装、形象、财富，以及社会的认可是杯子，那么生活就是咖啡。明明我们需要的只是优质的咖啡，为什么却要想方设法用漂亮的杯子去喝呢？他说，如果你想过上没有压力的生活，就不要管杯子，只要：

请记住！

享受咖啡。

自我意识的阴暗面

自我意识并不总是意味着虚荣，人们也常常会为自己打造消极的形象。他们在内心深处相信自己比实际情况更加逊色。例如，“受害者”就是一种常见的自我意识——你认为这个世界总是与你作对，认为你注定要痛苦。当自我意识受到威胁时，你就变得大为不快。“你说‘还好’是什么意思？”你会说，“从来就没有什么是还好的。我已经以我的惨痛经历为代价，换取了不快乐的权利。如果痛苦是一种选择，那么我选择痛苦。我就是这个样子。”

自卑、自怜、内疚或羞愧的感觉都可能促成消极的人格面具——我很胖，我很丑，我很蠢，我不配被爱，我是一个罪人，活该受到惩罚。

悲痛欲绝的父母也是人们常常扮演的一种消极角色。当阿里离开的时候，我脑子里最先冒出来的想法之一就是：死亡带走了我的儿子。我本来可以表现得像个受害者。毕竟阿里不仅是我人生中不可或缺的一部分，而且还是我的人生支柱，所以我确实很容易一头栽入受害者这个陷阱。我甚至记不清成为阿里父亲这一角色之前的日子。这个角色是一种很难看穿的错觉，让许多人在痛苦的泥淖中度过数不清的岁月。然而，这个想法是错误的。阿里从来都不是“我的”，阿里是他自己的。他的人生会带他到不同的地方，我有时是他故事中的一部分，有时又不是。当他需要离开家，到几千英里[①]外的波士顿东北大学求学的时候，尽管我为与他相隔甚远而心有痛楚，却也支持他的选择。我为他沿着自己的道路前行而快乐，因为那是他的人生，不是我的。既然死亡只是让他跳上了一条全新的道路，我有什么理由做出不同的反应呢？尽管我会一直想念他，但我知道那是他的道路。他从来不是我的。

我们很多人任由自我意识带来痛苦，于是走上了一条悲伤的道路。小波基——你曾经拥有过的众多身份中唯一真实的一个——怎么了？他平静而快乐，完全活在当下，赤条条、无牵挂地坐在一块尿布上，无忧无虑，没有自我意识，不被有关“我”的想法干扰。他不会想：我长什么样子、我代表什么、人们如何看待我，

① 1 英里＝1609.344 米。

甚至我如何看待自己。波基无论得到什么都很快乐，他没有占有欲，随时可以放下一个玩具，也随时可以拿起一个玩具，不带一丝执念。

难道你不希望自己恢复那种状态吗？

好了，其实它从未真的离开。“你”从未离开。那个没有自我意识的孩子仍然安静地坐在我们每个人的心里。尽管被埋在一层又一层的谎言、自我意识和人格面具之下，但他是快乐的，等待被找到。

让我们找到你的波基。

摘下面具

你就像是一个俄罗斯套娃，只有将外层逐一除去，在你年复一年假装出来的各种角色中努力辨别真实的你，才能最终找到你纯粹的自我。而在此之前，请重复摘下的动作，把自我意识的所有面具都除去。

当我说“摘下”的时候，指的就是它的字面意思。这个练习可能有点别扭，但很有效。今晚回家的时候，你要关上门，一个人在房间里，站在镜子前，看看你拿着的、用着的或戴着的每样东西。如果有哪样东西超出了基本用途的范畴，就摘下来，因为它的存在只是为了服务于你的自我意识。

看看那件衬衫、外套，或礼服，你买它只是为了蔽体和保暖，还是为了帮你打造自我形象？如果你不是为了在自己和别人面前看上去漂亮、优美、潇洒或风雅，当初会不会买些不一样的东西？看看那条牛仔裤，如果你不是为了让自己看上去性感迷人，当初会不会买大一号的？你的鞋子呢？如果你不是为了看上去职业干练，当初会不会买一双更舒服的？

看看你的珠宝首饰，究竟有什么实际用途？除了塑造你的形象，对你还有别的意义吗？你戴着一枚戒指，是因为那是爱人送给你的，还是因为你想告诉全世界有人爱你？如果你只是为了看时间，当初会不会买一块不一样的手表？在那些配饰中，如果有哪件纯粹是为了使用才戴在身上，就留着；否则，就摘下来，把它们都收起来。

看看你的化妆品、你的指甲油、你的发型，都有实际用途吗？看看那处文身，你真的是为了珍藏一份记忆，还是为了让自己看起来珍藏着那份记忆？哪怕你无法从身体上去除那处文身，也可以在心理上去除它。如果你传递那种信息或者塑造那种形象只是为了让这个世界上除你以外的所有人看到，那么就把带有这种目的的动力也放下。

看到了吗？我们每天居然要穿戴那么多仅为自我意识而存在的东西！发现了吗？当你剥去自己不断努力保养的所有形象之后，身上要戴的东西简直屈指可数。感觉到了吗？没有它们的你是多么轻松！

现在瞧一瞧那具朴素的身体，一件自我意识的配饰都没有，你又变回了那个只有一片尿布的小波基。此时我们还可以更进一步。无论你的身体属于健美还是超重的范畴，都问一问自己："现在的我适合这样那样的角色吗？"你坚持锻炼身体是为了保持健康，还是为了看上去健壮有魅力？如果你只是为了保持健康，当初会不会选择一种不同的锻炼方式？那个身体还是你吗？肌肉、头发、鲜血、体液和汗水——那是你吗？

不是，你是在观察它的那个人，那个即使你增加或减少 100 磅也会保持意识清醒的人。而里面那个纯粹的人就是波基，你找到了。"干得好，波基！"

争取别人的认同是一场注定失败的战争

既然真实的你并不是自我意识假装出来的那个你，那么不断努力让别人认同你为自己选择的形象就无异于在打一场注定失败的战争。这会让我们不快乐，因为我们总要寻找下一样可以完善形象的东西，希望人们相信那就是我们。其实这招儿永远都不会奏效，原因有二。

第一，别人更关心他们自己的自我意识，而不是你的，所以很少会认同你的自我。他们的自我意识能否生存，要取决于跟你的自我意识相比

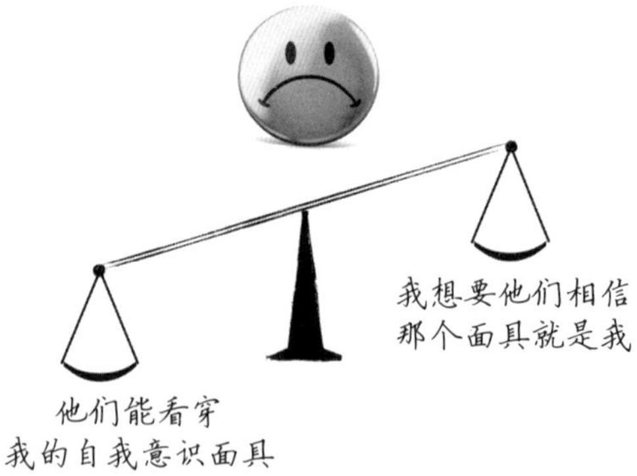

较的结果。为了让他们成为正确的，你就应该被视为错误的。当你是逊人一筹的那个时，他们就是胜人一筹的那个。不认同别人是最容易产生优越感的途径，它不需要为了变得更好而付出努力，只需要看轻别人即可。

没有人例外。只不过有些人是在心里默默评价，而有些人是堂而皇之地大声批评或咒骂。人们不认同你，不是因为他们在评价你，而是因为他们在评价自己。想赢？没门儿！虽然很可悲，但事实就是如此。

有一则寓言说明了这个道理。

> 一个男人和他年幼的儿子去集市，他们只有一头驴，所以出于尊重，儿子让父亲骑。一个路人评论道："多么狠心的父亲！怎么能自己骑驴，让小男孩儿受罪？"为了得到别人的认可，他们换了一下：现在男孩儿骑驴，而父亲走路。很快他们又听见另一个路人低声说："多么没有礼貌的儿子！怎么能自己骑驴，让年迈的父亲走路？"然后儿子跟父亲建议一起骑上去，结果却听见有人说："多么狠心的父子俩，他们就不同情这头可怜的驴吗？"于是他们决定展示那种同情心，抬着驴去了集市，那儿的人把他们当成疯子，赶了出去。

争取别人认同的努力总会以失败告终的第二个原因是，就算他们表示了认同，对象也不是"你"，而是你的人格面具。不再是

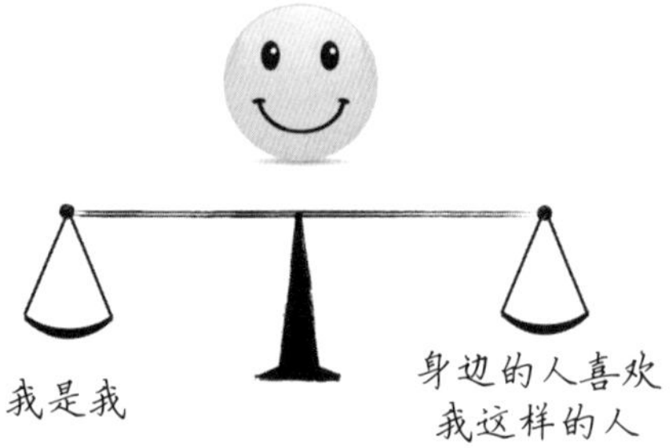

“干得好，波基”，而更像是“干得好，看起来有点儿像波基但却认不出来是谁的自我意识”。对此你会有所感觉。在内心深处，你感觉明明是自己付出了努力，却为别人赢得了赞赏。你觉得胜利空洞无物，并为真实的你觉得不值。花了那么多时间，却只是为他人做嫁衣裳，有什么意义呢？为什么不为自己做点事呢？

在“不”一味追求别人认可这方面，阿里有着惊人的天赋，因此总是能保持平静而自信的状态。他是我遇到过的最快乐的年轻人，从来不为我行我素而辩解。他非常明智，相信与其为了取悦每个人而假装成不是自己的样子，倒不如找到那些喜欢他“本我”这一类型的人来得容易。起初，他会在一番精挑细选后，才允许一些人进入自己的生活，而当他找到合适的对象时，朋友们就会爱上真实的他。那给了他成为自己所需的自信。后来，他以开放的态度允许所有人进入自己的生活，但同时也明确表示“所看即所得”。结果，他们都被他真实纯粹的自我透射出来的光芒吸引了。

你永远都无法取悦每一个人。你要找的朋友应该喜欢真实的你，让这样的人接近你，而除了他们，其他人对你来说都不重要。

阿里那睿智的妈妈经常对他援引一句歌词，源于斯汀的一首名曲《一个在纽约的英国人》（*Englishman in New York*）：

请记住！

走自己的路，让别人说去吧。

更重要的是，爱你自己本来的样子。真实的你精彩且平静，就像波基一样。你不喜欢的那些你的版本其实是你的自我意识创造出来的人格面具。你是你唯一需要的，也是你唯一拥有的。

摘下面具吧。把赝品的人全部丢弃，去爱真实的你。干得好，波基！

现在是暂停和沉思的绝佳时机。我们还有一层自我错觉要揭开，这个过程需要清醒的大脑，所以别急，慢慢来。

你不是世界的中心

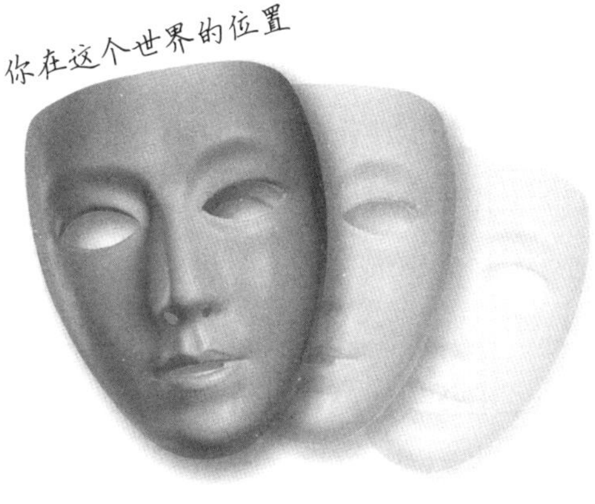

自我错觉最深层的部分或许正是带给我们最深刻悲伤的部分，它常常导致我们的快乐方程式得不到正解。当你相信自己是宇宙的中心，相信好事儿的发生是由

于你的努力，而坏事儿的发生只是为了让你生气，就意味着这部分错觉开始对你产生影响，而且你所相信的是距离真相最远的情况。

让我们潜入汤姆的想法探查一番。我们是在一个周六的早晨潜入他的大脑，此时他正面对旧金山海湾大桥的美景，安静地享受着一杯卡布奇诺。

这一定是最好喝的咖啡了，他想，那个服务员在烹制咖啡的时候用了很多心思，还在上面做了个漂亮的拉花。她一定知道他有多么钟爱优质的咖啡。

这种体验让他想起了塔米。

> 我决定搬来和塔米同住的第一个周末，她就带我来到这个地方。也是在那一天，我们撞见了蒂米。我们聊起了过去的美好时光，然后蒂米提到自己就职的那家创业公司正在招人。他一定就这个职位为我做了推荐。我喜欢蒂米。虽然我的第一个老板塔莫太过强硬，但是教会了我很多东西。我真的不知道自己是应该喜欢塔莫，还是应该讨厌他。他在股票期权方面也很慷慨，那让我的起步很不寻常。当然，我永远不会原谅他背着我与塔米偷情，但是，嘿，那样也很好。反正我和塔玛尔在一起更快乐。
>
> 我真幸运，有那么多人在我的人生中扮演配角。如果这个人生被改编成电影，那一定是一个兼具悬疑片、动作片和剧情片特色的爱情故事。每个人都扮演着一个小角色，而所有的角

色都成就了现在的我，坐在这里享受这杯卡布奇诺的我。我喜欢我的电影。虽然也有艰难的时候，但我可以理解。如果不曾与一些挑战做过斗争，并成功走出困境，我又怎么能成为主角呢？这部电影对许多给它配戏的演员来说一定非常重要。毫无疑问，我注定是个了不起的人。这就是电影。好吧，我确实有这种感觉。

请记住！

好吧，我们所有人确实都有这种感觉！

我要问你一个问题：如果你是你电影里的主角，那么谁是塔米电影里的主角呢？如果她是她电影里的主演，那么你又成了什么呢？或许是一个配角？

按照这个逻辑思路想下去，其实你在蒂米、塔米和塔玛尔他们每个人的电影中扮演的都是一个配角。无论是那个煮咖啡的服务员，还是那个你为其开门的女士，抑或是你走进这座建筑物时一脚踩扁的那只可怜的蚂蚁，你在他（它）们的电影中只是个配戏的演员而已。

如果你既是成千上万部电影的配角，但只是一部电影的主角，那么会让你成为怎样一位超级巨星啊？

你有没有想过，可能正是你的行为才导致塔米出轨；也可能正是你的行为，才导致她的生活压力以及与你的不快乐，进而导致她的背叛，而你们的分居又对你们女儿的生活产生了巨大的

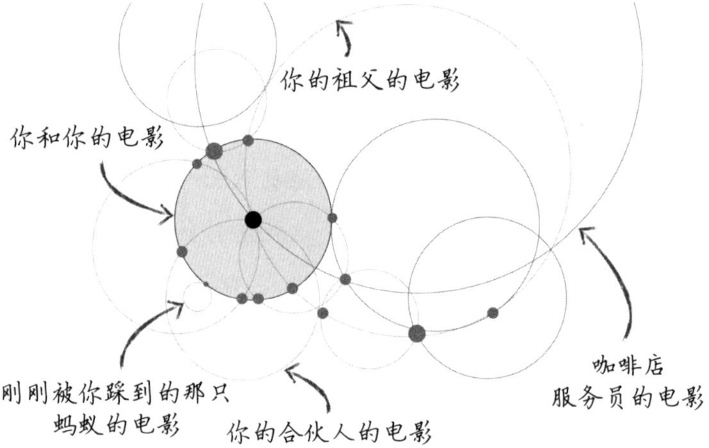

影响。

你是否留意到，当你在走进这家咖啡店的最后一刻改变了主意，你决定走向左手边那个煮咖啡的服务员。于是你身后的人在一种足以改变人生的巧合中，走向了另一个服务员，两人因此一见钟情，疯狂地坠入爱河，然后结婚，生下一个孩子。而那个孩子长大后成了一位知名的外科医生，40 年后将挽救你孙女的生命。

你有没有想过，你给出租车司机的两美元小费可以帮他的父亲为自己的咖啡种植园购买所需的有机肥料，而这个种植园收获的优质咖啡豆通过自由贸易的途径，将成为下次你来这家咖啡店时享受的咖啡？或许，那位农场主获得的利润将被用来挽救他孩子的生命，而那个孩子将成为一个疯狂的科学家，终结我们所知的人类文明。你永远不会知道。你的电影只是许多纠缠不清的电影中的一部。事实上，是几十亿部电影中的一部！

你生活在一个相互连接的复杂网络中。你度过的每一天，你迈出的每一步，你做出的每个举动，都会影响——哪怕是以微不足道的方式——你周围每个人的人生，或许还会偶尔改变这个星球上万事万物的一生。在发生这种情况的同时，你又可能被他们中任何一个迈出的每一步所影响。

好与坏

这个错综复杂的人生网络迫使你不得不面对一个陌生的概念：好的不会永远都是好的，坏的不会永远都是坏的。看故事的有利观察点不同，产生的印象可能就截然不同。而且就像我们刚刚发现的，这样的有利观察点数不胜数。

某部电影的主角眼中的坏事可能会变成与之存在交集的某部电影中另一个角色眼中最好的事。就像老话说的：一个人失去的就是另一个人所得到的。接下来请允许我用一个极端的私人事件来举例说明。

阿里离开我们那天，正为了研究斋月而禁食。入院的时候，医生又要求他继续禁食，为手术做准备，也就是说，他凭借着离开我们之前喝的最后一口水，坚持了差不多一天的时间才离世。他忍受了一天的干渴这件事让我和他的许多热心慷慨的朋友动容，于是，为他离世的噩耗而痛心不已的我们以他的名义捐助了向世界贫困地区提供新鲜饮用水的崇高事业。结果让数千个因缺少这种珍贵必需品而受苦的人得到了补给。或许在我写下这几行文字的时候，你的注意力已经转移到你可能也会参与到这项事业中，那么我们就将一起实现为几百万人提供新鲜饮用水的目标。现在问题变成了：阿里受苦是好事还是坏事？

怎么说呢，这要取决于有利观察点在哪里。对阿里来说，肯定是坏事。毕竟忍受一整天干渴对身体来说相当残酷。然而，阿里生来就以助人为己任。如果有机会，他肯定会自愿干渴一天，只要能让那几千个人一生有水喝。

对我这个爱子心切的父亲来说，他承受的痛苦十分可怕。但是我也知道，他会喜欢这部电影接下来的一幕，所以又感到安慰。他一定会为别人得到帮助而流下快乐的眼泪。

而对生活得以改善的那几千个人来说，尽管并不知道自己得此福佑的缘由，但这肯定是他们的电影中的快乐时光。事实是：

请记住!

每件事都有好有坏，或许每件事也都无好无坏。

即使就个人层面来说，随着日久年深，也没有什么事都是坏的。回顾你自己的人生，有多少次坏事最终变好事的经历呢？最近一次慢跑后的肌肉疼痛可能会帮你预防今后 25 年内的心脏病发作。而开快车带来的畅爽心情可能会在几秒钟后让它成为你此生开过的最后一辆车。

你要扩大有利观察点的范围，从不同的角度看待同一件事。买下那辆新车是好事，但是割舍钱财是坏事。被灼热的熨斗烫伤是坏事，但是让你的手指幸免于难又是非常好的事。

好和坏只是我们在大脑无法了解人生大电影时使用的两个标签——这部电影遍及数十亿人的人生并且无时无刻不在延续，剧情综合又永不止息。如果我们能够了解构成我们人生经历的全景网络的复杂性，就会发觉万事万物都只是它本身而已，只是描写我们所有人的这部没有结尾的大电影中的又一事件而已。

稍后我们将用大量细节解释好和坏的概念。而现在，只要你从多个有利位置观察你个人电影中的某个镜头，就一定会发现坏中有好。每个事件中都有符合你期望的东西，都有让你的快乐算法奏效的东西。这种乐观的视角会让你快乐。由于自我意识的存在，所以我们这一生总是感觉生活里的一切都是以我为中心："生活给予我的"或"生活拿走我的"。你可能认为每天上下班的交通或超市收银台的队伍之所以如此，只是为了让你有挫败感；你可能认为宇宙千辛万苦地让马路被修筑出来，让汽车被发明出来并大卖特卖，让所有司机都在那个特定的早晨被召集到那一条马路上，就只是为了让你生气。当然，否则还有可能因为什么呢？毕竟你才是这部电影的主演。

事实上，你是 74 亿人中的一员。你是一万亿生物中的一分子，你们共同生存在一个巨大的星球上，而这个星球与太阳系的体积比起来只是沧海一粟，太阳系又是一个小小的星系（银河系）中微不足道的组成部分，而无限的宇宙中有数十亿个这样的星系。每个生物、每个原子、每一束光都在孜孜不倦地沿着一条道路前进，而这些道路只是有时候会碰巧与你的道路相交而已。

现实点儿吧，你不是主演这部电影的明星。你身边发生的事件大多与你毫不相干，还有无穷部其他的电影，而你在那些电影里就算有份儿，也只是个配角而已。如果你能开始用这种方式看待自己的生活，真的于快乐有益。看一看夜空，你要记住，它的美丽正在于那数十亿颗闪亮的明星，而你，不过是那数十亿颗明星中的一颗而已。

请记住！

你不是主演这部电影的明星！

第五章

知识错觉：无所不知只是一个神话

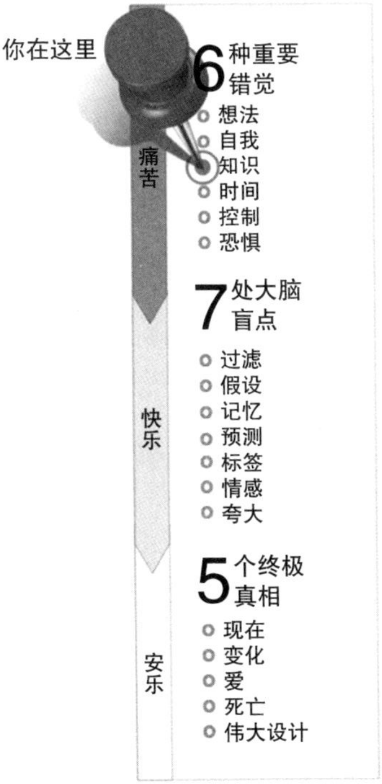

如果我有能力做出一种改变，并对人类产生深远而持续的影响，那么我会选择消灭傲慢。具体来说，我会消除我们对“正确”的痴迷，我会删除知识给人的错觉。

傲慢就在我们身边，而且随处可见。只要看一看政界和流行文化中所有的争论和辩论就知道了。每个人都带着各自的信心和信念来到桌边，他们表明态度，坚守立场，证实各自知道的东西。他们的信心似乎很有说服力，但是他们真的知道吗？

我们对知识的追求推动了人类

文明的进步。让我们从在篝火旁借光凿石的时代进入在城市街道上一边奔波一边打电话的时代。知识是文明的能量来源。但与此同时，认为自己确实知道的信念也会导致我们痛苦，它是傲慢的终极形式。在讨论它对快乐的影响之前，我们要先评估一下这种错觉的重要性。

知识的深度错觉：知识的准确性常被误导

如果你要采访某个号称知识渊博的人，那么你要问的问题就会以揭示那种知识的深度和广度为目的。你会想方设法评估他的回答有多么准确，以及他对某个话题有多么了解——跟无所不知有多大差距。

如果他知道的很多，而且他的知识准确无误，那么他就会被当作一位专家；如果他知道的知识很少，而且他所知道的知识很多都是错误的，那么你就会否定他所谓的知识，并礼貌地要求他离开。好了，接下来我们要继续采访人类（包括你和我）。看看这个采访对象是怎样一位专家。

最重要的不是你知道什么，而是你的知识有多准确。知道错误的东西比什么都不知道还糟糕，对吗？

2002 年 2 月，在一场新闻发布会上，时任美国国防部长唐纳德·拉姆斯菲尔德被问到一个关于假设伊拉克存在大规模杀伤性武器的问题，因为美国正是以相关情报的假定性存在作为发动战争的理由。他隐晦地答道："说什么事还没有发生的报道总是能引起我的兴趣，因为我们知道，有已知的已知事物，也就是有我们知道我们知道的事物。而且我们还知道，有已知的未知事物，也就是说有我们知道我们不知道的一些事物。但是，也有未知的未知事物，即我们不知道我们不知道的事物。如果有人纵观我们国家的历史和其他自由国家的历史，那么困难的往往是后面那一种。”[1]

而后面那一种的后果已经让我们付出了相当大的代价——实在让人痛心。

令人震惊的是，由于我们忽视了未知的未知事物，所以大多数知识——甚至是科学知识——的准确性正在恶化。以物理学为例。1687 年，艾萨克·牛顿爵士发现了万有引力并发表了运动定律（laws of motion），从而形成了我们现在所知道的经典力学的基础。那些定律先是引起了激烈的辩论，然后才得到无可争议的证实和接受。而一经证实，科学家就成为它们的拥趸，认为万事万物都在其操控之下，从掉落的苹果到月球和行星的轨道运行，无一例外。但凡有人胆敢质疑它们的准确性，就会被视作无知。绝对知识的傲慢取代了辩论的傲慢。然而，这种立场根本站不住脚，因为牛顿定律忽视了后来被发现的许多“未知事物”。

1861 年，詹姆斯·克拉克·麦克斯韦的经典电动力学（classical thermodynamics）指出了牛顿定律的不足之处。1905 年，阿尔伯特·爱因斯坦宣布了牛顿关于时间的假设是错误的。20 世纪 20 年代中期，量子物理学（quantum physics）说明了粒子世界并不是牛顿所期望的那样。20 世纪 60 年代，弦理论（string theory）揭示了量子理论的不完备性。20 世纪 90 年代，又轮到弦理论被 M 理论（M-theory）指出其不完备性——如今似乎又要到 M 理论被某个新名词指出其不完备性的时候了。

看出来了吗？我们居然能被误导到此种程度。物理学基本定律这样基础的东西好像已经正确而准确地发挥了 200 多年的作用，结果充其量不过是一种粗略的估计而已。

知识的广度错觉：知识的不完备常被忽略

在现代社会，人类获取知识的途径俯拾皆是。我们要寻求的每一个答案和我们之间都只是隔着一个搜索关键词的距离。网络上数十亿个页面随时准备回答我们可能提出的任何问题。很难想象还有什么是人类不知道的。但是，不要被大批量的知识弄得眼花缭乱。现实的问题是，它们有多少是准确的，还有多少不过是号称知识罢了。之所以你每一次搜索都能得到数百万个结果，就是因为每个话题都能引发不计其数的观点，其中有些是被群众智慧验证为更具相关性的内容，但没人能确保你读到的内容都是千真万确的。你要问的每个问题都在一个改良循环圈的操纵之下，我称之为 DDAA，即发现（discovery）、辩论（debate）、接受（acceptance）和傲慢（arrogance）。

人类对宇宙的问题已经思考了数千年，例如，我们是谁，我们在这里做什么，万事万物如何发挥作用。有时我们会在不经意间就有了难以置信的发现。于是新的知识引发了辩论和分歧，直到有看似不可否认的证据证明了其中一方的正确性，这导致人们将新的知识接受为事实。而对知识的习以为常又难免导致“傲慢”时期的到来。我们认为自己的知识已被证实、毋庸置疑，并与反驳它的人争得面红耳赤，不料却发觉——在下一波发现的浪潮中——我们所知道的并不完备，有时甚至并不正确。就这样，我们始终伴随着从来都既不完备也不准确的知识，行进在DDAA循环圈中。

人类之所以如此傲慢地信任自己的知识，是因为我们的观察结果经常对知识予以证实。举例来说，我们曾经认为地球是平的，但这一错误的假设并没有影响我们在当前的物质环境中生存的能力。除非有新的观察结果否定了我们之前的理解，例如看到一艘船的船体先于桅杆消失在地平线上，否则我们很难想象出新的东西。也只有到了这个时候，我们才会重新思考自己知道的事物，甚至开始怀疑：当初我们怎么会有那样的想法？我们怎么能忽略如今看来简直显而易见到无可争辩的东西呢？

那种后来被发现并不完备的知识就是每天都与我们相伴的错觉，包括科学领域的、政治领域的、历史领域的，甚至是个人生活领域的。你可能以为某个人恃才傲物，不料却发现他其实只是害羞而已；你期望银行帮你渡过难

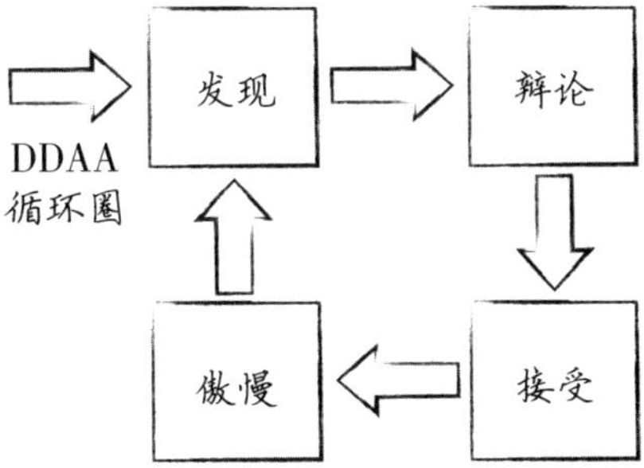

关，不料却发现它在敲你的竹杠；你预计买一双新鞋会让你快乐，不料却发现它让你的双脚疼得要命。就连我们的饮食习惯也会遭殃：有关哪种维生素或矿物质对我们有益的常识总是在变化之中，就是因为科学家的摇摆不定。几年前他们还在鼓励我们服用的东西，现在又告诉我们要远离。这一切都是DDAA的无尽循环。发现导致辩论，之后到接受，再到傲慢，最后又被新的发现灭掉。

经历了这一切的人类仍继续想当然地认为自己拥有终极知识。作为地球上最聪明的生物，我们表现得好像无所不知。我们拒绝承认知识存在缺失的任何可能性，遑论错误。

即使是在准确地知道某种事物的少数情况下，我们所知道的一切与要知道的一切比起来也实在微不足道。

例如，宇宙有超过96%的部分是暗物质与暗能量，那是以前被我们称为真空的透明物质，是我们知之甚少的东西。而在地球上，海洋有超过90%的部分仍未被人类探索。当你读到这里的时候，可能有一只“哥斯拉”正在海里游泳，而我们对此毫无头绪。就连在我们体内，人类也只能了解3%的DNA的用途，所以我们把余下的称为“垃圾DNA”。之所以称其为垃圾，就是因为我们太过傲慢，以至于不肯承认自己不了解它们的用途。虽然每天都有新的发现帮助我们增加了解，但是在掌握所有细节之前，假设人类至少有90%的未知领域才是谦逊的做法。我们的知识仅此而已。

广度的挑战并不仅限于科学领域，生活的方方面面皆如此。在你为朋友没有回你的电话而感到难过之前，你对他的生活情况了解多少？在为某个店员没有向你微笑而对她做出评价之前，你对她的困境又有多少了解？在对自己的身体状况几乎一无所知的情况下，你又有多少次下决心采纳一个被称为革命性新发现的食谱？

这一切都是因为我们真的知之甚少。然而，为了抱持信念，坚定行动，我们还是要说服自己相信我们的知识是完备的，哪怕它实际上有很多缺失。

知识的局限性

其实不只是傲慢，有时候我们的知识在最根本的层面也会受到限制，比如感官层面，而始作俑者就是我们用来构建想法和概念的基本材料。

我们的感官具有局限性

就自己的感官来说，尽管我们感知到的东西明显不怎么可靠，但我们还是傲慢地坚信自己观察到的结果。当我们摸到一块石头的时候，会感觉它是实心的，而实际上它是空心的。我们听不到狗能听到的超声波，也看不到蚊子、鱼和一些蛇类能够看到的红外线。还有对于寒冷的感知，住在莫斯科的人与在迪拜出生和长大的人也肯定截然不同。你确定自己

现在看到的是一匹马还是一只青蛙？只是偏斜一下你的脑袋，眼前就会出现不一样的真实情况——真实得难以否认，也难以迫使大脑拒绝。在你读本书的时候，身边一定有数万亿个细菌在对你产生影响，而你身体里面的细菌则比细菌里面的“你们”还要多，但你却看不见它们。如果你曾经和色盲的人聊过天，就会知道他们看到的世界与你看到的世界迥然各异，但是他们的行动效率却与你几乎无异。我们完全可以做出这样的假设：人类甚至无法确切地“知道”自己的感知。

我们的词语具有缺陷性

我们用来思考和交流的基本材料会从根本上限制我们的知识。我们使用词语来定义概念，但是词语不可能囊括所有概念。以杧果为例。这个词在我们的构想中指代的是“一种多汁的、新鲜的、金盏花颜色的香甜水果”。它能帮你理解我指的是什么事物，但是，口述“杧果”这个词能创造出嗅到或吃到一个杧果的体验吗？一种是“多肉的”和“芳香的”这两个词所提供的知识，一种是亲自咬到一个多汁、成熟的杧果并享受那种浓郁的甜味、香味和香气所提供的知识，前者能像后者一样准确吗？你能用这两个词构建一个杧果和一个桃子之间的区别吗？特别是在你两样都没吃过的情况下。

词语固有的局限性会影响知识的方方面面。有那么一种让人心情愉悦的颜色，我们都同意用“天蓝色”来指代。然而我们没有办法证明，你看到天空颜色时产生的视觉印象与我看到天空颜色时产生的视觉印象是一致的。语言不能帮助我们统一那种理解。说不定你真正看见天蓝色时产生的视觉效果和我看见玫红色时产生的视觉效果是一样的。我们都承认那是一种让人心情愉悦的颜色，而且我们都在它的波长和名称方面意见一致，但是我们永远都不知道我们真正看到的究竟是不是同一种事物。

如果我们用一个简单的词概括具有多层复杂性的事物，知识就被进一步扭曲了。比如“摩天大楼”这个词，就是将不计其数的复杂设计、数千种不同的原材料，以及数百万人的劳动成果打包成了一个极为简洁的描述。它会让人误以为所有的摩天大楼——至少在某种程度上——都是一样的。一旦用一个词去描述一个概念，那么无论我们的知识实际上有多么肤浅，都会假设自己知道那个概念。我们怎么能把“爱”“奉献”“神圣”“社会”这样的概念打包成一个单独的词呢？想想看，我们试图用“哲学”“心理学”“社会学”这样的词覆盖多么庞大的知识体量。所有的无神论者或实用主义者全都相似到可以用一个单独的词将他们描述清楚的程度吗？“死亡”这个词描述的效果与它描述的概念相比，又有多准确呢？“独裁”“贤能主义”“民主”这三个词能表达它们指代的内容吗？它们的用法和它们的描述一致吗？

《独裁者》是一部粗俗却非常搞笑的电影，萨莎·拜伦·科恩在里面扮演中东的一个独裁者，他受形势所迫，要让自己的国家变成民主制。在一次演讲中，他描述了独裁制的好处：

> 你们这些人为什么要那么反对独裁制呢？想象一下，如果美国是独裁制，会是什么样子。你可以让1%的人拥有这个国家的全部财富。你可以帮你的有钱的朋友变得更有钱，方法就是减轻他们的税负，在他们赌钱输了的时候把他们保释出来。你可以无视穷人的医疗和教育需求。你的媒体可以明面上很自由，但暗地里却被某个人和他的家族控制。你可以窃听人们的电话。你可以折磨外国的囚犯。你可以操纵选举。你可以编造发动战争的理由。你可以把某个种族的人全都扔进监狱而不至遭人抱怨。你可以利用媒体威逼人们支持那些侵犯他们权利的政策。

是他把“独裁”这个词的意思搞混了吗，还是我们把“民主”的意思搞混了？也可能是所有词的用法都太过随意？

正是由于这种随意，所以当我们设法把自己的知识传递给他人的时候，会出现词不达意的情况，说出来的意思往往不是被理解的意思，然而，我们还是称其为知识。

在本书中，我与你交流的唯一工具就是词语。虽然我会尽我所能地准确使用它们，但也知道无法真的做到。所以我才会提出问题，让你自己去思考我们深入讨论的各个概念，然后再得出结论。只有这样，你才会发现真正的知识。亲自品尝你的杧果，不要相信我对它的文字描述。

人类将通往知识的全部路径都构筑在这些有缺陷的基础材料

之上。构筑一座建筑物的原材料有多坚韧，这座建筑物就有多坚韧，而可悲的是，我们的词语多有限，我们的知识就多有限。当你把深度、广度和局限性结合在一起的时候，就会发现唯一看似千真万确的知识是：

请记住！

其实归根结底，我们知道的真的没有那么多。

真知需要接受质疑

阿里 11 岁的时候买了一本书，名为《无用事实的终极书》(*The Ultimate Book of Useless Facts*)。有好几个星期，他都带着那本书跟我们一起在周末出游，并大声读出其中最奇怪的内容。“你每舔一张邮票，就会消耗 0.1 个单位的卡路里。”“大多数美国汽车的鸣笛声都是 F 调。”“大多数坐便器冲水的声音都是降 E 调。”全都没有事实依据，全都是无用的“知识”描述，却得到了编著成书的权利。每每此时，他就会一边笑得前仰后合，一边说：“人类太傻了！”我们确实如此，而且我要第一个承认。

在整个青少年时期，我都是个学习成瘾的人。我把知识当作偶像一样崇拜。我为自己掌握的知识心生傲慢并极力辩护——直到我去谷歌工作之前都是如此。加入谷歌不过几个月的时间，我对知识的错觉就被粉碎了。虽然我有几年的工作经验，但是通过互联网的新奇之处，我还是见识到了许多闻所未闻的事物，于是不得不重新审视我过去以为行之有效的东西。这里人人都比我聪明得多，穿行在这样一个地方的走廊与过道，我感觉我们在学校里学到的“正确答案”在我心里动摇了，而那是我们所有人在学校里就学会的东西。我们这个多样化团队的许多成员会从各种不同的角度审视世界，并且经常讨论不止有一个正确观点的话题。而我们完全以数据为驱动的决策方法则经常揭示一些观点的不正确性。虽然有些时候，最初被极力辩护的观念最后被发现是错误的，但是那种开放的氛围可以鼓励人们畅所欲言，让对话具有惊人的多样性。常常会有某个 20 岁的年轻人对某个经验更加丰富的副总裁的观点提出质疑，并且结果证明前者是正确的。在谷歌工作一年后，我发现自己已知道的事物跟要知道的事物相比，简直就是九牛一毛。由于我知道的真的太少了，所以感觉就像什么都不知道。好在我对学习的渴望战胜了自我意识对正确的欲望。也正是由于我不再为捍卫自己的观点斗个不停，而是一心享受学无止境的旅程，所以这种发现让我深感安乐，就连写本书的时候，那种安乐也促使我经常停下来自问，我的一知半解是否符合你的观点看法。它还促使我对你提出一个要求，那就是质疑本书的正确性，找到你自己的真相。如果你读到一些被证明是错误的内容，那么请原谅我，毕竟偶尔出错是知识固有的天性。同时也请尽量告诉我，这样我们就能一起学习一点儿新的东西。

如果你已经屏蔽了知识带来的错觉，那么你就是少数幸运儿中的一个。我用了几年时间才学会承认，无论我多么满怀信心地认为自己所知道的千真万确，我仍有可能是错误的。总有忽略某个重要细节的概率，也总有更多我不知道的东西。我并不总是正确的——我知道这一点是千真万确的。

获得过诺贝尔奖的苏联物理学家列夫·朗道曾经说过："宇宙学家经常出错，但从不怀疑。"这种说法令人钦佩，特别是出自这样一位知名学者的口中。他所在领域的发展历程证实了这种说法的真实性。在宇宙学领域，我们最初假设地球是平的，而当我们终于承认地球是圆的时，又相信它是宇宙的中心，相信其他天体全都围着它转动，对于这一路上迈出的每一步，出错的宇宙学家都毫不怀疑。

即使天赋异禀的爱因斯坦，也没有傲慢地认为自己代表着终极知识。他曾经说过："在理论上，理论和实践是相同的；而在实践中，二者是不同的。"他曾经犯过一个巨大的错误，那就是尝试用插入一个常数来调整引力影响的方法以"修正"引力场方程，结果他承认了自己的失败，也承认了自己的错误。但说来不可思议，人们后来发觉，他"认为自己错了的那件事"是错的，因为科学家发现那种主观修正——那个宇宙常数（cosmological constant）——其实正是宇宙最基本的真相之一。

然而，我们不应该为维护我们认为自己知道的事物而自责。如果我们相信自己需要做的事建立在错误的假设之上，还能做下去吗？如果某个人相信他热情参与的事业是错误的，还能投入其中吗？每个人都需要以某种方式为自己的行为找到足以证明其合乎理性的逻辑，就连做坏事的人也不例外。

但是，我们知道的越多，就越发觉我们对真相的了解只不过是窥豹一斑而已。孔子说过：

请记住！

“知之为知之，不知为不知，是知也。”

自我意识是知识错觉的强力后援

知识让人产生一种念头，即“既然我们已经成功地在人生道路上走了这么远，那么我们的知识就不可能全都是错误的”，所以，知识会给人一种错觉，让我们看不清其他错觉背后的真实。确实，尽管存在6种重要错觉，但是你在人生道路上走了这么远，所以辩论其正确性的动力就已经消失殆尽了。不过还是请做一个明智的人。时刻记住，你花费人生全部时间学到的东西不一定全部正确。

知识绝对不是快乐的必要条件。在掌握任何知识之前，你的默认状态就是快乐。事实上，大多数快乐的背后原因正是错误的知识。如果坚信自己所知道的全都千真万确，那么我们就会将这样的知识输入快乐算法。待发现我们所知道的其实有误的时候，算法已经功能紊乱，痛苦已经出现。

如果审视那些让你不快乐的思想形态，就会发觉它们主要缘于对错觉和错误信念的执迷不悟。对我们影响最深的概念正是让我们最信以为真的概念，而它们通常并不真实。

牢牢抓住错误概念不放有点儿像鸵鸟的行为：把脑袋藏进沙

子里，相信自己是安全的，其实在痛苦面前却不堪一击。这并非聪明的战略。既然如此，为什么我们还要这么做呢？原因在于自我意识。

自我错觉，特别是自我意识，是知识错觉的强力后援。我们将我们的知识等同于我们自己。我们捍卫自己知道的事物，并且当它遭到抨击的时候，感到自己也被冒犯。由于不同的人对于孰真孰假常常各执己见，所以互相抨击简直就是家常便饭。捍卫自我意识变成了一场你来我往的持久战。摘下这层面具吧，让你的知识坦然面对抨击。明智些，坦然面对反驳你“知道”的事物的那些人，并以此来定义你自己。做一个探险家、一个寻求真相的人，随时准备承认自己出错，这样才能继续探索和追求。

请思考一分钟。回想这样一些情况：曾经让你信以为真的东西原来竟与真相天壤之别，实在出乎你的意料。你会发现自己居然能记起那么多的事例。如果还没记起，就请先别往下读。因为在我总结陈词之前，承认你自己的知识水平是很重要的事。

探险家们，准备好了吗？

打破知识错觉只需要“轻轻一推”

我们关于孰好孰坏的信念会让快乐算法严重复杂化。之前分析自我错觉时，我们已经发现，只要不把自己当成电影的主角，就有助于认清好与坏在其他演员中被等额分配这一事实。其实好与坏的概念还有很多要理解的地方。

诚然，我们在生活中总是期盼好事，但是似乎经常遇到坏事。当快乐方程式得不到正解的时候，就好像整个世界都辜负了我们的期望。在这种情况下，你就会把此时的事件视作坏事，并为此感到不快乐。然而，生活有时候就是需要轻轻推你一下，才能改变你的人生道路。它要利用一点点困难，将你引向美好的未来。

1990 年，一个名叫乔安妮的 25 岁的苏格兰女人乘火车从曼彻斯特前往伦敦，结果遇上火车晚点 4 个小时——我们一般会认为这是坏事。晚点期间，一个“完全成型”的灵感——一个小男孩儿在一所魔法学校上学的故事——跳入她的脑海。虽然她一到家就奋笔疾书，但是两年后才写完了三章而已。在生活的安排下，她接受了一份在葡萄牙当外语教师的工作，并在那里认识了一个后来成为她丈夫和她女儿父亲的男人，但接下来就是一段让人郁郁寡欢的分居生活。她不得不回到苏格兰。直到此时，整个世界似乎都在与她作对：婚姻失败，没有工作，还要抚养一个未成年的孩子。其实这个世界并没有与她作对，而只是轻轻地推了她一下，让她的人生完成了从平凡到伟大的变道。

我们之所以知道这一点，是因为她接下来以 J. K. 罗琳的身份写出了《哈利·波特》系列小说，震撼了世界各地数百万名读者。后来她把人生的那段时期形容为一种解放，让她得以专心写作。生活煞费苦心地将其余的道路全部封死，只给她留下了一条，而她沿着它走了下去。她充分利用了这条人生道路，并且在两年后完成了第一份手稿。她的全部系列被翻译成65种语言，销量达4亿多册，让她成了有史以来图书销量最高的作者之一。

请记住！

有时你会偏离自己的轨道，被生活用力推了一下，而那并不是坏事！

生活的轻轻一推并不会因人而异。虽然当道路前方有更大的好处时，它会推得更加用力，但是每个人都会不时地被它逼得变道。我敢肯定，你也有很多次这样被迫变道的经历。

下面这个小测试可以帮你确定自己什么时候被轻轻推了那么一下，它的名字叫橡皮擦测试。想象一下，现在有一种新技术，可以让你任意选择一件你不喜欢的往事并轻而易举地将其删除，就好像它未曾发生过一样。不但从你的记忆中删除，也从真正的时光中删除。这种技术能够在时空中精准定位事件，用一个以几千行C++代码写出的橡皮擦程序将它删除干净。另外，它还能沿着时间的轨迹追踪该事件所产生的影响，并自动删除从那时起直到当下的所有相关结果。

既然你是我敬爱的读者，那么就让你先试用一下这项新技术吧。你可以选择删除任何事件。比如，你可以选择删除一场无聊的讲座以及你听到的所有内容。这样你就会删除当时与所遇之人的所有互动，事后打给那些人的所有电话，以及印在你脑海里与此相关的所有信息——所有的东西。橡皮擦还会把你花费在那里的时间还给你，就好像你是沿着另外一条驾车路线，早一个小时回到家，听了另外一个电台节目，诸如此类。你的人生道路会被改写，成为丝毫没有被你删除的那件事影响的样子。虽然这条新的道路有希望让你更加快乐，但橡皮擦测试并不能保证会有这种结果。

说试就试，选择一件你想删除的事，想一想还有哪些人生曲折将被随之删除。

现在问问你自己，如果这项技术真的存在，那么有多少是你会选择删除的？有多少是当初发生时被你视作坏事，但现在又是你宁愿保持不变的？

我找了一些人接受我这项假设性测试，他们几乎意见一致。尽管有几个人绞尽脑汁，确实想到几件让他们深感懊悔并希望彻底忘掉的事，但是大多数人都决定让一些最艰难的经历保持不变。当得知彻底忘掉某件事的同时也会将随之而来的足迹一并删除，我问到的大多数人都选择将那“轻轻一推”保留下来，并为从此走上的人生道路而心存感激。有些人甚至说，如果将那些经历看作生活的“轻轻一推”，就不难明白，它们可能是自己曾经发生过的最好的事——只不过这一点常常不容易看透。

回顾过去，我可以清楚地看见我自己的人生道路如何因为一系列不可思议的“轻轻一推”而得到助力。然而如果可以，我还是会用一次橡皮擦。必须承认，我至今仍真心希望“删除”阿里的离世。我只是希望他能再给我一个拥抱而已。虽然我心如明镜，他的离世是我人生中最重要的“轻轻一推”，指引我开始写作本书并为他人做更多好事，但是哪怕在控制想法的时候，我的内心也总是会想念他。我猜，时间——许许多多的时间——应该会治愈积极想法所不能治愈的伤痛吧。

阿拉伯民间文化里有一则故事：

在一个酷热难耐的日子里，一个智叟的儿子来到井边，意外发现了一匹漂亮而温顺的黑色阿拉伯马。村子里的人全都十分嫉妒那个年轻人，而且年轻人凭借新得到的那匹马还开始赢下所有的比赛。

村民们对老叟说：“你儿子运气真好。”

老叟对此回应道：“无法确知。”

一个星期之后，那个年轻人从马上摔下来，两条腿都骨折了。

于是他们跑到老叟面前，说：“你儿子的好运变噩运了！”老叟回应道：“真的无法确知。”

一个星期后，一个敌对的村子对他们发动突然袭击，所有健全的年轻人都被征召入伍，结果有许多人战死，而老人的儿子活了下来。

真的无法确知。

现在请坦白说：有多少本来是你曾经面对过的最坏的事，最后却变成了你曾经发生过的最好的事？有多少事塑造了今天的你，又有多少事帮助你遇到了你心爱的人，或是教会了你需要知道的东西？我知道，那些经历中有许多相当残酷，而且有一些至今还让人伤心不已，但又有多少事完全是坏的呢，坏到了让你想要删除的地步？

当发觉每一件看似很坏的事都将你轻轻推到了有许多好事的人生道路上，你就会重置好与坏的定义。而这种新的定义将有助于修正你的快乐方程式。你发觉自己的期望有时操之过急，并发觉生活最终都会出乎意料地变成对你有利的样子。既然过去经常如此，现在又怎么会改变呢？

人生中的每一个时刻都不全是好的，也不全是坏的。当你

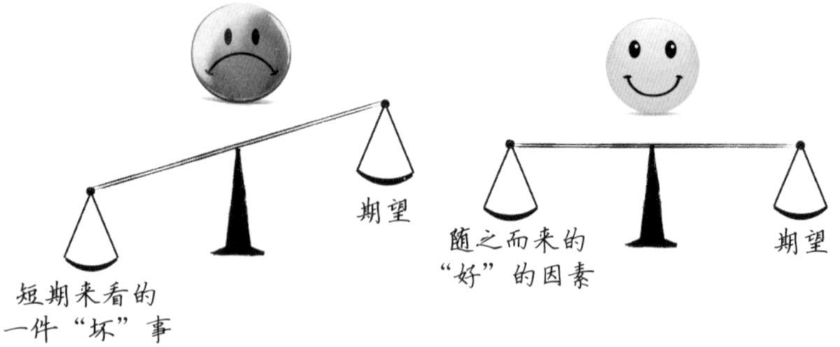

清除自己的想法，看透知识的错觉后，就会发觉莎士比亚的那句明智之言是千真万确的：

请记住！

世事并无好坏，但由思想决定。

第六章

时间错觉：时间的本质就是“当下”

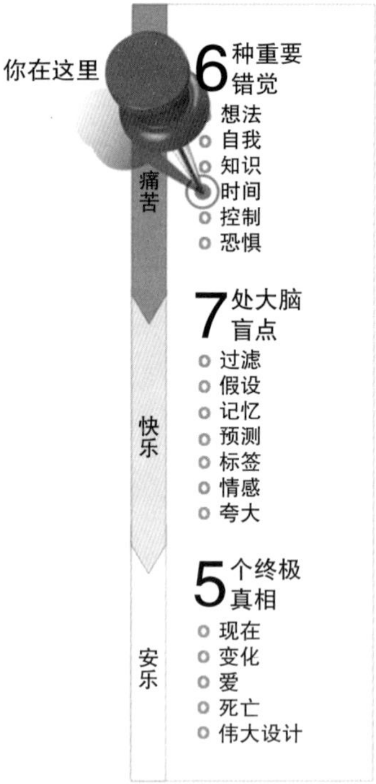

没有哪种错觉会如时间这般让人完全浸没其中。我们要不断应对这种错觉，又视其为理所当然。我们学着谨遵它的规则行事，但却从未真正了解它的性质。缺少这种了解让我们痛苦，而挣扎着理解过去与未来则妨碍我们快乐。虽然打破这种错觉需要一个漫长的过程，但最终会帮助你将痛苦循环圈扼杀在萌芽状态，进而让你的快乐方程式得到正解。为此，我们需要问的不是“什么时间”，而是“时间是什么”。

一个“没有时间”的实验

我们假设你自愿接受了一个神秘的研究任务，其间，你只知道自己会被关入一个小小的球形舱体，并在动力的驱使下行进在一条连接两个城市的轨道上，没人告诉你到达终点需要多少时间，但是一路上你会在很多站停靠（而且研究团队告诉你大约每 10 分钟就会停靠一次）。舱内除了你的座椅，什么都没有：没有窗户，没有仪表盘，没有娱乐设施，只有一个光滑、空无一物、拉丝铝材质的舱内环境。

扣好安全带后，一个研究人员摘下你的手表，拿走你的手机。你刚要问为什么，却被他打断了。“出发时间到，”他说，同时舱门关闭，“那边见！”

无事可做的你记下了舱体的每一次减速和加速。等到舱门再被打开的时候，你已经感觉到 12 次重力的减缓与加强。既然每站之间要行驶 10 分钟，那就说明这趟旅程用了两个小时，感觉差不多就是这样。然而，在你离开舱体后，又有人告诉你，接待你的研究人员弄错了：每站的行驶时间是 5 分钟，而不是 10 分钟。你原本以为是两个小时的旅程，其实只有一个小时。但是最开始的那些研究人员对于他们提供给你的信息又似乎相当确定。你

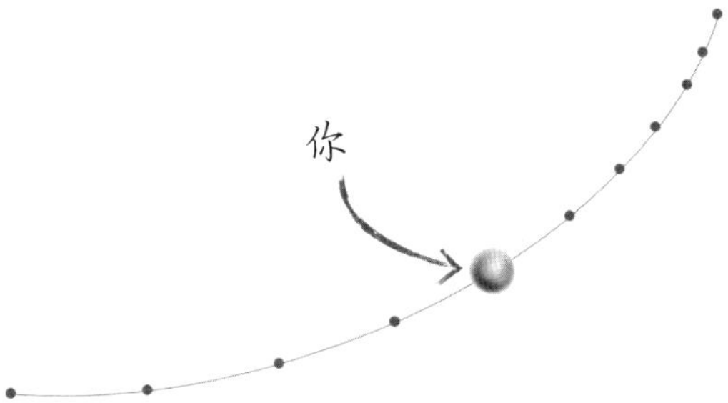

到底应该相信哪一组的科研人员呢？

你绞尽脑汁却想不出答案，很简单，因为本来就没有答案。如果你在舱内待了足够长的时间，最后一定会感觉饿了、渴了、累了。但是那些都是生物学时间的标记，你还是不知道按照时钟计算一共过去了多少时间，原因就在于机械学时间纯粹是人类的构想。

古代文明时期的人类利用太阳在天空运行的轨迹来测量白天的时间，利用月球运转的周期来计算月份，利用季节来确定一年又一年的流逝。我们发明了日晷、方尖塔、水钟、沙漏，并最终发明了机械的、电子的、原子的计时器。今天的我们已经可以相当精确地计算时间，于是开始认为它独立存在于我们创建的主观测量方法之外。但实际情况并非如此。就连负责让大部分技术实现时间同步的原子钟，包括电网、GPS（全球定位系统），还有智能手机上的计时软件，也需要通过校准才能与自然界保持同步。数千年来，我们为了不让白天变成黑夜，每四年就将一个所谓的“闰秒”插入协调世界时，否则总有一天，白天真的会变成黑夜。

我们迄今为止发明的所有装置都是为了告诉我们现在是什么时间，但是没有人真正知道我们实际测量的是什么。我们不过是在利用机械运动来追踪时间流逝的轨迹，只因为那是人类大脑能够理解的方法。但是，时间本身的性质仍会导致错觉，你在那个球形舱里旅行的体验已经清楚地说明，我们的测量方法居然可以如此主观。现在我们再来一次快速旅行，但是这一次将所有的站点全部取消。整个行驶过程将会非常平稳，只在启动时有一次加速导致的颠簸，之后不会再有任何可察觉的运动，只要它停下，就是旅行

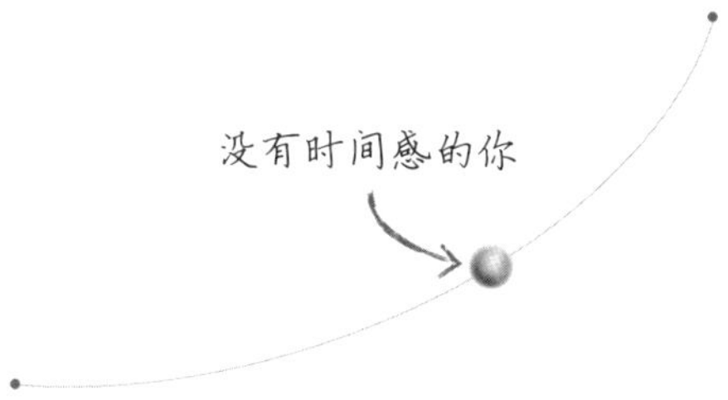

最终结束的时候。在第二次旅行中，等舱门再被打开时，你绝对没有办法判断一共过去了多少时间。这一次，你的旅行将是“没有时间”的。

时间错觉的主观性

几个世纪过去，时间已经进化成现代文化的监工。自从工业革命开始，将更多的任务挤入工作日有限的几个小时就意味着更大的产量和更高的利润，而利润在哪里，整个社会就肯定追到哪里。我们习惯了按表生活。当闹钟铃声大作，我们就要醒来，开始新的一天。当上课铃声响起，我们就要从一个教室换到另一个教室。我们要在约定的时间赶赴一个又一个约会，从电话会议到出差再到朋友聚餐。而入睡前，我们还要再看一次闹钟，确定自己早上会响应它的起床命令。时间被融入每一个计划、每一次行动。我们依赖时间，并且在它的压力下焦躁不安。

我自己无疑就是这个样子。时间一直是我要应对的最大挑战之一。这要部分归因于我自作自受，因为我总喜欢为自己的工作设定宏伟目标。本来与客户线上交流就好，但我更喜欢与他们面

对面，因此我就要忍受飞机晚点、交通堵塞，以及为准时赴会而四处奔忙。曾几何时，时间给我带来了大量压力和许多不快，于是我着手改善和它的关系。一开始，我努力学习管理任务和管理日程的要诀与技巧，想让自己变得更有效率。但那只是隔靴搔痒，我需要更深一步地理解我要管理的究竟是什么，而事情就在这时开始变得有趣起来。

在个人层面，时间错觉是非常主观的，这是它最先吸引我的一个关键点。所处的情境不同，时间流逝带给你的感觉就会不同。你有没有经历过严重的交通事故？我曾经在一座高架桥上翻过一次车。虽然希望你永远都不会发生那样的事，但是我当时观察到的东西实在是太有意思了。在车身越来越接近冲击点的过程中，时间过得出奇的慢。我不禁把这唤作“缓慢的莫”。据说战场上的士兵也感受过同样的现象。而且我确信你一定曾经留意到，一场两个小时的无聊讲座和跟好朋友欢度一晚比起来，前者的时间要慢得多。

我们体验时间的感觉是有相对性的，这让我想起了自己在青少年时期特别热衷的一个领域：爱因斯坦的广义相对论。于是我又求助于书本，想看看科学能够教给我什么。

时间错觉的相对性

20 世纪初，我们对时间的科学认识实现了一次飞跃式的进步。在此之前，牛顿经典物理学传播了时间总有一个绝对值的理论。

于是数学家确信无疑地将它插入了自己的方程式，直到爱因斯坦在 1907 年发表了理论性的突破成果。他的狭义相对论以及后来的广义相对论代表我们与时间的关系发生了戏剧性转变。爱因斯坦断言，时间和空间不是两个独立存在的事物，而是共同创造出一个四维结构，他称其为时空。

爱因斯坦进一步解释，重力真的会让时间慢下来。所以如果你是一名宇航员，正在进行一次漫长的星际旅行，而且你的宇宙飞船靠近一个黑洞（重力超大的存在），那么时间就会明显变慢。当回到地球时，你可能只长了几岁，但是你的配偶和朋友却已经步入老年。就算在地球上，我们也能以非常细微的方式观察到这种效应。假设你住在迪拜哈利法塔（世界最高塔）的顶层，那么你的时间就会过得比住在底层的某个人稍快一点儿，原因就是重力对你们两个人产生了不同的影响。尽管这种差异小到人体无法察觉的程度，但是可以凭借现代技术测量出来。

还有更离奇的呢。数学理论指出，在时空中，过去、现在和未来都是一个完整的四维结构的组成部分，其中所有的空间和所有的时间都是永恒存在的。

我们可以把时间想象成一个面包，而每一片面包则代表了某个瞬间宇宙中任何一个地方发生的所有事件。人类能够在空间中向不同的方向移动，但是对时间维度的体验只能沿着它一片一片地进行。如果我们有能力像感知空间一样感知时间，那么就能在时间中来回穿梭，仿佛在一趟列车停靠的任何一站随心所欲地上车和下车。比如，你可以在 2015 年上车，要去侏罗纪时期参观——我可不是推荐那个时期哦——在那里，你可以欣赏到一部名为《时空》的史诗般的实景电影。哥们儿，这东西让我研究了好多年，到现在想起来还头疼呢。

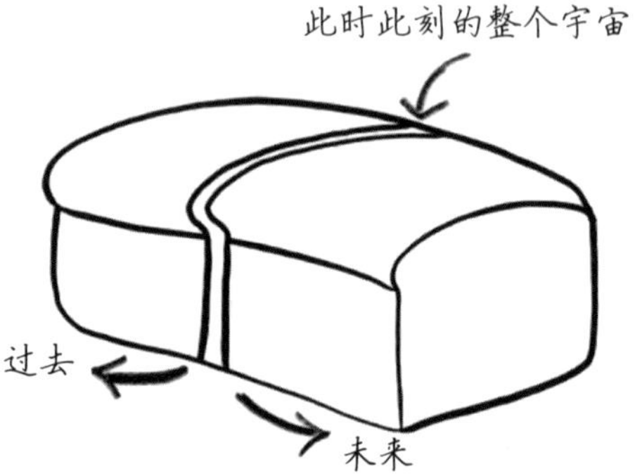

听上去难以置信？应该是的。确实难以置信，但是数学理论对此又表述得清楚明白。而且如果时间真的这么稀奇古怪，为什么我们还会那么强烈地感觉自己知道它呢？时空面包给人的感觉一点儿都不像我们日复一日所了解的时间，也就是那种带给我们巨大压力的时间。事实上，我们对时间的观察越深入，就越会觉得它诡异和陌生。

我们之所以总是被限制在时空中自己独有的那片面包里，是因为在物理学上被称为“时间之箭”的一种现象。正是由于这个原因，所以虽然我们有在三维空间中随意移动的自由，但是只能存在于“现在”这片时空面包里。这是一个比较微妙的概念。但如果我们把面包换成列车，会更容易理解。

想象一下，整个宇宙都被塞进一趟列车，包括每个星系、每颗恒星、每颗行星、每粒沙子和每个生物。这趟列车即将开启一段旅程，不是从一个城市到另一个城市的旅程，而是一段时间之旅。作为列车上的一名乘客，你能选择去任何地方，但是不能改变列车的方向和速度，因为它们都要受到轨道的限制，而这条轨道就是时间之箭。你只能乘坐这趟列车，却不能控制它的位置和方位，你要从“现在”这片面包上车，沿着时间维度前往下一片名为“现在”的面包。

请记住！

时间没有移动，而你是在时间中移动的那个人。

因此，我们所处的位置总是在体验当前这片名为“现在”的面包，不过就连这种体验，也是具有相对性的。根据爱因斯坦的理论，“你移动的速度会影响你对时间的体验”。就拿我之前提到的那位宇航员来说，他在返回地球的途中，将以天文速度移动，并与“时空面包”呈一定角度地斜切而入。因此，他对“现在”的感知与身处地球家里的妻子截然不同。后者就像我们其余人一样，所体验到的那“片”时间或许包括世界各地同时发生的所有事件。她可能一边在喂孩子，一边看电视新闻里播报的叙利亚战争的场景，同时还听到一个朋友在另一个房间里为新英格兰爱国者队第五次赢得美国超级碗橄榄球赛而欢呼。身处地球的她在自己那片“时间面包”里感知到的这些事件都是同时发生的。而她的丈夫由于是以天文速度移动，所以会在“截然不同的时间”看见不同的空间点。他的速度会导致时空变形，因此这一路上更近的空间点要比最远的空间点更快地被他感知，于是，他最终将呈

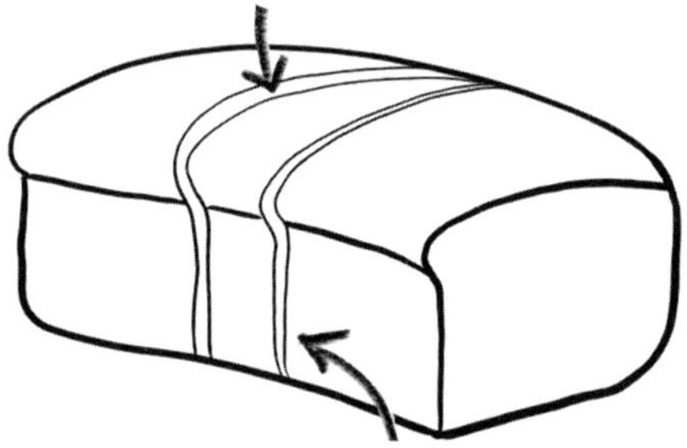

斜角切入“时空面包”。这样一来，他那片时间可能就包括了1989年的柏林墙倒塌、2016年他母亲在美国死于癌症，以及10年后日本发现那种癌症的治疗方法。由于所有这些事件都发生在他那片时空的不同“空间”，所以在他看来就好像发生在同一时间一样。唉哟，我的头又疼了。

我之所以一直要从错综复杂的科学层面阐释时间，是因为“你对时间了解得越多，就会越庆幸它其实完全不像我们所以为的那样”。我们普遍接受的时间是一种让人完全浸没其中的错觉，与它真正是什么或者它的表现形式几乎没什么关系。我们以为自己知道的那种时间并不存在（就如你在球形舱实验中看到的那样）。我们每个人对时间的体验都不是绝对的。

请记住！

时间因人而异。

由于时间因人而异、因情况而异，所以结论只能是它并不真实。时间根本通不过持久性测试。我们还可以用一种有趣的方式来解释时间为什么是一种错觉，即：

请记住！

时间根本通不过时间测试！

时间观的千差万别

暂时撇开理论不谈，聊一聊将我们所有人都压得喘不过气来的时间。比如在工作中，由于某个项目要在一个重要的最后期限内完成，所以那种压力让你满腹牢骚。或者，由于你的生物钟嘀嗒作响，而你想有一个家，所以你为自己依然单身而难过。又或者，由于女儿正在等你陪她参加一个课外活动，而你就要迟到了，所以你咒骂该死的交通。那么，为什么你的狗或猫不会为这样的事而失眠呢？除了人类以外，没有哪种已知的生命形态会对时钟的嘀嗒声，或是天数、月数、年数做出反应。就像你已经留意到的，动物只会对事件做出反应。肚子饿了？那就吃吧。天色暗了？那就睡吧。这种生活方式的吸引力可不只是一点点！

即使在我们自己这个物种内部，各色人类文化的时间观也大有不同。例如，我成长在一种更多的基于事件而不是基于时钟的文化环境中。所以当我发现西方国家如此强调会议的“准时”开始和结束时，就觉得很奇怪。我在美国参加过各种会议，那里的每个人都在接近尾声的时候就开始收起文件，准备离开，哪怕再多几分钟就可能实现一个重大突破，也依然如故。很少发生为了即将来临的巨大机遇而推迟下一场会议的情况，如果真有这种情况的话。

相比之下，中东和拉美在规定活动的开始时间方面就倾向于弹性宽松，而且只要看起来值得，会议就会一直进行下去。如果某个会议进展顺利，那么它需要多长时间，就可以开多长时间。在策划社交聚会的时候，朋友可能都同意把时间安排在下班后，但是有些人会7点来，有些人会8点来，还有些人会11点来，而且没有人会生气，也没有人会紧张，因为参加聚会的每个人都觉得无论谁在场作陪，都一样开心。这有点儿像猫对待时间的态度。

当你得知在全球范围内，基于事件的文化要比基于时钟的文化更加普遍，可能会觉得难以置信。尽管与关注效率的西方国家的同行相比，拉美、中东、南欧、南亚次大陆和非洲的许多地区的商人看似悠闲懒散，但是他们非常擅长社交与合作。他们在求解自己定义的成功，但在这个过程中，其实也在求解快乐。

当然，我并不是提倡迟到、懈怠或懒惰，但是请你细想一下成为任务的主人而不是时间的奴隶都有哪些好处。与西方相去更远的是被我们称作“没有时间”的亚洲文化，其中最有名的就是佛教。时钟嘀嗒不停，事件来来去去，但是佛教徒总是全神贯注于当下。那种没有时间的状态是达到极乐境界的重要基础。完全活在当下的能力可以让人有一种生活在永恒天堂般的安宁感，特别是当你发觉，尽管人们普遍将永恒理解为相当长的时间，但实际上它却意味着时间的不存在。永恒，就是没有时间。

请记住！

时间体验因人类文化而迥异。跟我们习以为常的应对时间的方法相比，或许还有一种更好的方法。

据我们了解，时间在生成和保持不快乐方面扮演了一个重要角色，而在维持痛苦循环圈的运转方面，时间对我们也有相当深远的影响。为了逃离它的束缚，让我们回到大脑内部，回到大脑产生的与时间有关的那些想法中去。

快乐的情感大多锚定在当下

在第三章里，我们研究了你脑子里的声音，并且逐渐意识到你不仅仅是大脑产生的那串源源不断的想法。这对求解快乐来说至关重要，原因就在于那个声音常常会为导致痛苦和悲伤的想法充当信使的角色。当你审视那些想法本身的时候，就会留意到它们很少与当下有关，而是大多都在不断纠结过去或忙着预言未来，不快乐的想法尤其如此。不过，几乎所有锚定在当下的情感都是快乐的（请注意，身体的疼痛并非一种情感）。很有趣，是不是？

为了亲身验证这一点，我坐下来，整理出了日常生活中感受到的所有情感状态，然后把它们按照时态（过去时、现在时、将来时）和情绪效价（消极或积极）分类与排列，得出的结果见下图：

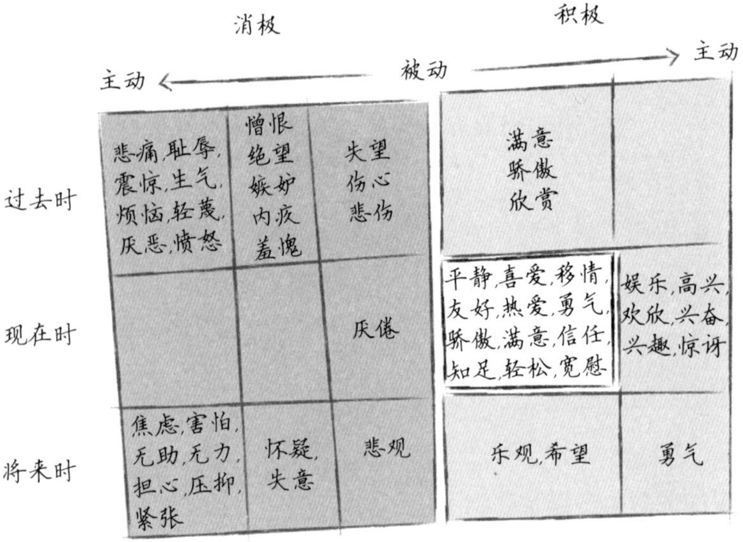

等等！等等！别对这张图一扫而过，
花点儿时间仔细研究一下。

尽管所有的情感都是当下的感觉，但它们却倾向于锚定在过去或未来。以“懊悔”为例，它是当下的感觉不假，关注的却是已经过去的某件事情。请花点儿时间仔细看看上面这张图。读一读有关过去和未来的系列感觉，然后将它们与有关当下的那些感觉做个比较。简直就是千差万别啊！难道你不这样认为吗？

非常重要！

快乐的情感大多锚定在当下。

现在问问你自己：有没有经历过任何一件不是发生在当下的事情？我知道这初听起来很傻，但是在将答案脱口而出之前，请花些时间思考这个问题。

我们以为过去对自己来说如此重要的一件事，其实只是一种时间记录而已，俗称记忆。

它就是你大脑里的想法的集合，而且还是一个出了名的、不可靠的集合。尽管它诱使你将过去视作真实，但情况并非如此。唯一真实的时间就是你现在体验到的这一刻，而且一旦这一刻被下一刻取代，那么它就被称为过去。你读到这些文字的这一刻就适用这个道理。哦，我是说这一刻。不，是下一刻。一旦当下过去了（而且这个过程花不了多长时间），它就不复存在了。它消失了，永远消失了。

未来也什么事都没发生。怎么可能发生呢？未来都还没出现呢，而且只有当未来的无限可能性全都转化为现在瞬间发生的一刻，未来才会出现。既然如此，我们就可以肯定地说，当你的想法和感觉陷入未来的时候，就只是在凭空臆想而已。而且事情最后会变成什么样子有无穷无尽的可能性，你绝对没有办法保证，在所有这些可能性中，你臆想的那一种就是确确实实发生的那一种的概率是多少呢？作为一个数学爱好者的我可以告诉你，这个数值并不高。

对快乐来说，很不幸的是你的大脑已经被这样一种理念说服：下一刻比我们所处的这一刻更加重要。而和当下相比，已经过去的那一刻给人的感觉更加熟悉，或许也更加舒适。大脑的这些偏好让我们都太容易进入困惑的状态，总是为过去不能自拔或是为未来杞人忧天，却忘了稍事停顿、活在当下，哪怕当下是唯一真实的存在。

非常重要!

当我们专注于过去或未来时，我们就是活在自己的想法中，而不是活在现实中。

活在想法中的影响不可小觑。你有没有留意到自己的人生流逝得多么迅速？是不是偶尔感觉过去的20年在不经意间就消失不见了？

这种现象有一个很好的解释。如果你不是活在此时此地，那么你只能活在自己的脑子里，不可能在其他地方。如果过去的20年给你的感觉更像是一个星期，那么很可能是因为在这段时间内，你只用了其中的一个星期来真正体验人生，完全活在当下，而剩下的1050万分钟里，你只是在自己的脑海中漫游。那是怎样的一种浪费啊！

我是在说你所有的记忆都微不足道吗？完全不是。有些记忆是精彩美妙的，它们都是基于你活在现在的那些时间，而我所说的则是你活在自己的脑子里，为过去或未来而担心的那些时刻。你之所以不记得那些想法，是因为它们不值得被记忆。之所以说它们被浪费了，是因为那些时刻本来可以基于现在制造记忆。

当想到我们如何虚度人生的时候，我不禁记起平克·弗洛伊德乐队那首歌的歌词，歌名很应景，正是《时间》（*Time*），特别是其中这一句：“突然有一天，你发现十年已经过去。没人告诉你应该何时起跑，你早已错过了发令枪。”

让大脑的想法不受时间支配

既然过去和未来的想法让你不快乐，并导致你虚度大部分的人生，那么为什么专注于现在还会这么困难呢？人类的设计里究竟存在着怎样的缺陷，全神贯注于过去和未来的状态明明会增加我们的痛苦，却居然如此难以摆脱？答案就是：想法本身的生长要以时间为基础。

为了更好地理解这一点，我们来体验一下我最喜欢的练习。我把它称作完全意识测试：坐下来，深吸一口气，放松，然后闭上双眼，保持大约一分钟。这个时间没必要十分精确，只不过是让你用来清除视觉残留而已。现在把眼睛睁开几秒钟，环顾四周。只观察眼前的环境，别的什么都不要做，然后再次闭上双眼。

现在，在保持闭目的情况下，在心里描述你看到的事物。这不是记忆力测试，我们只是想要就你观察到的事物形成一种描述。尽可能记住更多的细节，但也要尽可能以事实为依据。小心，别让你的想法闯进来诠释你看到的事物。坚持用这样的表述：

> 我看向公寓窗外的夜景，看到水面延伸到一排棕榈树的底部，二层建筑与高大闪烁的摩天大楼交错存在。天光还在向地平线后退去，那里有依稀可辨的薄薄的云纹。而更高处的天

空，颜色要昏暗得多，有繁星点缀其中。

留意到了吗？你只用几秒钟观察到的事物，却可能要花几分钟时间去描述。观察的动作只需要简单的意识，但是描述它所需要的思维过程却漫长得多。然而，由于你的这些想法仅限于描述刚刚看到的事物，所以全都是现在时态。它们没有过去或未来的时间印记，否则就不会这样温和与平静。

明白了吗？连接当下压根儿就不需要太多脑力。如果大脑仅限于描述这一刻发生在你身边的事，那么就没有太多可说的。你脑子里的声音听起来可能就像这个样子：前面有蓝色的沙发；有两处光源，是一个落地灯和一根蜡烛，烛光在微风中摇曳；有新鲜烘焙的面包香味。没什么对话内容，不是吗？这是因为不存在正反两方。除非我们把过去和未来添加进去，否则就不会有剧情。

我经常求助于这种练习，将自己锚定在当下。这样可以让我平静下来，并可以提醒我不要忘了意识的两个重要特征：一是意识不需要想法，只需要“存在”；二是就算我们真的让想法介入，只要让它们专注于当下，我们的压力就会小得多。如果只给你的大脑布置描述周围事物的任务，那么就能让那些想法保持——和让你脱离此时此地的那串连续不断的想法相比——更加安静、更加安宁、更加从容的状态。

再来试一次这种练习。一旦你掌握了窍门，那么就不需要再闭上双眼。请留意桌子上的那杯咖啡，但要抵制诱惑，别给它贴上或好或坏、或热或冷的标签，也不要想它会不会给你的木桌留下一圈杯印。让你的想法仅限于这一刻你看到的事物：一张漂白松木桌上的一个白瓷咖啡杯里的半杯黑咖啡。

当你将自己调整为活在当下的状态，就会接受它的原貌。你不会比较它，也不会评价它，而且你不会想它未来将变成什么样子，也不会想它比过去更好了还是更坏了。你与快乐算法实现了百分之百的和谐。只要你观察到世界的原貌，事件就会完全符合你的期望。多么安宁啊！

然而，我们的大多数想法确实带有时间印记。它们基于过去或未来，因此很可能导致不快乐。想要评价，你就必须把当前的观察结果和你过去的观察结果做比较；想要焦虑，你就必须考虑未来并预测它比当下更加糟糕；想要厌倦，你就必须憧憬一种不是发生在当下的状态；想要羞愧，你就必须改造一个不复存在的时刻；想要不快乐，你就必须专注于你想要拥有但还没拥有的东西。可以说除了疼痛以外，没有人曾为当下正在发生的事情而痛苦过。请思考一分钟。这是千真万确的，就连你也不例外。

没有了时间，痛苦循环圈就会被扼杀在萌芽状态。删除了时间，最初的想法就不会出来作怪。但凡是紧张的或不快乐的想法，都不存在于此时此地，而只要你观察此时此地，就会放松至安宁的状态。时间和想法是密不可分的。当你删除了想法的时间印记，也就没有不快乐的素材供你思考了。

非常重要！

如果你想要快乐，就要活在此时此地。

利用时间，不要让时间利用你

对话进行到这个阶段，我发现许多人都开始为时间的重要性辩护。他们会问："如果不规划未来，我怎么能发挥作用？没有了过去，我又会是谁？整个社会都依照时钟运转，你指望我如何从现在起完全忽略时间？事实上，我明早 9 点以前就要上班，这又怎么说？"

问得好！

鉴于这次对话的目的，我们来假设一共有两种类型的时间：一种是有些实际用途的时钟时间，另一种则是没有实际用途的大脑时间。时钟时间要应对的是定位在机械时间内某个坐标的某个事件。与时钟时间相关的想法是可以付诸实践和行动的，比如"我和医生约好了就诊时间，我想知道要多久才能到那里"，这要求精确的回答；比如"通常要用 25 分钟，但是考虑到交通高峰，我最好再多留出 15 分钟"。它们不会复杂难懂，也不会附带情感，更不会萦绕不去。为了准时赴约或接孩子放学而提前计划，或是为了对自己来说很重要的事而预留出时间，这些都是时钟时间的例

子。它们温和而有逻辑，可以帮助我们履行自己的义务，让我们做个守时的人。

然而，大脑时间却常常陷入关于过去和未来的想法。一方面，它会迷失在没完没了而且不太可能发生的场景中，而场景的内容无非是某件事未来的样子；另一方面，它会执着于过去未能如你所愿的事件。与大脑时间相关的想法往往带有跳跃性。它们不会导致某种行为，而且就像梦境一样无形无状。如果你太过注重大脑时间，就很可能会在举首间突然发现，按照时钟时间，你人生的沙漏要比你想象的更近于空无。

只要你的想法是在描述当下的事件，或是为了满足你的实际需要而标向时钟时间，那就没什么问题。所以你要留心自己的想法，看看它们是否有时间印记。如果有，就说明它们已经偏离当下，而且可能解决不了任何实际问题，它们游荡到了对过去和未来的没完没了的困惑中。而如果能坚持留在这一刻，就说明你已经成功走出了 6 种重要错觉中最无孔不入的一个——时间错觉。

生活就是现在

当我跟人们谈起时间和快乐的关系时，经常听到的一句话是：“但对我来说，活在当下没什么用。就在此时，就在此地，我就是不快乐的。”然而当我们坐下来，探讨此时不快乐的原因时，对话总是会演变成这种样子：“我很惭愧，把去年的时间都浪费在派对上了，对功课不够用心。我的成绩很差，现在每个人都觉得我是个蠢蛋。”而我则指明，虽然这种苦恼的想法可能是发生在此时，但却是锚定在过去。去年发生过的事情不会再有任何改变，它已经成为那时。而我们存在于当下，这一刻你唯一能做的就是专心学习、好好用功，也只有这样，你才能做好现在的自己。

还有人会告诉我：“我此时不快乐是因为我遇到的所有家伙都是浑蛋。我肯定再也不会找到我的真命天子了，若果真如此，我就要孤独终老了。”我的回应是什么？你的不快乐与锚定在未来的想法绑定了。你怎么知道你的爱人不是正独自坐在街角处的某个咖啡馆里呢？你怎么知道草率结婚不会让你比此时更苦闷万分呢？享受这一刻吧，你会找到许多愿意与你共度此生的人。

而另一个人会说：“我没有得到我努力争取的升迁机会。真不敢相信我的下半辈子都要耗在这份永无出头之日的工作上！”我会指出，这种想法同时锚定在了过去和未来，却与现在毫无关联。接着我就会问：“你怎么能那么肯定，说不定下一份工作更适合你呢？诚然，得不到想要的工作让你感觉大失所望，但是你付出的努力已经是过去的事了。也幸亏有了那些付出，所以你此时才会更能干、更称职、更成熟。”

每当审视自己的想法时，你都会留意到，让你难过的事情，要么植根于你无法改变的过去，要么植根于最后与你的期望很可能大不相同的未来。既然如此，倒不如放开过去或未来，为此时正在做的事情竭尽全力。这一刻是你唯一能指望的。所以你要完全活在这一刻，其余的只需顺其自然。

保持这种心态有时候很难。例如，有位朋友曾经对我说：“你讲了那么多关于当下的内容，可对我来说，当下就是一场噩梦。我刚刚与医生通过电话，切片检查的结果说我得了癌症，还是晚期。医生不建议手术，他说我只能再活 6 到 18 个月。”对此我回应道：“真是个坏消息。我感到非常遗憾。多希望你不必经历这一切。但与此同时，或许你不必在让人难过的诊断结果上再添一层痛苦。在我们想方设法为你找到最好的治疗方案期间，我希望你记住，此时你还活着，所以要和朋友、家人一起品味你在地球上的每一秒美好时光。其实，这是你唯一能控制的事情。虽然我知道你的感觉不是这样的，但是别忘了，你和我们其余人没有什么不同。你认识的每个人都有可能在接下来的 18 个月里，或是在后来的 18 个月里离开这个世界。唯一的区别在于我们其余人不会考虑这件事，所以我们就不会痛苦。对于未来，你应该抱有乐观的态度，但一定要活在当下。别再想未来会发生什么，那样你就不会痛苦了。”

非常重要!

这一刻绝对没有什么失常之处。

第六章的标题是个疑问句：“有人知道时间是什么吗？”这是

一个陷阱问题。无论你此时在世界的哪个角落读着这本书，时间都是现在，绝对不会是别的时间，其余任何对时间的解释都只会将人引入错觉。

在结束本章之前，我想让你回去再乘坐一次球形舱。这一次，研究人员会自豪地告诉你，现在的技术可以让舱体在车站之间即刻来去。从这一站到下一站压根儿就不需要时间。“我们还在每一站增设了许多体验活动，”他说，“因此有些志愿者抱怨整个旅程在不经意间就结束了，而他们宁愿慢慢来，享受过程。所以我们增加了一个新的特色，就是这个按钮。无论什么时候，只要你想出发前往下一站，按一下它就可以。如果不按，舱体就会在每天午夜从各个站点自动前行。你可以自己决定什么时候按下那个按钮，按 75 次后就会到达终点，也可以一下子体验完为期 75 天的旅程。选择权在你。”接着他又说：“或许是 75 年？我不记得了。没关系，反正无论是哪种情况，都是转瞬间就过去了。”

“这很容易选择。”你说，“我们开始吧，那边见！”关门的时候，他说：“哦，忘了说一句，我不能在那边接你。你到站的时候，就是你生命结束的时候。旅途愉快！”然后他按下启动按钮，关上门，送你上路。

既然控制权在你手中（在一定程度上），那么你是会迅速按下按钮，结束这个过程，还是把每一天都用在充分体验每一站的活动上？你会把每一站的时间都用来思考第 75 天吗？你会把每一站的时间都用来懊悔已经过去的那些天，还是会把每一天都用来体验当下以及它要给予你的一切？做个决定吧。

生活就是现在，而现在很精彩。

第七章

控制错觉：控制自己能掌控的

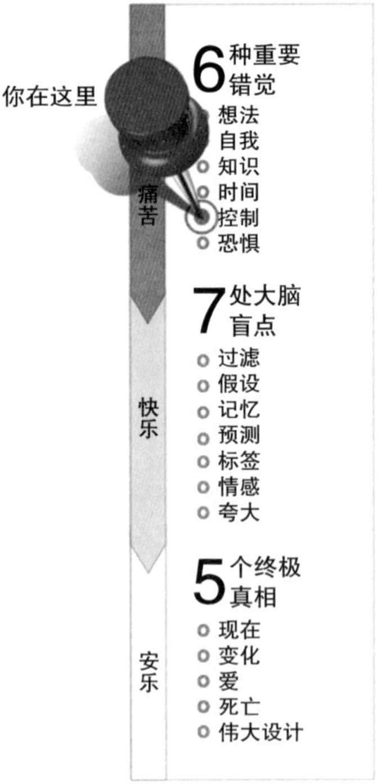

你放下笔，露出一个灿烂的笑容。工作量可真大！你想，但每一分钟的努力都是值得的。你喝下一小口咖啡，坐回座位，然后又读了一遍笔记：月薪的这部分要用来养老，那部分要存入银行；信用卡和按揭要自动划款；我有车辆保险、人寿保险、健康保险、残疾收入补偿保险、房屋保险、信用卡盗刷保险，除了这些之外，还有伞护式责任保险。

还有什么遗漏吗？没有。看起来全了，你大声而自豪地说，哪怕周围没有人能听见。

你倾身向前，拿起计算器，再

过一遍那些数字。

敲进一个数，再敲进一个数，查看结果。一切都井然有序。你自信地一抖手腕，把笔记本丢在咖啡桌上，双手枕在脑后，舒展了一下身体。干得好！一切都在你的控制之中。

这是最美妙的时刻，不是吗？当我们感觉自己确实已经做完了所有的功课，深思熟虑了每一种可能的场景，听从了专家的建议，并规划了一条一览无余的前进道路时，我们的内心就格外安宁，因为一切都在控制之中，因为我们将顺顺利利。

控制的真相

回首 2008 年，我认识的许多人——世界各地都有——当时就完全处于这样的状况：他们以为自己已经安排好了一切——直到美国房地产泡沫破裂，引发了有可能是大萧条以来全世界面临的最大规模的经济危机。股市崩盘导致他们丧失房产的大部分权益。他们就职的公司濒临倒闭。有些人无力偿还债务，还有些人甚至眼睁睁地看着赖以为家的房子被取消赎回权。不过是几个月的时间，就有许多人一下子从“安排好了一切”变成“刚刚发生了什么”。如今有些人已经恢复元气，而有些人还在痛苦地挣扎，但是每个人都明白了一个道理，那就是世事多变，总有失常，而且是很严重的失常。

我们对安全和控制的需求是出于本能。对其他物种来说，生存是在老虎出现的时候撒腿就跑，但是我们人类作为一种复杂得多的物种，需要承受复杂得多的负担。我们能够在老虎还没出生的时候就早早预测到风险，规划好逃跑路线。我们能够查看地形，辨别每一种可能的威胁，包括那些胡思乱想出来的威胁。我们能够采取预防措施，竖起围墙，增设监控摄像头。而且，我们能够扩大规划范围，将我们爱的人也包括进来，因为我们关心他们，也因为他们的安全是我们情感安全的一部分。我们之所以仍然存在而有些物种已经灭绝，要部分归因于这一套非常具有人类特色的生存技巧。我们有能力控制，或至少相信我们正在控制，而其他物种最多也只能做到在状况发生的时候做出适当的反应。

自从工业时代开始，人类就将那种控制提高到了一个全新的水平：我们能够铺设一条铁轨，盖一幢高层建筑，批量生产一台需要异常复杂的规划与控制的iPhone（苹果手机），我们有每个字都是照本宣科的电话客服，还有可以实时追踪的快递服务——我们消除不确定性的能力被一再提高。而所谓工作，就是一种被模拟出来的并且被高度控制的环境，我们在这种环境中避免偏差的能力让我们相信自己同样能够精细控制我们的人生。我也不例外。

尽管生活给予我的已经超出我的需求，并且已经确保我未来的财务自由，但我还是要精心筹划。我的职业规划都是提前5年制订，内容具体到了细枝末节。我计划投资，计划储蓄，还计划好了今后要居住的地方，而我的家人也自然而然地被纳入这些计划覆盖的范畴。为了让财富保值，我购买了多处房产，我为孩子们的教育制订规划，并且为了让心爱的人在我死后也能应有尽有，我还投资了保险计划和储蓄计划。

我有一沓各式各样的计划，然后呢？好吧！你知道发生了什么事。我们只在一起过了4天（精心计划的）暑假，阿里就住进了那家“失常”的医院。在那里，一个以毫米计的失误导致了他的离世。那要如何控制呢？

这桩出人意料的悲剧事件并不属于任何一项计划。我们会说，由于这种突发状况不可预期，所以我们不能为其制订计划，但事实真的如此吗？多久发生一次这样的事件呢？答案是每时每刻都在发生！

我知道你可能不喜欢听到这样的话，但是单单在美国，医疗失误就是第三大致死因素，根据各方估计，每年有25万~50万人因此丧命。而在那些法律制度尚不健全的国家，这个数字则要高达数百万。其他人为失误（如驾驶误操作和暴力行为）夺去的生命则不止数百万。尽管“不可预期”的死亡就发生在我们身边，但我们却选择把它视作极小概率事件。

与此类似，尽管其他破坏性事件以每天数百例、数千例甚至数百万例的频率发生，但是大多被我们选择性地忽视。自然灾害、经济危机、诈骗案件、破产等，足以改变人生和改变计划的事件无时不在发生，无处不在发生。我把这些事件称作“左转弯”，因为它们会把我们带上一条不在预期路线内的道路。而我们的人生道路左转弯的频率似乎太高了。

控制只是一种错觉

《纽约时报》畅销书《黑天鹅：如何应对不可预知的未来》① 的作者纳西姆·尼古拉斯·塔勒布认为，不寻常的和不可能的事件发生的频率比我们大胆设想的要高得多。他举的例子包括第一次世界大战的爆发、“9·11”恐怖袭击事件和互联网的兴起。这些出人意料的“黑天鹅”导致的后果波及地球上的每一个生命。[1]

细想一下，你的人生中发生过多少类似的事件，有多少只你亲身经历的“黑天鹅”塑造了你自己的人生。

塔勒布指出，我们对于随机性，特别是大的偏差的视而不见，达到了就连人类的自觉意识都无法理解的地步。这与气象学家爱德华·洛伦茨所说的“蝴蝶效应”相吻合，即看似微小又无关的事件能够导致巨变。洛伦茨在一系列的天气模型中输入初始条件后，在风速中加入了非常微小的变化。尽管这些变化几乎无法察觉——他将其比喻为一只蝴蝶扇动翅膀所产生的气流——却让最终的结果产生了巨大的变化。因此可以推断，一只蝴蝶在巴西扇动翅膀会导致佛罗里达州出现一场龙卷风。[2] 每分钟都有数以万亿计的蝴蝶效应出现在我们身边，它们以超出我们想象的方式改变着我们的人生道路。

如果以阿里的人生为例，那么黑天鹅就是那次医疗失误，但是

① 本书已由中信出版社于 2011 年出版。——编者注

还有许多蝴蝶效应也会导致失去他的悲剧，包括我们家和那所医院之间较近的距离，还有他很容易治愈的腹痛的反复发作，以及可能引发了他阑尾炎的细菌。这一切早在几个月或几年前就发生了。我能够控制或计划每一桩、每一件吗？不能。控制是一种错觉。

非常重要！

黑天鹅和蝴蝶效应都不在你的控制之中。

你的行动和态度才是可控范围

在进一步深入讲解之前，我们需要强调一下，我不是故意在这里让你灰心沮丧。任何一个成功的商务人士都会告诉你，成功（对我们来说就是快乐）不是源于对严酷现实的视而不见，而是源于务实而客观地理解生活中所有的不足之处。同理，快乐源于我们在基于事实——而不是错觉——的现状中生存的能力。

就算承认了人类的控制有局限性，我们也不应该陷入绝望。就像前面说过的，它应该指引我们走上一条切合实际的快乐道路。这一切都要以理解控制的实质为起点。我们以为自己控制了一切，包括金钱、朋友、事业，但坦白说，你对你紧握不放的那些东西究竟能控制多少呢？随便举个例子，比如说你的钱，它们真的完全在你的控制之中吗？“当然，”你说，“那是我辛苦挣来的钱，我可以用它们做我想做的任何事。我可以选择把它们花掉，把它们捐给慈善事业，用它们投资，或是把它们存起来。”

但是你真的可以吗？如果银行倒闭了呢？以前也不是没发生

过这种事情。如果税负增加了呢？你想过通货膨胀会让你损失多少钱、丧失多少购买力，而对此你却无能为力吗？

你的事业也不完全在你的控制之中。你供职的公司有可能停业，也可能决定裁员。你的财富、朋友或健康也一样。我们都会失去心爱的人和物，而且我们都有生病的时候。这样一来，你就不得不思考：还有什么东西完全在我们的控制之中？

有的，就两样东西：你的行动和你的态度。

你的行动

作为一名工程师、一名企业高管和一名商务人士，我在控制方面简直糟糕得一塌糊涂。有那么几年，我试图完全控制人生的方方面面。在工作中，我希望组织内的每个人、每个系统、每个数据点都完全符合我的期望。在个人生活中，我试图控制我的妻子，控制孩子们的进步，甚至为了优化利用家里的水电而控制每一批待洗衣物的数量。

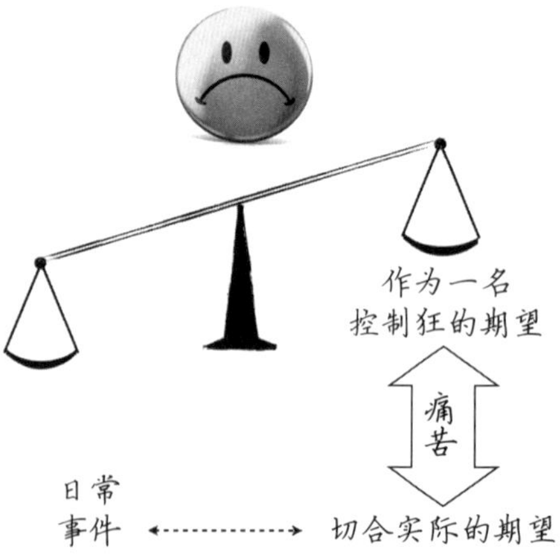

但是无论我多么努力，现实世界的事件都拒不服从。于是我是怎么做的呢？更加努力呗。结果，我就陷入了一种不断痛苦

的状态，并且在排斥、愤怒和失意中挣扎数年，才最终恍然大悟和接受事实——控制权不在我手中。当发觉这一点的时候，我感觉肩上卸下了千斤重担。虽然我对行动依然尽心尽力，但是我对结果的执着却完全消失了。

我的第一次突破出现在一个朋友向我传授印度教的超然（detachment）概念时：为实现自己的目标而奋斗，心中了然结果不可预言。当有意外事件发生的时候，我们就可以在超然概念的指引下，接受新的方向并且再次努力。即使失去了控制权，我们也不必忧愁、不必懊悔，更不必悲伤。

起初我很抗拒这种教义。居然要把我的命运交付给看似纯属偶然的东西，这太难了。不过接下来我就发现了一个绝妙的故事。早期的穆斯林为了练习交出控制权，就将马的缰绳解开。但是，直到他们懂得“先拴马，再放开”，才真正地放弃了控制权。也就是在那时，我学会了后来被我称为“全力接受”（committed acceptance）的道理。

请记住！

先采取负责的行动，再放弃控制的需求。

全力接受的美好在于它不会夺走你成功的机会。恰恰相反，成功的结果并不是以你对成功的期望为驱动力，而是来自你尽职尽责的行动。

有一个小小的谜题可以阐述同样的道理。假如从我家到公司的路上没有交通信号灯，而且当我以限速行驶的时候，准确耗时是 11 分钟。星期一，我期望 9 分钟开到公司；星期二，我期望 15 分钟开到公司；星期三，我把时间控制得刚刚好，准时参加了第一场会议；星期四，我紧张、担心，但还是迟到了；星期五，这一路开车的感觉真爽。我每天都按部就班地行动，每天都完全以限速行驶，那么问题来了：上个星期我每天花多少时间上班呢?

是 11 分钟!

如果你采取完全相同的步骤，那么就一定会得到完全相同的结果，一切都不会因为你的期望、失意、压力或安乐而改变。你行动的质量不应该变化，而你面对挑战的毅力也不应该变化。

我把练习全力接受当作最重要的事。每一种情况下的每一分钟，我都一心一意地做到最好。虽然我还是会制订宏伟的目标，但在情感上却不再执着于结果。如果没能完成某个目标，我就会回顾、学习，并再次努力，仿佛什么都没有失去一样——因为本来也什么都没有失去。在工作中，我发觉自己不能控制每一位员工，特别是那些真正很聪明的人。我不能强迫某个客户购买我的产品，不能让工程师按照我的规格开发产品，不能让财务部门按照我的希望定价，也不能让法务部门简化条款。每个人都有不同的任务目标，而我需要统筹兼顾。我学会了在不运用——或不期望——完全控制权的情况下做到最好。

而在个人生活中，我的做法就更简单了：虽然我还是会做计划，但不再试图将控制范围扩大到当下以外。我已经像阿里一样，学会了在每一种情况下尽我所能，并相信一切都会迎刃而解。

你的态度

尽管行动是看得见的成就杠杆，但真正改变规则的却是态度。想一想下面这个蒂姆和汤姆的故事。

到时间起床的时候，蒂姆按了两次闹钟的催醒按钮，然后发现要来不及 9 点赴约了。他慌乱地跳下床，没想到外面下着大雨，这样他耽搁的时间肯定就更长了。他省略了喝咖啡的步骤，跳进车里，一副衣冠不整的样子，而且感觉牢骚满腹。“今天一定会是个倒霉日。”他想。神经已经紧绷的蒂姆干脆任由压力发泄，开始频繁地变道，猛砸方向盘，并大喊着“快点儿”。然后砰的一声，他被后面的车追尾了。只是保险杠被撞弯的小事故而已，他却跳下座位，朝那辆车冲了过去，粗暴地猛砸后车的引擎盖，愤怒地尖叫和咒骂。蒂姆的失控行为让他最终在拘留所里过了一晚。“我就知道，今天一定会是个倒霉日。”他想。而且他还对自己的态度产生的影响视而不见，又加了一句，“都是因为下雨”。

现在回放同样的事件经过——两次催醒按钮和大雨，只不过这一次是汤姆发现自己要来不及 9 点赴约了。于是他泡了一杯香浓的咖啡，冲了澡，刮了胡子，穿上最喜欢的衬衣，而且由于他知道这一路会慢且长，所以又拿起了一张 CD（激光唱片），是蒂娜・特纳的《我受不了这场雨》。“我喜欢这场雨。我要好好享受今天。”他想。他给约好见面的人打了个电话道歉，结果发现她也被堵在路上了。他一边小口喝着咖啡，一边向前挪动着车子，还随着音乐有节奏地敲打着手指，感觉真棒。然后砰的一声，后面的车撞上了他的后保险杠。出于好奇，他下了车，发现没什么大事儿。他笑着对那辆车的司机说：“你还好吗？”她松了一口气，从自己的车里下来，看上去美艳动人。“嘿，认识你真好！”他傻傻地说。她大笑道：“好？但是我刚刚撞了你的车啊！”“哦，但是撞得好！”他回答道。然后她又大笑起来，说：“我喜欢你放的这首歌。”事情就这样发展下去，感觉像是浪漫喜剧里的一个片段。那场雨增添了浪漫的气氛，而没过多久，他们都知道这将是个值得纪念的日子——都是因为下雨。其实跟那场雨有什么关系呢？

选择你的态度！

我曾有一次参加一个关于变革管理的培训课程，其间，我们把大部分时间都用来观看电影《阿波罗 13 号》。汤姆·汉克斯在里面扮演宇航员吉姆·洛弗尔，本来他的任务是登上月球，但是飞船发射两天后，一个氧气罐爆炸了。突然之间，任务不再是成功登月，而是让全体人员安全返回地球。

随着紧张的气氛不断升级，出现了好一会儿沉默，然后，那种沉默被洛弗尔平静、自信、近乎雀跃的嗓音打断了，他说：“休斯敦，我们有麻烦了。”不带一丝惊慌。如果你刚刚走进房间，肯定会以为他所说的麻烦只不过是轮胎漏气而已。接下来他描述了所发生的事情，并寻求处理这种情况的建议。一步又一步地，大家想出了一个巧妙的解决方案，并最终返回家园。

这就是培训的结论。那位导师不需要再多说什么，因为洛弗尔平静而自信的态度就是我们在那里要学会的东西。

生活一定会时不时地给你发几张烂牌。你不需要在每次出现意外事件时都小题大做。虽然人生道路有可能会被更改，但是除非你决定放弃，否则就什么都不会失去，正如奥斯卡·王尔德说过的：

非常重要!

最后一切都会变好。如果现在还不算好，那么就是还没有到最后。

失控也无妨

制订计划和尝试控制并没有错，导致我们脱轨的真正原因是我们在发生意外事件时的反应。当情况有变时，我们的反应总是努力加强控制，尝试回到正轨。其实不然，我们要做的应该是从一个开放的全新视角看待当前处境，并尝试让新的事件为我们所用，哪怕它们的发生已经超出我们的控制范围。

在代数中，如果某个参数与方程式的解无关，那么我们就会将它删去。例如，如果 A+C=2B+C，那么在解这个方程式的过程中，C 的值是多少其实无关紧要。不管它是什么，A 总是等于 2B，所以我们会当 C 不存在，只解方程式的其余部分。

在电影《美丽人生》中，罗伯托·贝尼尼扮演一个犹太父亲，在第二次世界大战期间，他和儿子一起被抓并送进一个集中营。尽管周围尽是不幸、疾病和死亡，但是父亲让儿子相信，那个集中营其实是一个集中游戏的场地，做指定任务可以得分，而最先得到1000分的人可以赢得一辆坦克。把一切都当成游戏来看的话，士兵之所以那么粗暴，只因为他们自己想要那辆坦克，而小孩子之所以越来越少（其实他们都死在了毒气室），只因为他们为了拿更高的分而躲了起来。那位父亲明白，儿子难免要面对痛苦和折磨，而他最多能做到营造快乐、好玩儿的氛围，帮助孩子生存下去。

我们都会偶尔面对避不可避的困境。既然做什么都不能改变当前的境遇，那么就把周围的环境从快乐算法中删除，利用生活的其余部分来求解快乐。

当生活陷入困境时，有些人会感觉这场游戏自己输了，而生活赢了。但其实生活并不是要努力打败你，它连参与者都不是——这是你的游戏。

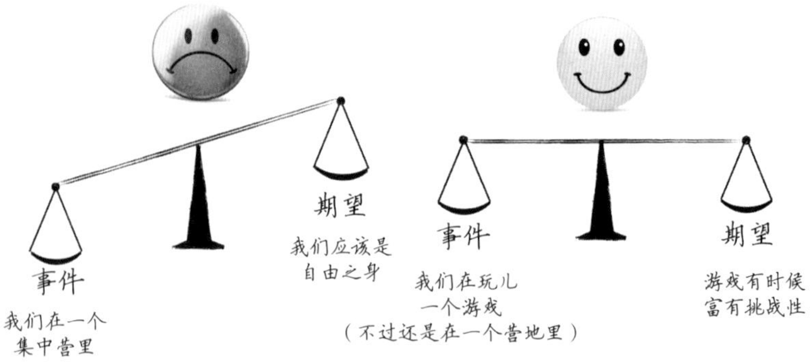

我们每个人手里都有一把牌，有一些好牌，还有一些不太好的牌。关注烂牌，你就会只顾着指责游戏，而使用好牌，情况就会逐渐好转：因为你手里的牌会变化，你会继续前行。

我之所以能够从失去阿里的悲痛中走出来，主要是因为了解了控制这种错觉。现在我能做什么让他活过来吗？当初我能做什么让他不会死吗？有什么能让我们再共处一分钟的方法吗？多一点伤心能换来再看他一眼的机会吗？不能！

我让快乐方程式的“期望”一边基于阿里已经离开的事实。我现在唯一能控制的就是我的行动和态度。我选择以积极和感恩的心态看待因为有他存在而感到幸福的那些年。我选择以自己的行动致敬他的人生。这些都在我的控制范围之内。我要化悲伤为快乐，以阿里的名义捐助慈善项目，尽我所能地在因这些项目而获益的人身上延续他的人生。我要捐出为他计划的投资，以及他还没来得及享用的豪华轿车。我要化悲愤为笑容。每当我感觉消沉或失败的时候，都会听到他哼唱一句歌词，出处是我们非常喜欢的一款电子游戏的主题曲：“为每一个错误哭泣全无意义，在蛋糕被吃光之前你只管继续努力。”这是赢得人生游戏的途径，也是我唯一能控制的。

第八章

恐惧错觉：勇敢面对恐惧

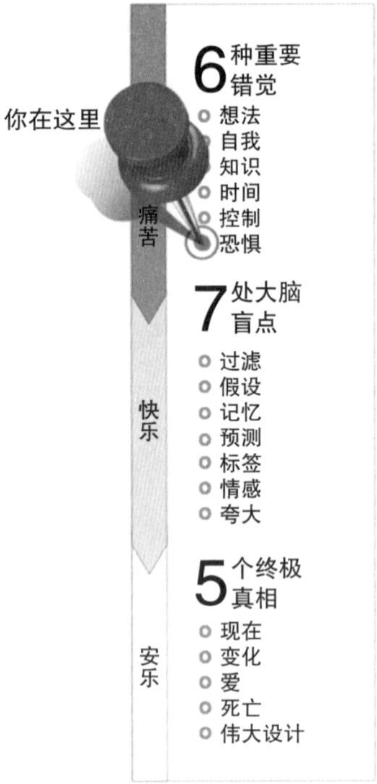

我从来没遇到过什么都不怕的人，你遇到过吗？有些人可能隐藏得很好，总是表现出勇敢的样子，还有些人可能甚至不知道自己的很多行动正是出于恐惧。但是每个人至少都会心存一种恐惧，并被它支配生活、限制自由。其原因在于，恐惧是所有错觉的老祖宗，是所有错觉的统治者。

哪怕你是美国总统，也会有害怕的事情。

虽然我有信心帮你克服恐惧，但也需要你对自己坦诚相待才行。这条道路比较复杂，不过我会带着你一步一步地走完整套流程，这样你最后就能摆脱恐惧的困扰，自由地生活。

承认你的恐惧

很多人无法发觉自己的恐惧究竟到了什么程度，不知道它们有多深、有多广。如果不能准确地识别恐惧，就什么问题都解决不了，所以对付恐惧的第一步就是承认你害怕。

想一想你下周要做的每一件事，然后假想你决定不再做这些事。你能不去上班吗？为什么不能？是害怕失去收入来源，还是你担心别人对你的看法？你能不锁门吗？为什么不能？是害怕有人走进来、偷走你的电视机吗？你害怕自己的生命面对威胁吗？你能不和那个讨厌的朋友说话吗？你能不吃营养补充剂吗？你能中断健康保险吗？你能让孩子休学吗？你能把钱都捐出去吗？为什么不能？因为恐惧！

害怕没什么错。错的是明明害怕却要表现出不害怕的样子，因为那会导致错误的决定。我们往往会列出一堆理由，解释自己为什么不是出于恐惧才做出了那些选择。比如你与爱人的关系出现问题，却又不能一刀两断，那么你就会找到一个名正言顺的理由，让自己继续痛苦。“我是因为爱才想与我的伴侣在一起。”你说。问一问你自己，如果有另外一个人出现，一个有钱、有名又有颜值，成熟、善良又深爱你，并且能够满足你一切需要的人，你会怎么做？如果没有什么可恐惧的会怎么样？你还会维持这段关系吗？如果不会，那就不是因为爱，而是因为恐惧失去你现在拥有的，恐惧一个人生活。

恐惧并不总是那么显而易见，它有许多种不同的表现形式。焦虑是恐惧萦绕不去的直接衍生物，它的起因是脑子里的想法或是对虚构事件的预测。失意是因为恐惧，就算进一步尝试也实现不了你的目标，恐惧如果实现不了那个目标将导致比单纯的失败更加糟糕的未来。厌恶是恐惧与某种代表着潜在的不快与伤害的事物发生联系。悲伤有一部分是因为恐惧生离死别给生活造成的后果，包括为心爱之人的安全而恐惧——毕竟死亡神秘莫测——还有恐惧自己的死亡。耻辱是因为恐惧过去的行为让自己遭受排斥。羡慕、嫉妒、恨是为自己不如别人而恐惧。悲观是因为恐惧生活总是与你作对，恐惧未来比恐惧现在更加糟糕。可以说，你感受到的每一种消极情感都遍布着恐惧的痕迹。

无论是什么，反正我们每个人都有让自己害怕的东西——至少是担心的东西——足以让我们习惯性地封闭自我，从而失去体验人生百味的机会。

但是我们对此拒不承认。在我们的心目中，恐惧是软弱的标志，让我们感觉自己不堪一击。我们要表现出坚强的样子，挺起胸膛，隐藏恐惧。正是由于练习这种伪装的时间太久，以至于我们自己都深信不疑。但是想一想：一只河豚什么时候才会完全膨胀？膨胀不是它勇敢的标志，而是它害怕的标志，并且非常害怕。

当你发现难以承认自己的恐惧时，就问自己另一个问题：你自由吗？

这个问题帮我将自己的恐惧一个一个地找了出来。还真是不少。从此我不再羞于承认——毕竟它本就是人类的组成部分。我用了几年时间，成功地战胜了一些恐惧，但是仍然在与很多恐惧做斗争。其中最主要的就是对失败的深深恐惧。它让我夸大事实和为自己设定不切实际的目标。在私人关系方面，我不厌其烦地确定我所爱的人每时每刻都被照顾得当并且看起来很快乐。如果他们不是这样，我的恐惧就会占据支配地位，我会将其视作自己失败的标志。那些年，虽然我说服自己相信那不过是因为我是个完美主义者，但其实是在撒谎，事实是我害怕失败。

好了，我说完了。我承认自己害怕。现在轮到你了。

也不是什么高深莫测的事儿：如果有什么是你想做，但是又不能做的，那么即使没有身处监狱，你也是不自由的。想一想将你困在其中的那些看不见的围墙。你可以随便给它们起个名字，或者干脆就称它们为恐惧。

恐惧是什么

每一种恐惧都源自一种条件反射。大多数时候，哪怕恐惧的初始原因已经不复存在，哪怕威胁的潜在现实变得无关紧要，条件反射也还是会让我们产生微小但剂量充足的恐惧，避免我们处于完全自由的状态。

20 世纪上半叶，条件反射研究在心理学领域占据主要地位。1924 年，行为主义心理学之父约翰·布罗德斯·华生说过一句名言："只要给我 12 个健康的婴儿，以及按我要求打造的养育他们的环境，我就可以保证，随便一个婴儿都能被我培训成任意一个领域的专家——医生、律师、艺术家，没错，甚至是乞丐和小偷。"[1]

对华生来说，这句话不仅仅是说说而已。1920 年，他曾经实施过一个遭受伦理质疑的实验，为的是演示说明一个 9 个月大婴儿（小阿尔伯特）的"经典条件反射作用"。实验中，小阿尔伯特眼前会出现一只白鼠、一只兔子、一只猴子以及其他各式各样的面具。由于还没有条件性恐惧，所以小阿尔伯特积极地与它们互动。他本来最喜欢的是白鼠，直到每次白鼠出现的时候，华生都在小阿尔伯特脑后用一个锤子击打一根钢筋。突如其来的响亮噪音让小阿尔伯特一下子大哭起来。这一程序在 7 个星期之内重复了 7 次，最后小阿尔伯特只要看到白鼠，就会立刻显现出各种恐惧迹象。他会大哭，并试图爬走，哪怕此时已经没有那种响亮的噪音。一种将伴随其一生的恐惧就此产生了。

我也亲眼见到一种厌恶式的恐惧如何在我可爱的女儿身上生根发芽。那时，阿亚大约一岁，一个夏季的夜晚，她正安宁地坐在地板上玩耍。家里的窗子敞开着，一只蟑螂飞了进来并落在她前面。由于之前没有害怕蟑螂的条件作用，所以阿亚一把将它抓住，就好像那只是一件玩具而已。她看向妮芭丽，挥舞着小手，完全沉浸在有了“新玩具”的快乐中。

但是对妮芭丽来说，蟑螂简直比核爆炸还危险。她接下来的反应比在小阿尔伯特后面用锤子击打钢筋还要让人害怕。她惊恐地尖叫起来，开始一边哭，一边大喊我的名字求助。几秒钟后，不速之客消失了。没有人员伤亡，但是阿亚却产生了条件作用。几年以后，当我尝试用与蟑螂有关的东西对阿亚搞恶作剧时，她的恐惧已经变得更胜当初。她惊声尖叫，然后哭着跑开了。直到今天，在她的记忆中，那件事都是我的最大劣迹之一。对不起，我的好阿亚。

发现你的恐惧

恐高症患者害怕高度，幽闭恐怖症患者害怕封闭的空间，黑夜恐怖症患者害怕黑暗，晕针患者害怕注射器或医用针（这也让我觉得恐怖）。因为这些恐惧都与有形的事物相关，所以清晰可见，也易于发现。但是，对社会排斥的恐惧又是怎么回事呢？

有些恐惧的对象没有固定不变的定义，因此确认它们要困难得多。有很多恐惧是隐而不见的。它们与我们形影不离，并且从内向外将我们啃噬干净。比如有些人恐惧没有财力购买自己需要的东西，因此总是试图积累尽可能多的财富，但是无论财富积累到多少，他们也从来没有安全感。还有些人害怕失去自由，可能包括失去身体行动的自由，失去自由表达意见的自由，或由于老板、公司架构，甚至感情关系——例如婚姻——而失去自由决定的能力。

有些人恐惧未知的事物，比如失败或期望落空。有些人恐惧失去控制权。还有些人恐惧孤独、社会排斥或嘲笑。我们所有人都恐惧死亡，因此许多人恐惧变老。这份恐惧清单还可以一直延长。

你有哪些恐惧？如果你发现承认它们很难，那么可能要归因于另一种十分重要的恐惧：恐惧面对你自己的恐惧。

在基础层面上，我们许多人都恐惧发现本我，恐惧发现自己有待改善的地方。对其予以否认是一种缓兵之计，只有这样，我们才能有时间学着通过限定自己的生活范围来应付那些恐惧。这是你的恐惧之一吗？如果是，那么现在是时候面对它了，是时候承认你有人类特有的弱点了。就像所有人一样，你总有要面对的恐惧。

了解大脑的恐惧游戏

“恐惧面对你自己的恐惧”只不过是大脑玩儿的许多游戏中的

一种，其目的都是确保你完全顺从并受其控制。随着游戏的开始，你的大脑会尝试建立一种逻辑架构，隐藏让你恐惧的真正源头，而你会发觉它其实源自另一种深藏不露的疼痛。正是由于我们的恐惧善于隐蔽和伪装，所以要发现它们并不容易。

若论恐惧最纯粹的形式，其实就是一种防卫机制，它的启动是要警告你：正在接近伤害。恐惧有让人心生警惕的作用，这样你就能采取必要的行动来避免潜在的痛苦——或是身体上的，或是心理上的，但疼痛本身也只是一种机制，同样受到大脑的控制。因为摸到灼热的炉子而导致的疼痛根本就不是发生在手上，而是传递给大脑的一种信号，是大脑给它贴上了疼痛的标签。因此，科学家只需通过模拟大脑的特定区域就能够模拟疼痛的体验。这说明疼痛只不过是想法的另一种形式。

从这个意义来说，你可以认为那种疼痛并非真实，因为完全相同的事件——摸到灼热的炉子——可能会产生截然不同的反应。个人对疼痛的耐受能力会依处境不同而变化。例如，当我们长大并告别童年，我们忍受饥饿的时间就能比婴幼儿时期长很多。在《心身医学杂志》（*Journal of Psychosomatic Medicine*）发表的临床研究中，参与者被要求将双手泡在冰水里，结果发现，给予经济补偿的承诺能够诱使他们抑制疼痛，因而可以把手泡在水里——跟那些没有被许诺回报的参与者相比——更长的时间。[2]

由于疼痛只是一种想法，所以大脑能够忽视它，你也能够学着抑制它。长跑运动员就是这样做的。有时候，你甚至能够学着享受疼痛。比如，尽情运动一天之后产生的肌肉酸痛就是我们可以学着喜欢的一种疼痛，因为那是一种让人联想到成长与进步的感觉。

请记住！

只要用心，你就能战胜疼痛。

所有适用于身体疼痛的道理同样适用于情感疼痛。虽然我们对情感疼痛的耐受力也不尽相同，具体要视情况而定，但是大多数人都能学着抑制疼痛，甚至让疼痛为我们所用。例如，被排斥带来的疼痛对一个青少年来说——跟某个年纪更大和不那么缺乏安全感的人相比——要严重得多。

既然如此，为什么我们通常不去抑制情感疼痛呢？因为就像利用身体疼痛一样，大脑也要利用情感疼痛让我们远离伤害。而二者的区别在于，身体疼痛不能按照大脑的要求随意产生，但是情感疼痛能由大脑利用连续不断的想法而反复再生，于是就导致了痛苦。

我们的大脑会像一套复杂的计算机模拟程序一样，一遍又一遍地播放过去每一段苦痛的回忆和未来每一种虚构的场景，试图让我们因为害怕而在威胁还没发生的时候就唯恐避之不及，全然不管那些威胁发生的概率究竟有多大。每次大脑在模拟程序中发现一种可能的威胁，我们就会把它和某种形式的恐惧联系起来，而且就算威胁本身没那么重要，我们的大脑也会夸大恐惧。

比如你害怕公开演讲。如果问你为什么会有这种恐惧，那么你最初可能只以“因为……”来回应。但是只要深挖下去，跳过大脑的防卫机制，你就会发现这种恐惧究竟源自哪里。

你真正害怕的是什么呢？

我害怕在一大群听众面前说错话。

为什么这会让你担心呢？

我担心被评价，也担心被嘲笑。

为什么这会让你担心呢？

因为我可能会因此被排斥。

继续这样深挖，直到再没什么可发掘的。你将发现一层又一层实无必要却让我们痛苦的恐惧，而这一切都要归咎于被我称作“安全模型”的一种大脑机制。

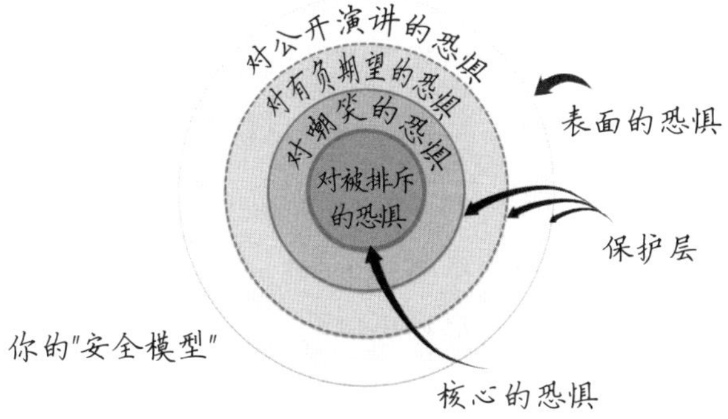

为了避免产生某种恐惧，大脑往往会寻找每一种可能触发它的潜在威胁，包括过去每一次痛苦的经历，以及因为担忧未来而构想的每一种可能的场景。你的大脑会把它找到的威胁记录为更多要恐惧的对象，以为这样就更加安全了，但事实真的如此吗？

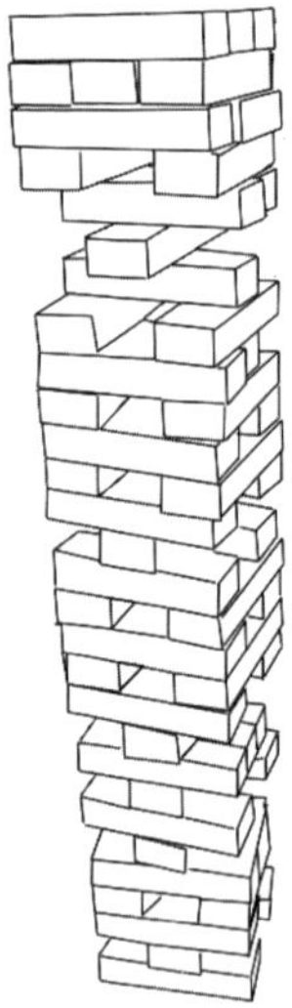

每一种新的恐惧都会以更高的频率导致更多的不安。现在你要应对的不是一种恐惧，而是很多恐惧，于是复合效应显著增强。而正是由于有了更多要恐惧的对象，所以大脑会更加尽心竭力地保证你的安全。结果就是恶性循环的延续，“更多的恐惧”意味着需要“更多的保护层”。

大脑拼命地想要让你尽可能地远离伤害，于是建造了一个它所谓的“安全模型”，这个体系称得上呕心沥血之作，有大量要担心的可怕场景，还有比之数量更为庞大的屏障——恐惧——保护你远离那些场景。我们尽力堵住每一个洞口，修补每一处裂缝。可实际上，我们建造出来的是一个摇摇欲坠的体系。我们把它建造得越高，感到的威胁就越多，暴露的弱点也就越多。这是一个简单的数学问题：一个人的薄弱部位越多，妥协的次数也就越多。

层层高筑的防御体系逐渐成了我们不堪一击的主要源头。越来越多的疼痛开始变得与最初恐惧的背后原因不成比例。一切开始变得让人不堪承受，恐惧简直成了一种生活方式。而当我们更加努力地稳固和扩张安全模型，却总是以失败告终，因为难免有某个随机事件会威胁到模型的这一部分或者那一部分。每每发生这种情况，就好像提供了一份证据，证实我们的确有害怕的正当理由，于是恶性循环继续。生活真的成了一部漫长的恐怖电影，一部连广告休息时间都没有的电影。

非常重要！

安全模型并不存在。你越努力，就越失败。

一旦我们建立起自己的安全模型，就很难再摆脱。我们会将快乐方程式中的“期望”建立在这个模型的基础之上，再与生活的打开方式做比较。可想而知，二者永远都不可能一致。于是我们失望，我们痛苦，并因为一切都不安全而变得焦虑。

就算是简单的事物，也很容易变成重要的威胁，因为它们经过所有那些保护性屏障的演绎后，最终将导致你最大的恐惧。“如果在这些人面前演讲，我就会磕磕巴巴。而如果我磕磕巴巴，他们就会不把我当一回事儿。”“我不喜欢高温的环境，那会弄花我

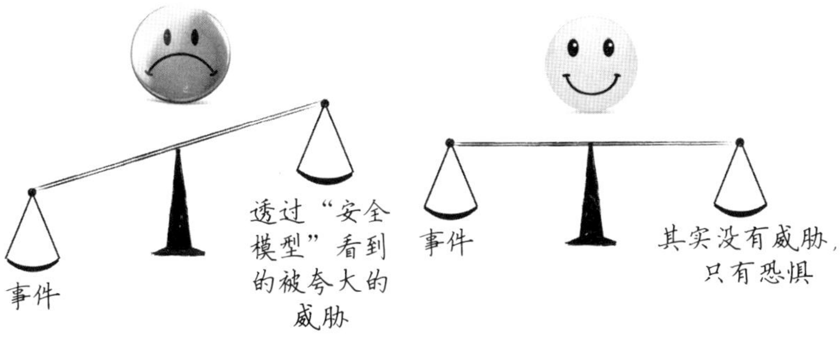

的妆，这样他们就会评价我。而如果他们评价我，他们就会排斥我。”本来是挺好的暖日，却成了让你恐惧排斥的帮凶。由于“每样事物”都能对你的安全模型构成一种侵扰，所以我们只能不快乐地过一辈子。这不是因为生活待人不公，而是我们的期望完全被恐惧的错觉弄得模糊不清。

尤达是《星球大战》（*Star Wars*）里英明睿智的绝地大师，他用一句话概括了这一切：“恐惧是通往黑暗面的道路。恐惧导致愤怒，愤怒导致仇恨，而仇恨导致痛苦。”我喜欢尤达。

脱离恶性循环的唯一办法就是从里向外将它一次性全部瓦解。逐一面对你的恐惧可能看似困难，但其实比你以为的要容易。

放下恐惧，体验生活

我们许多人逐渐变得安于痛苦，并相信这就是生活应有的样子。我们在恐惧中忍受痛苦，却并不知道自己究竟害怕什么。其实想要自由地生活，第一步就是正视你的恐惧，承认它们的存在。不要躲避，要正视它们。

你知道如何仅凭一条细小的锁链就将大象囚禁起来吗？那些重达四五吨的庞然大物本来不费吹灰之力就能挣脱锁链，却不会那么做，只因为在它们还是小象宝宝的时候就被那些锁链限制了自由，并习以为常。虽然早些时候，它们也曾一次又一次地努力摆脱束缚，但都以失败告终，于是从此便不再尝试。人类的做法与此无异。我们夸大自己的恐惧，并不再尝试摆脱束缚。

现在我几乎可以肯定，你的大脑一定在对你说："但是恐惧可以带来好处啊。不要相信这个叫'莫'的家伙。恐惧可以让我们远离伤害。恐惧是有积极面的。"

不！它没有。让我们活下去和推动我们前进的是我们的行动，而不是我们的恐惧。就算它能产生什么影响，那也是麻痹我们。它能模糊我们的判断力，阻碍我们做出最佳的决策。

恐惧失败不会激励我们做出最好的成绩，它只能增加焦虑。真正促使我们成功的是努力工作，而努力工作不需要害怕也能做到。回首过去，我发觉当我获得一种成功的时候，对失败的恐惧常常会占据支配地位，导致我对接下来的旅程心生畏惧，而且我从来不给自己享受人生的机会。这一路上，恐惧都在剥夺我的快乐，到了我可以庆祝成功的时候也没有例外。

请记住！

恐惧没有积极面。保证你安全的是你的行动，而不是你的恐惧。

导致恐惧的想法总是锚定在未来。大脑会努力让你相信：除非你为自己采取保护措施，否则下一分钟很有可能比现在还要糟糕。所以每当害怕的时候，你都相信是生活在作弄你，相信除非你采取什么措施来保护自己的安全，否则就会置身险境。

但是难道你真的相信，生活以它无尽的资源和无限的联系，这样竭尽全力地设计下一步的行动，就只是为了打败你？难道你真的相信，地球在轨道上的运行，还有70多亿人循环往复的生活打开方式，都只是为了吓唬你？假如生活真的有意打败你，你以为你那危如累卵的保护层能让你安全吗？好了，你就是在自欺欺人：你完蛋了。

请记住！

生活只想要被体验。

生活想要你品尝它提供给你的每一种滋味。酸不比甜差，二者只是有所区别而已。生活在不断尝试吸引你的注意力，而你却竭尽全力地将它拒之门外。在你的成长过程中，它不断带给你各种体验，一些是让你享受的，一些是让你学习的，但你一直把自己锁在恐惧里，拒绝体验它们。

现在坦白说：你最可怕的恐惧有多少次成真，又有多少次没有成真？命运中的时来运转有多少次给予你的比你希望的还要多？

未来将比你期望的还要美好。它一贯如是。如果你的当下应验了你过去的恐惧，你也就不会在这里了，不是吗？

当我们被困在杞人忧天的循环中，就忘记了恐惧本身正是我们安然无恙的证明。想想看：如果你担负得起大脑循环往复地担心未来，那么在定义上，你此时就没有什么可担心的。

请记住！

此时的你是安然无恙的。

许多孩子在上幼儿园的第一天都会哭。由于害怕，他们会跺着脚尖叫。不过接下来的几个小时或者几天之后，他们就没事了，甚至会喜欢上幼儿园。多么神奇的转变啊！难道是幼儿园为了符合他们的期望而发生了改变？没有。什么都没变。但是当他们突破了恐惧的障碍，就会发觉整天与别的孩子一起玩儿原来并不是什么坏事儿。

我们也在反复做着这样的事。有些人恐惧面对恃强凌弱的人，有些人恐惧第一次演讲，有些人恐惧脱离已经恶化的恋情，有些人恐惧走向陌生人问好。但是只要我们不顾恐惧而行动，就会发觉没有什么可恐惧的。虽然迈出第一步极富挑战性，但是一旦你克服了恐惧，就会发现曾经付出的努力都是值得的。

准备好接受这种挑战了吗？

将恐惧转化为行动

要想克服恐惧，你就要让自己与它面对面。而当你这么做的时候，就会发现没有什么可恐惧的。

有一种最简单易行的方法可以让大脑所有的恐惧游戏短路：一旦你得知自己的恐惧是什么，就全力面对它。如果公开演讲让你恐惧，那么就再找一个机会，自告奋勇去演讲。让自己置身于只能进不能退的境地。别想了，照做就是。我向你保证，不会有什么问题。

下面有一系列简单的问题，可以指引你探索出一条克服恐惧的道路。因为这个问题清单有助于看清大脑对你隐瞒的东西，所以我把它称作“审问”。

能发生什么最坏的情况

在你问出这个问题的瞬间，大脑会立即进入超光速运转状态，开始构想一千零一个恐怖故事。别抗拒，接着往下看。让大脑继续构想，然后提炼出一种真的算得上最坏的情况。我们感兴趣的不是那一千种场景，而是这一种绝对称得上最坏，但却符合实际的结果。就以这种恐惧为例：如果我公开演讲，那么能发生什么最坏的情况？

我可能讲得特别无聊，让所有人听着听着就睡着了。

不算太坏。还有什么更坏的？

他们可能会哄堂大笑。

这算最坏吗？

不算，他们还可能会嘘我下台。

好吧！这的确很坏。还能更坏吗？

当然。我的老板可能在台下，我可能会被炒鱿鱼。

啊哈！现在我们聊出状态了。你还能想到更坏的场景吗？

能，台下一个疯狂的狙击手可能会崩了我。

我们现实点儿好不好。认真地说，能发生什么最坏的情况？

已经告诉你了，他们会嘘我下台，我的老板会在场，我会被炒鱿鱼。

好了，我想我们找到答案了。

这个问题就是要让你设想自己所恐惧的最坏的场景。我知道，你现在肯定只要一想到它就会难过。请原谅我！但是我有个很棒的消息要告诉你——识别出最坏的场景可以帮你一步到底。

然后一切都从这里开始，逐步向上。

让我们开始往上爬吧。下一个问题可能会让你大吃一惊。

那又怎么样

这个问题是从恐惧转向勇敢的转折点。如果我被炒鱿鱼，会怎么样？我会就此丧命吗？我会饿死吗？如果他们嘘我下台，会怎么样？我会消失不见吗？除了我脑子里被称作羞愧的想法，被喝倒彩真的会造成什么伤害吗？如果那就是最坏的场景，那么你有没有发现，只要无视与之相关的疼痛，你就能挺过来？让我们接着爬。

可能性有多大

坦白地说，发生那种最坏场景的可能性有多大？之前在你身上发生过吗？你见过多少次发生在别人身上？你有多少次见过台上的演讲者糟糕透顶，又有多少次见到他们被喝倒彩？算一算。继续吧。

现在我能做什么来避免发生这种场景吗

朋友，这是所有问题中我最喜欢的一个。这是你将恐惧转化为行动的时候。

疯狂地下功夫、做准备吧。在镜子前，在你的配偶面前，还有在狗狗面前演讲一百次。坚持不懈，直到你完全适应。然后再做一遍。做足准备功夫至少会进一步降低发生最坏场景的可能性，帮你冷静下来，毕竟你已经尽力而为。

顺便说一句，这时候大脑可能会开始反击，它问："为什么你要这样对我？在你开始读这本书之前，我活得那么轻松自在。"

别理它。你就快到目的地了。前进。

我能恢复元气吗

当你问自己以下这些问题的时候，事情就会变得更有趣：万一我最害怕的场景应验了，我真的被喝倒彩，真的被炒鱿鱼，该怎么办？我能从那种处境中恢复元气吗？你有可能减少接下来几个月的花销吗？最后，你会找到另一份工作吗？你会找到的，而且我希望你另一份工作的老板人更好。我承认，这样的经历让人有点儿不开心，但是它终究会过去，就像迄今为止你人生中其他不开心的经历全都已经过去一样。

感觉好点儿了吗？我们已经进入正确的思维过程，并由此揭开了恐惧的面具——大脑正是将你囚禁在那种恐惧里。在可怕的面具之下，不过是一只“人畜无害”的小猫咪，其余的都是我们的想象。最可怕的场景并不意味着生命的终结，而且当你采取行动的时候，甚至还能进一步降低它发生的可能性。即使它真的发生了，你也一定能找到让自己恢复元气的办法。真是如释重负啊！

但是等一下，事情还可以变得更好，还有更多的台阶！

大脑总是倾向于考虑可能出现偏差的情况，这样它才能提前计划，应对威胁，并确保你生存下来。接下来再问两个问题，能帮你将想法从让你害怕的所有坏事切换为你等候的所有好事，这样你就能纵身一跃，从此远离恐惧。

如果我什么都不做会发生什么

现在看来，这是个很好的问题。保持现状的代价是什么？你愿意付出那样的代价吗？如果守着那段虐身虐心的爱情，你要付出什么代价？更好的人生道路是什么？是一个人生活，哪怕下半辈子都要这样（最坏的场景），还是被虐待？如果一直守着一份让你崩溃的工作，会发生什么？如果你不面对那个恃强凌弱的人，或者不承认你需要改变自己的财务状况，要付出什么代价？

我可以向你保证：守着恐惧的痛苦通常比面对恐惧的痛苦更具伤害性。也正因如此，大脑才会将你的恐惧夸大到如此境地：让它们成为比你当前的痛感更甚的威胁。大脑别无选择，否则你就会轻易摆脱那些恐惧！

接下来是所有问题中最好的一个。

最好的场景是什么

你知道动作片中这样的场景吗？当某个特工拨动开关，反面人物的整个巢穴就开始在炫目的火光中被炸得粉碎。下面这个问题会让你的恐惧堡垒出现同样的场景，而大脑此时只能垂头丧气地看着，不理解我们如何成功地将它逼到这个地步，并突然害怕自己可能会黔驴技穷。你要乘胜追击，赢得这场比赛。

能发生什么最好的情况？这就是要问的问题。

要是你离职，回去继续弹钢琴会怎么样？要是面对恃强凌弱的人，让他走得远远的会怎么样？要是红运当头会怎么样？你会写出下一本《哈利·波特》那样的书吗？更重要的是，你会快乐吗？事情总能得到解决，为什么你要让自己错过往高处走的机会呢？

什么都不做的代价往往比面对恐惧的代价更高，而且当事情得到解决的时候，你会发现那个高处绝对值得这样的冒险。

当你发觉自己的恐惧被夸大了，就会更容易地做出面对它的决定。当你憧憬道路尽头有什么在等候，就会拥有起身行动所需的能量。

当你希冀一个更美好的未来，就会有足够的恢复能力去经受这个过程所带来的疼痛。

真是受够了大脑幻想出来的世界末日般的场景！从现在起，别再相信它们，以对下一刻完全乐观的态度度过生活中的每一分钟。逐一面对你的恐惧，把它们消灭干净，反正它们从来都不是真实的。

直面恐惧

我已经发现，如果你逃避自己的恐惧，那么它们就一定会突然冒出来，面对着你。生活就像一位聪明的教师，会用一个又一个的恐惧考验你，看看你是否已经准备好学习下一节课。而一旦你克服了一种恐惧，那种考验就没了，你也不必再面对它。但是如果你东躲西藏，那种考验——那种恐惧——就会不断地冒出来，这一路上都挥之不去。

就像你认识的一个人一样，我也不肯对任何人承认自己的恐惧，包括对自己。我假装自己勇敢——其实是在撒谎。我恐惧失败，所以我总是鞭策自己。我以身为一名商务人士的成功来回应自己的恐惧：完成一宗较大的交易，你就是成功的；没能完成交易，你就是失败的。我在工作上花费大把的时间，总是疑神疑鬼地生怕犯下哪怕一个错误。

我让自己的这种恐惧保持活跃状态，于是生活——这位终极教师——就担负起了让我通过考验的责任。有一次，由于我高高在上地表示了与手下某个经理的不同意见，结果不得不面对自己的那种恐惧。当时的局面到了无法挽回的地步，而我几乎就要离职——或被要求辞职。那种疼痛太真实了。就我所恐惧的失败来说，失业就是终极形式。也正是在那时，我明白了变则通的道理。我选择径直走入恐惧的中心。离职的意愿给了我自由，而在那种自由中，我找到了安乐。当时我相信即使自己失业，生活也会找到另外一条出路。于是我辞职了，而生活就是那样做的。在恐惧消失的那一刻，考验也随之消失了。时光如白驹过隙，如今我热爱自己正在从事的工作，没有什么可恐惧的。

我希望我的家人永远都能得到最好的，因此没有什么比辜负他们的期望更让人恐惧。我喜欢金钱给予他们的舒适生活，于是内心滋生了对没钱的恐惧。我学习存钱和投资，对钱近乎崇拜，直到有一天，我犯下了一个重大的投资错误，几乎赔得一干二净。生活让我与恐惧面面相对，结果我发现它并没有那么可怕。我终于明白，我对钱的需求比我想象中的要少得多，而家人对我的期望也比我为此设定的目标要小得多。还有，即使所有的钱都没有了，生活也会找到另外一条出路。我感到释然。当我不再恐惧的时候，考验就没有了，而我再也不必为钱而担心。

经历了一次又一次的考验后，我的恐惧消失殆尽，直到有那么一刻，我感觉自己已经活得无所畏惧。虽然我有很多要失去的，但是我不恐惧失去什么。我什么都不在乎，也就没人能从我这里夺走什么。那感觉棒极了。

然后，阿里离开了。

我从来没有那么恐惧过。这一生中，我从来没有那样保护过一个人或一样东西。虽然我把这件事藏在了内心深处，但是失去一个孩子一直是我真实的噩梦。

生活最后一次将我丢入竞技场的中央，让我面对自己最大的恐惧，那种疼痛简直不堪忍受。时至今日依然如此，但是在这个过程中，我最后的恐惧也被生活消除干净了。我再也没有什么可被夺走的了。伴随着棋盘上那最后一步，我赢了，也可能输了。无论输赢，都不会再有别的恐惧了。

我祈祷阿亚——我生命中的阳光——幸福安康，与此同时，也希望这场考验已经完结。我不需要再接受勇气的考验，因为我已经通过了。

在所有恐惧中，死亡是最可怕的一个，而学习面对自己的死亡是面对恐惧的终极形式。当阿里离开的时候，我也死了，而且我是从最积极的角度说出这句话的。人生与感知终于严丝合缝。我感觉到了一种发自内心的安宁。没有什么可再失去的了，没有什么可再恐惧的了。埃克哈特·托利说，这就是“未死先死”（to die before you die）。人活一世，要知道总有一天一切都会消失，所以真的没有什么是你拥有的，也没有什么是你要失去的。

我就像一名马拉松运动员，阿里的离开让我达到了自己痛苦的顶点。现在我已经知道，下一步只不过是这条路上的另外一步而已，直到我在安宁中到达终点线。

每次想到我的自由是以他的生命为代价，我就会泪流满面。但是阿里也找到了他的道路，他也是安宁的。

阿里，无论你现在哪里，我知道你都是快乐的。只需要再过一些愉快的日子，我就会得到我想念的那个拥抱，就会听到你说我们惯用的问候语“嘿，你好吗”。在那之前，我要努力活得无所畏惧。直到那时，这段旅程才算完整。

这一生中，哪怕只在恐惧中度过一天，也是不值得的。生活一定会让你与自己的恐惧正面相对，除非在此之前你就决定通过那项考验。

非常重要!

学会未死先死。是时候面对你的恐惧了。

Part Three

第三部分　7 处大脑盲点

7 处盲点会影响大脑加工信息的方式，并模糊我们对现实的感知。为了确保我们的生存，这 7 处盲点会与大脑的悲观倾向联合起来，它们妨碍我们求解快乐方程式的能力，从而让我们承受不必要的痛苦。

第九章

修复 7 处大脑盲点

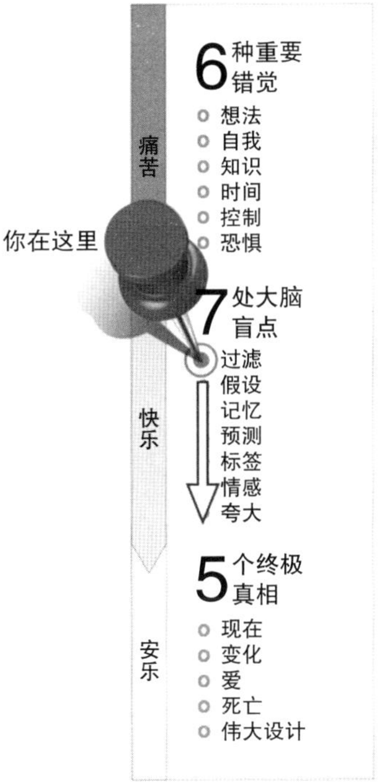

我们与大脑富有挑战性的关系植根于这样的事实：大脑是几十万年前在一种截然不同的环境中和截然不同的需求下，经过了装配、检验和（基本上）完善的一台设备。那些曾经有利的特征如今成了妨碍我们快乐的阻力。虽然人类大脑拥有超强的处理能力，却仍在固守与现代世界近乎脱节——更与快乐脱节——的算法。在进化的源头，大脑应对的世界是古老的、混沌的和可怕的，这决定了大脑的战略思维方式。要正确使用大脑这台设备，我们就必须改写它的程序，适应新的运行环境。我们首先要弄明白这一切的缘起。

大脑盲点的起源

在克鲁马努猎人身后几步远的灌木丛中有一根树枝极为轻微地晃动了起来。这个小小的动静引起了经验丰富的猎人的注意。他对同伴挥了挥手，示意他们伏下身子并保持安静，而他则去查看声音的源头。他眯起双眼，竖起耳朵，**过滤**掉所有其他的感官刺激。那片灌木丛吸引了他的全部注意力，其他一切都淡化为了背景。

风从他的身后吹向灌木丛。他估计这就是他嗅不到那只让自己心生恐惧的野兽的原因。这是野兽在发动袭击时采取的策略。很明显，这是一只聪明的猎物，或许是一只老虎，而且从晃动的树枝高度来看，他进一步**假设**那一定是只真正的大家伙。

在死一般的寂静中，猎人们屏住了呼吸。灌木丛突然停止晃动，这表明那只野兽已经知道自己被盯上了。在他的心目中，石器时代的猎人有能力**预测**即将发生的战斗。他仔细设想着袭击的角度和速度，确信几秒钟之后一定会遭到袭击，于是挥手让同伴后退几步。

他的小心谨慎源于过去的惨痛经历。自从他第一次冒险进入丛林与父亲一起狩猎后，许多优秀的猎人都已经不小心成了野兽的猎物。尽管已经时隔好几个月，但他还是能回想起**记**

忆中的场景：那些野兽猛扑过去，将受害者扑倒在地，从他们的骨头上撕扯下肌肉。那种回忆一直伴随着他，仿佛就发生在眼前，而他的心也开始狂跳起来。

没时间可以浪费了。为了进一步分析处境而在细节上纠缠，就会让他失去逃跑的机会。风险太高了。他需要瞬间做出决定，于是，他给这种处境贴上了**标签**——显而易见又近在眼前的危险。如果说他的性命要依赖什么，那么速度可要比准确的调研重要多了。

在**情感**上，他有一种难以抑制的惊慌感觉。而大脑为了让他准备好做出战斗或逃跑反应，分泌出大量的肾上腺素，充斥他的全身，结果加剧了那种状态。

由于惊慌占据了支配地位，所以大脑极尽**夸大**之能事，把每一个可能的场景都看得比实际情况危险得多。他想，这很可能是一群老虎，我们很可能被包围了，尝试战斗没有任何意义，我们都要死了。又有更多的树枝剧烈地晃动起来。刹那间，他本能地转身背向灌木丛，准备逃跑——就在这时，几只小鸟飞走了。猎人有点儿不好意思地抬头看看天空，发现他所谓的老虎不过是一群鸟而已。他的大脑想，刚过去的这几分钟有点儿紧张又如何，至少我们还活着。

几千年来，我们的大脑已经具备了我刚刚重点标注的那 7 种神奇特征：过滤、假设、预测、记忆、标签、情感和夸大。没错，很早以前可能正是大脑的这些倾向才确保了我们这个物种的生存。而我们的祖先由于需要在极为恶劣的环境中活动，所以也不介意承受这些特征导致的不适。对他们来说，既然最坏的情况频繁发生，那么做最坏的假设就是有意义的。

随着人类文明的发展，我们将老虎赶出了自己居住的城市，用工厂、俱乐部和围墙替代了狩猎场，但对这 7 种特征的依赖并未改变。我们很少停下来问一问，它们在这个“陌生”的环境中还能发挥多大效用。就像螺丝刀既可以用来拧紧螺丝，也可以用来戳伤我们的眼睛，大脑同样既能有利于我们，也能不利于我们。它的 7 种生存特征可能会转化为对我们不利并让我们不快乐的盲点，特别是当它们与另外一种古老的倾向——大脑的核心特征——相结合的时候。

大脑的核心特征

大脑的运作方式让我想起了自己的第一辆车，那是当时我唯一能买得起的一辆老式、破旧的二手车，经常出现这样或那样的机械问题——火花塞故障、点火线圈失效、散热器泄漏。除此以外，由于车轮需要校正，所以它总是不能直线行驶。那辆车简直糟糕透顶，说不准在什么时间点就可能发生一种或多种机械故障，给我带来麻烦。当散热器泄漏的时候，汽车就会过热，而当火花塞失效的时候，发动机就会抽风。但是就算我修复了其中几种机械故障，开车的时候还是会因为校正问题而不断左偏。

大脑也会发生同样的情况。我们的感知常常因为 7 处盲点中的一处或多处而出现扭曲。当大脑努力解读生活的时候，各个盲点就会对我们产生不同的影响。不过，除此以外，大脑还有一个凌驾于 7 个盲点之上的倾向性顽固存在：发牢骚并让我们的大多数想法失衡。

如果过了一段时间我还不解决车轮校正问题，那么驾驶那样一辆老旧的汽车就会变得危险重重。也只有当这个问题得到解决，我才能逐一处理它的各种机械缺陷。优秀的机修工会为了评估问题的严重程度而对汽车进行彻底检查，我的机修工也不例外。接下来让我们对你的大脑也做一番彻底的检查。

大脑有消极倾向

让你的大脑飞速运转起来，做两个小测试，一个叫核查（check），一个叫追查（track）。

核　查

查看右面这张图，然后记录下你看到的东西。只能瞥一眼哦。

你有没有留意到，小女孩儿手里的那只泰迪熊，她背包里掉出来的那本书，或者没有任何显示的停车计时器……你

刚刚观察到什么了？是禁止通行的标志、跑开的男孩儿、快速行驶的汽车，还是步入危险地带的女孩儿？你注意到一触即发的交通事故了吗？我们大多数人都会注意到这一点。

现在把图片缩小，核查更大的画面，你将留意到什么问题都不会发生。那辆车其实是停着的，有一个警察在指挥交通，每个人都是安全的。为什么不是你预料中的场景呢？

试着把核查这个测试作为日常生活的一部分。你会发现，无论在什么情况下，大脑都倾向于发现会出现问题的地方和能构成威胁的事物，却很少留意不会出现问题的地方或平淡无奇的事物。这有点儿像我们的猎人朋友，看到灌木丛中一根树枝在晃动，就认为那儿有一群老虎，而不是一群小鸟。

追 查

把一张纸对折，一面标记上一个加号（+），代表积极，另一面标记上一个减号（－），代表消极。现在观察脑子里出现的对白，留意一天当中冒出来的每一个想法，根据它的类型在其中一面纸上加一个对钩（√）的标记。可以在积极面打钩的想法类似于这种：生活对我不薄、她会永远爱我、我很漂亮。可以在消极面打钩的想法如：我不喜欢这份工作、倒霉的事儿总是发生在我身上、他真是个白痴、我很胖。

现在分别数一数两面纸上的对钩。你的大脑主要产生的是乐观的想法还是悲观的、评价性的、批评性的（消极的）想法？

做这个测试的时候，大多数人用不了多久就会承认他们的想法主要是消极的、谨慎的、评价性的和悲观的。你是否也是这样？不要为此感到难过。我们都和你一样。

已经有大量的研究表明，我们倾向于更经常地构想消极的——妄自菲薄的、悲观的、恐惧的——想法，而不是积极的想法。心理学家米哈里·契克森米哈用“精神熵”（psychic entropy）一词表明大脑的默认位置是担心。[1]

得克萨斯大学的拉杰·拉赫胡纳森和同事做过一项类似于追查测试的研究。在两周的时间内，学生被要求坚持将他们自然产生的想法以“诚实到残忍”的程度记录下来。结果发现，平均每个学生有 60%~70% 的想法是消极的，这种现象被称为“消极优势 / 负性优势”（negativity dominance）。[2] 我们不应该对这些比例掉以轻心。因为美国国家科学基金会的研究表明，这种现象能让人每天产生多达 3.5 万个消极想法。[3]

但是，我们对消极的偏好并不仅限于想法的绝对数量。我们还倾向于在做决定的时候给消极想法分配更高的权重。罗伊·鲍迈斯特、埃伦·布拉茨拉夫斯基、卡特里恩·芬肯奥尔和凯思林·福斯的研究成果表明，人们在做选择的时候，更可能基于避免消极体验的需求，而不是基于得到积极结果的愿望，这种现象被称为“前景理论”（prospect theory）。[4] 这就是为什么如果一家餐厅在美国商户点评网站 Yelp 上一次被评为一星，一次被评为五星，你就会给消极点评分配更高的权重，并因此决定不去那家餐厅，哪怕在统计意义上，五星点评可能具有同样的真实性。

我们还会对消极信息投入更多的大脑资源。加州大学伯克利分校的费利西亚·普拉图和奥利弗·约翰做过一项研究，参与者被要求大声读出电脑屏幕上陆续出现的一连串单词。它们的颜色各不相同，每个单词都代表一种积极的或消极的人格特性。参与者接受的是一项与这些特性并无干系的任务，那就是尽可能迅速地说出颜色的名称。然而当屏幕显示出消极的特性时，参与者说出颜色名称的速度就会明显慢下来。反应潜伏期的这种差别说明，和看到积极特性时相比，参与者看到消极特性时会投入更多的注意力去处理特性本身。[5]

另一个有趣的发现是，无论单词集合中消极特性与积极特性的比例是多少，参与者对前者的无意记忆都显得更好。这说明我们倾向于更容易地记住消极特性。也正因如此，我们倾向于更经常地回想起消极的事情。当被要求回想最近发生的一桩情感事件时，我们说出消极事件的时候多，说出积极事件的时候少。另外，由于我们忘记积极情感经历的时候多，忘记消极情感经历的时候少，所以往往对自己经历积极事件的频率估计不足。[6]

在社交方面，我们倾向于更尊重那些消极的家伙，而不是积极的人。斯坦福大学的克里斯托弗·纳斯指出，在我们的心目中，世界观消极的人比世界观积极的人更加聪明。[7]就连我们的词汇量（我们用来构筑想法的基础材料）也是以消极的单词为主：英语词典所有表达情感的单词中有 62% 属于消极的范畴。

这些消极偏好都不是巧合，它们明确地体现在大脑的设计中。例如，杏仁体会使用它大约 2/3 的神经元来发现消极体验，并且大脑一旦开始寻找坏消息，就会立即把它存入长期记忆，而积极体验则必须在我们的意识中停留 12 秒以上，才能从短期记忆转变为长期记忆。加州大学伯克利分校至善科学中心的高级研究员里克·汉森说："大脑于消极体验就像魔术贴，于积极体验就像不粘涂层。"[8]

这样的证据不胜枚举，我还可以继续写下去，但归根结底就是一句话：

请记住！

我们大多数人在大多数时候都有消极倾向。

那么，为什么我们的大脑那么爱发牢骚呢？为了找出答案，我们需要走出研讨会，走入现实世界。

生活是由积极因素构成的

大脑经常寻找可能构成威胁的事物。既然它此生的唯一目的就是保护你，为什么还要做另外的事呢？

假想我们那位古代猎人脑子里的对话是这样的：“这附近没有老虎，根本就没必要核查。走到那个洞里面，你肯定会没事儿的。”虽然这种乐观主义会让人生的压力小一点儿，但也可能会让人生相当短暂。当原始生存濒临险境的时候，人们宁愿小心谨慎，也不愿莽撞后再悔不当初。

大脑存在的意义不是要鼓励你，而是要努力保护你，这就是为什么它常常表现得像个尽职的律师一样。优秀律师的任务就是保护你的公司不受任何侵害，所以会编写出成百上千页的合同与法律文件，将可能出现问题的每一个细枝末节都提前考虑在内。虽然大多数情况永远都不会发生，但是万一真的发生了，他们可不想被称为因为疏忽而将整个公司置于险境的人。

由于把我们的生存看得比我们的快乐更加重要：

请记住！

所以我们的大脑经常倾向于批评、评价和抱怨。

大脑还倾向于忽视快乐的事件，只因为这类事件对生存并无益处。这就使得我们大多数人脑子里的对话，怎么说呢，是以牢骚为主！

这种牢骚满腹的现象代表了你与生活的一种分歧。它所表达的观点是，现实事件有悖于你期望的安然无恙的生活。若是将这种分歧放进你的快乐方程式，结果就一定是不快乐。

由于大脑盲目执着于让你活下去的理念，所以就顺理成章地忽视了显而易见的事实：在常态下，积极因素川流不息，而我们面对的消极因素则是打断这种常态的非常态。

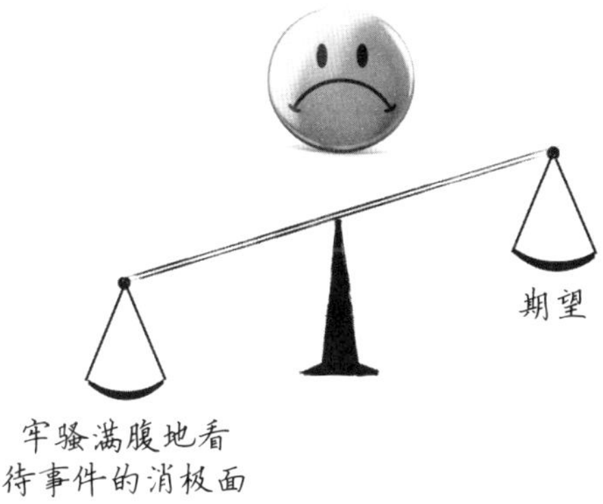

不相信我吗？那么回答一下这个问题：什么是常态，健康还是疾病？好天气还是台风？人生中经历地震的时候多，还是走在坚实地面上的时候多？

请记住！

生活几乎全部由积极因素构成。

忽视积极事件会让人缺乏判断力，就像这张白纸上的黑色油墨一样。我们训练有素的双眼善于寻找黑色——油墨，但呈现在我们眼前的却主要是——这张纸——白色。当你选择关注白色，

而不是黑色的时候，就会注意到那里还有不一样的视角和图画，说不定数目更多。所以别再牢骚满腹了。

请记住！

关注页面的白色，而不是油墨的黑色。

7 处盲点构成大脑连续不断的想法

现在我们回到 7 处大脑盲点的话题。还记得那个猎人看到树枝晃动时的反应吗？把它和下面这种常见的场景做个对比。

当你走进办公室，放下随身物品的时候，不小心把桌子上的一根铅笔碰到了地上，而你并没有察觉到。这件事本身微不足道，但是你的大脑可能会开始以下这番对话：

我的铅笔丢了，我到处找都找不到它（过滤）。

我喜欢那根铅笔（情感），没了它我简直不能活了（预测）。

它是我的幸运铅笔（标签），我们一起经历了那么多成功的会议（记忆）。

没有那根铅笔，我将一事无成，我的孩子会没有东西吃（夸大）。

有人偷了它（假设）。一定是艾米丽（假设）。

她很小气（标签）。

只要我让这种事发生一次，就会成为整个办公室的受气包（预测）。今天是一根铅笔，明天就是我的工作（夸大）。

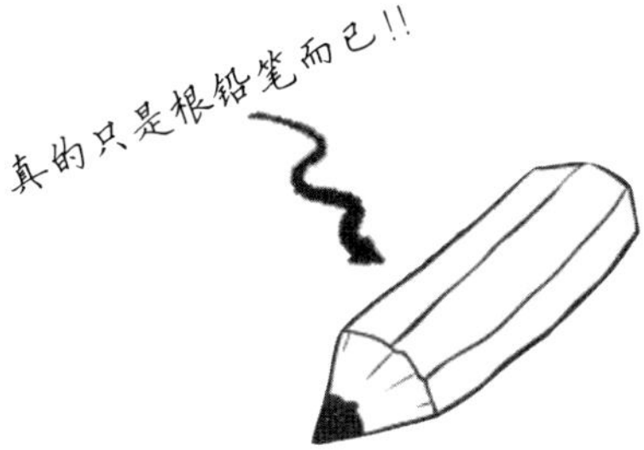

正当你坐下来，准备制订作战计划的时候，艾米丽从旁经过，说:“嘿，你掉了根铅笔。”

我们都经历过类似的场景。你是否曾经为某个朋友的一句话而反应过激，结果却发现他的意思并不是你听到的那样？你是否曾经在没有任何事实依据支撑的情况下预言大难临头？

在上面的场景中，明明只是根铅笔而已，对吗？但是大脑里的想法让它成了你的世界末日。如果我们的想法能够把这种微不足道的小事演变成一场严重的戏剧性事件，那么或许我们就需要问一个显而易见但很少被问及的问题：

我脑子里那串连续不断的想法究竟有多少是真的?

要回答这个问题，最好是在一个全力以赴寻找真相的地方：法庭。但是这一次，我们不打算让你的大脑待在舒适区域，表现得像个爱发牢骚的保守律师一样，而是要让它成为嫌疑人。至于你，则要扮演以找到真相为己任的陪审员角色。别忘了，在法庭上，真相的定义是“真相，全部真相，只有真相”。

根据这个定义，我敢说我们脑子里没完没了的唠叨都不是“完全”真实的。没错，都不是!

“这个陈述很重要，莫，证明它。”你说。

我会的。首先，我要传唤一位专家出庭，为大家详细解释 7 处盲点。

过　滤

因为大脑为了专注于它认为要优先考虑的事，会将部分真相省略，所以我们看到的世界从来都不是完整的画面。事实上，我们的感知大多被过滤掉了，只给我们留下真相的蛛丝马迹。

每一天的每一秒，这个世界都在抛给你各种各样的信息。你能够通过自己的感官观察每一个变量，如房间的温度、灯光的亮度、背景里的声音、一只苍蝇的活动、一个朋友说的话，还有几百万种其他的感官刺激。这些信息大多与你要在任何一个给定时刻做出的决定没有关系。尽管你的脑力能够打败人类发明的最大的超级电脑，但是仍有局限性。因此，大脑会小心翼翼地优化资源配置，将与当前处境无关的细节全都过滤出去。只有这样，它才能专注于看似对它需要做出的决定来说最为关键的必要数据。

当你想要过马路的时候，视觉向你提供的信息会包括逼近的汽车及其预估的速度和方向。大脑会计算你需要穿行的距离，并凭借与生俱来的三角学和动力学知识，估算出一个可能的碰撞点。它会指示你的双眼调整焦距，查看是否有红灯或者交通标志，并集中精力去聆听是否有司机对你鸣笛示警。它会协调你的肌肉动作，左看看再右看看，只为了再加一层预防措施，以确保不会发生意外——然后你决定迈步向前。

我们所做的这一切只是瞬间的事，但如果你尝试把这样的功能编入一个机器人的程序，很快就会发觉要实现这个目标有多么困难。避障功能要求一种非常复杂的空间计算，中间还夹杂着超级先进的肌肉协调操作。这就要求大量的处理能力。而且由于哪怕是一个微小的错误都性命攸关，所以大脑会非常严肃地对待这个任务并心无旁骛。那么它会做什么呢？它会过滤。

过马路的时候，你绝对不会注意到周围的气味。虽然你会聆听喇叭和汽笛的声音，但同时却让大多数无关的声响哑然，比如拐角处树上的鸟鸣，又比如身后远远传来的婴儿啼哭。而且如果逼近的汽车快到足够吸引你的全部注意力，那么哪怕是一个穿着短裙的漂亮姑娘或布拉德·皮特从马路对面走过来，你也会视若无睹。没错，过滤功能就是这么高效。

读完这
这一整句话之后，你会
意识到这
这件事，即人类大脑往往
不会告诉你这
这个"这"字总是
重复两次，而且
每次都被过滤出去

丹尼尔·西蒙和克里斯托弗·查布里斯设计了选择性意识测试来说明这种过滤功能如何发挥作用。他们要求参与者观看一段简短的视频，内容是分别穿着黑色和白色T恤的两支篮球队在传球。参与者的任务并不是什么高难度的事，不过是数一数白衣球队一共传球多少次而已。然而，人类大脑还是会非常严肃地对待它，聚精会神得如同着了魔一般。在继续往下读之前，你自己也试着做一次这个测试，相关视频可以在网址 https:// www.youtube.com/watch?v=vJG698U2Mvo 上看到。

大多数观察者都能准确地说出传球次数。但是当被问到大猩猩的时候（没错，视频进行到一半的时候，有一个穿着大猩猩戏服的人挥舞着双臂从镜头前走过），超过半数人的反应都是："什么大猩猩？"[9]

当你走进电影院的时候，也能体验到这种过滤功能。最初，你会注意到空着的座椅、人、爆米花的气味，以及出口标志那讨厌的灯光。不过，一旦电影开始吸引你，你就会过滤掉所有不相干的东西，只接收电影的信息。你开始忘却周围的事物，而且如果电影足够精彩，你甚至不会注意到时间的流逝。

当所面对的事件超出我们处理能力的时候，过滤可以用来减少我们的疼痛或情感反应。举例来说，在骨折的情况下，极度疼痛会被过滤，这样大脑就能专心求助。众所周知，在失去某个心爱之人的情况下，悲伤过程的第一阶段总是从否认开始，这本身就是大脑用来应对不幸的一种机制，将失去这件事过滤出去和搁置起来，就仿佛它从来不曾发生过。

但当我们把过滤功能发挥到极致的时候，那种专注的能力就会起到负面作用。有时候，我们会执着于一件让自己不开心的事情，将所有能够改变我们心境的积极信息都过滤出去。而与此同时，我们又会容许越来越多与过滤器相匹配的信息通过，巩固我们苦闷的理由。由于真相被过滤出去，所以你输入快乐方程式的内容变得扭曲了。你之所以痛苦，不是因为生活没有给予你期望的东西，而是因为你没能留意到生活给予你的究竟是什么。

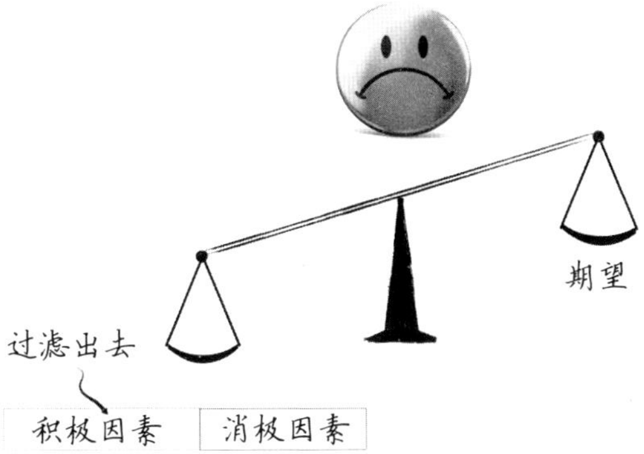

如果你经过计算，发觉自己究竟过滤出去了多少信息，就会为结果感到震惊。无论在哪个时间点，被过滤出去的信息数量级都大于被容许通过的信息数量级。你可以自己试试看。把书放下一分钟，环顾四周。留意你专心读这本书时被遗漏的——被过滤出去的——大量细节。数一数从现在开始你留意到了多少客观事物，也就是去除过滤器之前被你忽略的那些颜色、气味和声音。现在立即数一数呈现在你眼前的一共有多少真相，然后你就会发觉，由于过滤器的存在：

请记住！

大脑给你讲的故事总是不完整的。

假　设

为了做出决定，大脑需要一套条理分明、通俗易懂的信息。所以在将大部分真相过滤出去之后，接下来大脑就要对看似被遗漏的所有信息做出假设。比如，能够读出一个拼写错误的单词就清楚地证明了它的这种能力。

-t's n-t h-rd f-r th- br--n t- -ss-m- th- m-ss-ng v--ls -nd r--d th-s s-nt-nc-

上图完整的英文应该是：It's not hard for the brain to assume what's missing——对于大脑来说，对被遗漏的内容做出假设不算什么难事。

哪怕是在视觉感知的生理层面，假设也会扭曲真相。比如我在这里使用的"盲点"一词，通常是用来说明某人没能观察到某种重要的事物。但在解剖学术语中，盲点是视野中由于视网膜没有连接视神经所需的细胞而让你无法真正看见的区域。视野中没有感光细胞的区域是没有感知的，要不是大脑有做出假设的能力，你就会把这部分区域看作一个黑点。而事实上，在另一只眼睛能够看见的情况下，大脑会以它提供的周边细节和信息为基础，对盲点进行篡改。这样一来，盲点就会被它可能包含的图像取代。尽管由此生成的画面看似完美，却不完全真实，因为它有些部分是由你的大脑产生的。

试图对被遗漏的信息做出假设或许不是坏事，但是为了符合大脑自己的期望而改变你真正看见的东西就有点儿过分了。麻省理工学院的爱德华·阿德尔森进行过一项有名的实验，利用一个棋盘的图像说明了我们的大脑是如何这样做的。在下图中，方格 A 和方格 B 哪个颜色更暗呢？答案很明显，不是吗？方格 A 显然比方格 B 颜色更暗。

但这是个错误的答案！同样的图，这一次让其他方格都褪色，只看问题中提到的两个方格（你自己可以通过遮住部分图像做到这一点）。现在哪个方格的颜色更暗？只有用这种方法看图，你才会看到真相。原来是圆柱体的阴影让白色的方格 B 变暗了，暗到足以等同采光很好的方格 A 的真实色泽。但是由于我们熟悉棋盘的图案，所以大脑就对方格 B“应有”的正确色泽做出了假设，并用它作为你最后真正

看到的内容。

大脑玩弄的这种花招儿最不可思议的地方在于，哪怕你现在知道了真相——两个方格的色泽完全相同——但只要再让你看一眼第一张图，固执的大脑还是会生成“假设”的图像。不信就试试看！

现在把这个概念从视觉范畴抽离出来，应用于一般的想法，你就会发觉我们一天到晚都在假设这个、假设那个。我们假设一个男人比一个女人强壮，假设灰白色的头发象征着智慧，假设富有意味着成功，假设肤色……千万别让我打开这个话题。我们一直都被困在这些有偏见的假设中。

在现代社交圈子里，各种假设更是层峦叠嶂，把我们对现实的感知都拉伸得变了形。如今这个世界的威胁不再是老虎，而是有各种各样的表现形式，比如讨厌的同事、不忠的爱人，还有经济危机。这类事件太过错综复杂，以至于没人能够了解构成它们的无穷无尽又盘根交错的细节。当我们给这类错综复杂的场景填空的时候，原来的事件就变成了精心编造的故事，真相大部分都被改写了。假如呈现给大脑的现实是“上一季度我的上司没能完成目标”，那么你的假设可能会是，她正倍感压力并因此害怕你的业绩会导致她被取代。这可能会导致你假设她要对付你，因此再一次毫无根据地假设她要想方设法让你一败涂地。综上所述，你会假设上司与你是敌对关系，于是一言一行都把她当成敌人对待。

假如你换一种比较积极的心态，那么同样是观察“上一季度我的上司没能完成指标”这个事实，你就会构思出一个截然不同的故事。你可能会假设这个季度你们的团队必须完成指标，并因此进一步假设你的上司会竭尽全力地让你成功。综上所述，你会假设上司与你是同盟关系，于是一言一行都把她当成盟友对待。

这两种都是貌似真实的场景，但都不是无可置辩的事实。它们都只是一连串的假设，需要通过更多的真凭实据来验证。

每天都有很多类似的情况发生。为了跟上节奏，我们的大脑会越来越多、越来越快地做出假设，然后采取行动。这常常让故事的内容以假设为主，以实情为辅。不幸的是，由于爱发牢骚的大脑被设计成了生存优先的模式，所以往往会编造出一个通篇牢骚的故事，免不了让你伤心或担心。但是别忘了，那些故事都不是真的，因为：

请记住！

假设只不过是大脑生成的一个故事而已，它并不是真相！

预　测

既然大脑会做出假设来填补缺口，那么最大的缺口是什么呢？是未来。我们对于即将到来的事情一无所知。未来或许有 100 万种可能，其中没有一种是确定的，但是我们的大脑不会因此止步，它会厚着脸皮填补缺口。

大脑能将过去和现在的两个或多个数据点连接起来，建立某种趋势，然后再投射出完全以推断为基础的虚构的未来场景。如果你最好的朋友的男朋友背叛了她，而且上午那部肥皂剧里的性感小伙子也背叛了他的女朋友，那么你的大脑就会把这两个点连接起来，建立一种可能的趋势：所有的男人都会背叛。然后又在这种趋势的基础上进一步推断，你的男朋友也注定要背叛你。接下来，你的预测引擎就开始构思一个故事：记得上周你的男朋友对你的邻居说了一声“嘿”，正是那个邻居，一年前还有一次跟他打情骂俏来着。这简直就是赤裸裸的背叛啊！于是你知道剧情会如何发展了。你以为自己的预测真实得毋庸置疑，于是预测了故事的结局。准确吗？差得远呢，但至少故事是完整的。这时事情就开始变得更加有趣了。

当你预测自己的男朋友要背叛你的时候，就开始表现得好像他已经背叛了你一样，然后他就真的可能会背叛你。而如果他真的背叛你了，你就会说：“看到了吧？我告诉过你这种事难免要发生。哦耶，我的预言成真啦！”但那到底是预测还是起因呢？有多少次是我们对未来的恐惧帮助造就了让我们恐惧的现实？我们永远都不得而知。

我只知道这一点：

请记住！

预测某件事要发生往往会为它的发生铺平道路。

我们总是推断、预测、预言，而且由于我们的预测改变了我们的行为态度，所以最后常常会让预言成真。这种事发生得越多，我们就越相信自己的预言即真相。你聪明的大脑不再把预测呈现

为可能会发生也可能不会发生的未来场景，而是将那种未来场景呈现为评估当前事件时必须考虑在内的一个事实。于是你的快乐愿望也就泡汤了。

但事实在这儿呢：

请记住！

你的预测只不过是大脑生成的未来的可能性而已，它们还没有发生，它们不是真相！

记　忆

接下来，我们的大脑会追忆往昔，将我们对当前事件的感知和对过去的记忆混合在一起。例如，我们在工作中假设某件事不会成功，而理由竟是之前曾经尝试过并且失败了。这样的偏见其实忽视了一个可能性，那就是之前那次尝试的客观条件如今可能已经彻底改变。只因为之前一次努力的记忆就对当前这个前置词视而不见，将会导致最后做出的决定并非完全基于当前的现实情况。

这种混合每个人都会做。在个人生活中，我们对某个初见者的印象常常来自对某个相似者的记忆。我们会将自己的记忆与当前的现实混合在一起，然后创造出一个被过去赋予了色彩的加强版看法。

你把一加仑纯净水和一小滴墨水混合在一起，由此生成的液体的颜色虽然很淡，但再也不是纯净的了。记忆就像那滴墨水，将它们混入当前的现实，就会创造出一个更丰富、更熟悉的加强版故事，但这个故事再也不是真相的纯净影像，而且接下来还会更加糟糕。

如果你把一种看不见的污染物——比如一种病毒——混入那一加仑水里，那么你面临的风险在一定程度上还是可控的。但是如果你又把那一加仑水丢进你的主要供水渠道，那么大可放心，在接下来的很长一段时间里，你的每一滴水肯定都是被污染过的。不幸的是，当我们将记忆与当前现实混合在一起的时候，就在做着同样的事。

我们把记忆看成是过去事件——真实发生过的事件——的档案。但实际上，记忆只不过是对我们以为发生过的事件的一种描述。而且由于我们以为的内容总是在大脑的作用下发生扭曲，所以往往不是真实的。我们将过去那些可能并不准确的故事强加在当前事件的纯净现实上，生产出一种危险的混合物，却还以为那就是真相。

你和你的女朋友可能是第一次去某个风景优美的地方，却以吵架收场，于是你对那个地方的记忆就被标记为伤心。等你下次再去的时候，对那个地方的感知会被上一次的记忆污染，于是你对它的评价就偏向于伤心。这就相当于你那一加仑被污染了的水。接下来情况甚至会变得更加糟糕。因为你又把新的体验——由一段当前的现实加上一段过去的伤心记忆构成——标记为一段新的伤心记忆，随时准备在下一段故事中回收利用。随着你周而复始地混合过去与现在，感知的误差幅度就会在每一次重复后成倍增长。这个没完没了的圆圈使你的感知在连续循环中逐渐变得面目全非，把你推得离真相越来越远。

所以，别再污染你对当前现实的感知了。

请记住!

你的记忆只不过是对你以为发生过的事情的一段记录而已，它们往往不是真相!

标　签

记忆是用一系列过去的事件给真相添油加醋。虽然标签也来自过去，但是更加高效。它们的表现形式很简单，就是贴个标签而已，不需要依附于对某个事件的记忆。大脑会对每一样事物做出评价并贴上标签，然后去掉这种分析的背景和细节，将其转化为短代码。通过利用那些标签，它能够拥有迅速做出决定的能力，但这种做法是以牺牲准确性为代价的。

一个胡子又黑又长的中东男人会被自动贴上恐怖分子的标签，一个灰蒙蒙的雨天会被贴上苦闷的标签，而一辆超跑外形的汽车则会被贴上快速的标签。这种标签都是重复关联的结果。如果有某种外貌特征的人反复出现在你定期浏览的新闻网站上，并且每一次都让人焦虑不安地伴随着“恐怖分子”这个词的重复使用，那么你的大脑就会一劳永逸地将这些联系起来。这样一来，大脑的运转速度就得到了大幅提高。它不需要再做一遍完整的分析和联系，只需快速连接它的数据库，就可以基于现成的标签在瞬间做出决定。

为了更好地理解这一点，下次到某个人多的地方时，你可以四周看看，留意一下自己以标签的形式做出了多少评价：她很矮，他很吓人，它太亮了，那太贵了，这个价格真便宜。这些都是在将某人或某事强制归类——赞美或批评——同时也在阻止你更近距离地观察朴素的现实。

贴标签是一种与生俱来的能力，就连猴子也不例外。在一项很有名的实验中，几只猴子被放入了一只大笼子，随之放入的还有一串挂在一架梯子的顶部的香蕉。当一只猴子发现香蕉，并开始爬梯子去拿的时候，研究人员就朝那只猴子喷射冰冷的水柱，然后再喷射其他猴子。等梯子上那只猴子爬下来的时候，其他猴子都湿漉漉、冷冰冰地坐在地上，非常不开心。然而很快，它们中间又有一只猴子抵制不住香蕉的诱惑，开始爬梯子。于是研究人员再一次用冷水喷射所有的猴子。没过多久，猴群就明白了是怎么一回事。当下一只胆大包天的猴子企图靠近梯子时，其他猴子就会立刻把它拽下来暴揍一顿，以避免再被喷水。那些猴子将爬梯子的动作与一种不愉快的经历联系在一起，生成了一个标签。哪怕不再有人喷水，它们也还是会避免拿香蕉的举动，因为对它们来说，那种联系已经足够清晰：梯子 = 冷水。它们之所以会以偏概全，就是因为标签从根本上掩盖了一部分有趣的现实。

标签会先入为主，取代进一步的分析，从而导致我们忽略当前的情境。既然爬梯子会引发冷水浇头，那么就有必要避免爬梯子，但是当情境发生变化后，那种标签只会让猴子一直忍受不必要的饥饿。

而我们之所以忽略那么多的现实，就是因为标签的情境会因文化背景、年龄，以及 100 万种其他的变量而变化。例如，在西方国家，一个身材苗条、皮肤黝黑的女人会被假设为富人并被贴上类似的标签。那些特征似乎说明她有闲暇保持体形，也有时间晒太阳。而与此形成对照的是，在非洲的许多地区，有钱的女人往往身材更加丰满，肤色也更淡一些。这种特征说明她们有充足的食物，也不需要总是在烈日下做工。而一个身材苗条、肤色偏黑的非洲女人，则很可能被贴上穷人的标签。

无论妨碍我们接触真相的能力是什么，都会妨碍我们求解快乐。当我们使用标签的时候，就无异于将事件真实情况的各种可能性拆得四分五裂，最多只留下一个近似的情况——很可能无法反映真相的一种草率判断。而每当把错误的内容输入快乐方程式，我们就肯定得不到正解，于是就会痛苦。除此以外，贴标签还会夺走我们享受完整人生的乐趣，因为这个世界本来是一幅形色无限的拼图，而标签只能以少量颜色和名称来呈现它。当我们贴标签的时候，就是在将人生要给予我们的丰富体验拒之门外。

我对标签有相当深刻的体会，因为那一直是阿里最不喜欢的大脑盲点。在大学申请文书中，他曾写到自己十几岁的时候，顶着超酷的发辫在东西方国家之间往来穿行，其间倍感痛苦。在西方国家，他因为自己的名字、种族和信仰而被贴上标签，而在东方国家，他因为自己不被当地文化接受而被贴上标签。他写道："人们只看到我的种族和发辫，又怎么能看清我是谁的真相？"不过，标签这种事从来没有真的改变过他。他 14 岁那年曾与一个女孩儿彼此深爱，但对方的父亲却以他的东方血统为由，要求他离开自己的女儿。诚实的他从此真的没再给那个女孩儿打电话或发短信，而且就这样过了 18 个多月，直到他的诚实让女孩儿的父亲发觉自己当初给阿里贴上了错误的标签。那位父亲最终改变了主意，允许他们在一起。无论有多少次被贴上标签，阿里都坚持活出真正的自己。在他从我们的世界离开以后，他的英语老师写了一封邮件，将他描述为"从不为我行我素而辩解的小伙子"。而在我的记忆中，他是教我以诸多方法看清真相的小伙子，其中最重要的一种方法就是：

请记住！

没有情境的标签常常会掩盖真相。

情 感

情感让我们生而为人，但是当把它们与理性逻辑混在一起的时候，我们的判断力就会被削弱。尽管我们的决定大多受理性逻辑驱动（在理想状态下），但我们的行动大多受情感驱动。我们为了雄心、喜好和愿望而努力工作，我们为了恐惧或害羞而躲藏，就连貌似冷酷无情的警察和企业高管，也是以自豪、焦虑和恐惧的情感为行动激励。我们的情感是永续存在的，因为它们代表了我们这部生存机器的一个极为重要的组成部分。

如果穴居时代让我们同类害怕的那只老虎最后真的露面了，那么一种极端的情感——惊慌——就会让你不知所措。大脑会立刻进入完全戒备状态，发觉根本没有时间再扯东扯西。它会暂停常规的思维过程，并将所有的生理资源都投入到眼前的处境中。肾上腺素会充斥你的身体——那就是奇迹发生的时候。嗖的一声，你闪身避开老虎的伤害或者猛扑，并朝它冲了过去，以自信的一击割破它的喉咙。而为了释放这种超级力量，情感必须占据支配地位。

如今虽然不再有身体上的威胁，但我们身居现代的大脑还是不允许自己无所事事。它会不断针对虚构的威胁涉入情感，并为此忙得不可开交。我们的穴居祖先从未想过的事情似乎成了我们情感幸福的核心。如果可以，你去问问穴居人的“收入”从何处来，那么他一定会一脸茫然地说：“明天我们就去打猎。”如果什么都抓不到呢？“那我们就后天再出去。”等你年纪大了，不能再打猎了会怎么样？“部落族人会去打猎。”那你的健康保险、孩子的教育基金，还有退休计划呢？“哼啊？？？”

只要将现代的生活方式与过去做个比较，你就能了解生活为什么会变得如此紧张。那时的生活虽然更加残酷，但也简单得多。那是因为我们祖先的情感与动物王国的常态更加步调一致。就像我们一样，羚羊也是会体验到恐惧的。当一只老虎成为迫在眉睫的威胁时，羚羊就会迅速从平静变为恐惧再变为惊慌。它的心脏开始加速跳动，而一种奇迹般的反应即将发生：它会像一阵风一样逃走。在整个追逐的过程中，羚羊急转腾挪，在溪谷间来回跳跃，那速度连威猛的老虎也无法企及。几分钟后，它成功脱离了险境，然后就在突然之间回复到了平静的状态，停下来开始啃食鲜嫩的草叶，就仿佛什么都没有发生过一样。而老虎呢，既然猎物已经逃脱，也就不再逗留。它不会因为自己在最后那个左转弯速度太慢而自责，也不会在其他老虎面前自惭形秽。一旦猎物逃脱，老虎也会回复到平静状态，默默地坐下来，不为停在自己脸上的那些苍蝇而心烦。多么发人深省的道理啊！

我们现代人类的表现则与此不同。我们经常涉入某一种情感，而且动辄同时涉入好几种情感，有时甚至是互相矛盾的情感。其中许多情感都会让我们停留在不快乐的状态。然而，我们还是让它们保持活跃——有时甚至是一辈子——却并不总是承认它们的影响。

滔滔不绝如洪水般的人类情感催生了一个问题，那就是我们是否像自己以为的那样理智。在柏拉图的一篇对话中，斐德洛将理智描绘为一名战车御者，负责在战场上控制马匹的愤怒情感。这种画面反映了西方人不信任情感的取向，并帮助建立了一种对理智神坛顶礼膜拜的文化。我们所接受的训练——特别是职场关系方面的训练——要求我们理智优先，情感垫底，并且在情感冒头的时候将它们隐藏起来。但具有讽刺意味的是，我们的情感至今仍在控制一切。而且我们还掩盖了一个现实，那就是我们往往先是基于情感做出决定，然后再收集数据来支持那个决定。如果你真的想买一台新的电视机，那么很可能会在几秒钟之内就决定将它归为很划算的范畴，然后再开始寻找各种理由为其提供支持。当你寻找这笔交易好的一面的时候，往往会对不好的地方视而不见，于是最终把那台电视机搬回了家。反之亦然。如果你属于某个特定的政治党派，那么哪怕在对手党派的候选人还没开始演讲的时候，你就已经决定对她的演讲嗤之以鼻。然后等她真的开始演讲时，你就会收集证据来证明那为什么是一次糟糕的演讲。只要考虑到这一切，你就会发觉“柏拉图的马”仍在控制一切。或许是时候承认这个简单的真相了，也只有这样，你才能让那些“马”带你到真正要去的地方。

请记住！

我们不像自己以为的那样理智，不理智的情感常常会扰乱我们对真相的感知。

夸　大

大脑的惊人毅力让人不得不佩服。它最坚定的原则是，你怎样小心都不为过。如果真相不够说服我们采取行动和躲避风雨，那么大脑就会通过将其夸大来吸引我们的注意力。

而夸大是行之有效的，它能完全吸引你以及地球上每个别的物种。要教会实验室里的一只老鼠区别长方形和正方形并不困难，你只需要在它每次选出长方形的时候给它奶酪就可以了。这样的联系会巩固老鼠的行为，很快它就能够每次都选出长方形。而一旦老鼠形成了这种偏好，你就会开始注意到一种被称为“峰值漂移”（peak shift）的特征，也就是对“夸大的”——更长、更细的——长方形的偏好。那只啮齿目动物学会辨认的不仅仅是某个长方形，而是这种形状本身：长方形越长，就越吸引它的注意力。偏离常态最为夸张的形状会引起老鼠最强烈的反应。[10]

这种特征让雌孔雀更偏好大尾巴的雄孔雀，也使得最强壮的雄性狮子或大猩猩能够俘获所有雌性的芳心。可想而知，在我们这些更高级的物种身上，峰值漂移的特征更是随处可见。为了给自己的后代寻一个合适的父亲，女性会找一个基因良好和生活稳定的伴侣。她们不但会被肉眼可见的强壮体魄吸引——那意味着良好的基因——也会被显而易见的财富、官位、成功吸引。而且这些要素越被夸大，对她们的吸引力就越强。所以将自有品牌打造为财富和成功标志的行业才会成功，而男人也会本能地被夸大了身材比例的女人吸引——那意味着繁殖能力。他们会被更大的——好了，你知道我想说什么——特征吸引，所以整形美容行业才如此成功。

但这些夸大都不是真实的特征，它们只是一种夸张的外形而已，无论如何都不可能代表真实的财富或生殖能力。夸大会误导我们，但更重要的是，被夸大的消极因素会导致我们痛苦。

当一个消极事件被夸大的时候，哪怕在统计学意义上它不太可能伤害到我们，也还是会让我们担心。飞机失事、鲨鱼攻击或恐怖主义占据着我们的头脑，但夺去成千上万人生命的日常危险却被视若无睹。普林斯顿大学教授兼诺贝尔奖获得者丹尼尔·卡尼曼将这称为“可得性启发”（the availability heuristic）：如果你想到一件确定存在某种风险的事，那么你——你的大脑——就会夸大它的可能性。卡尼曼说：“在你看到马路边有辆车翻了个底儿朝天之后，发生事故的概率就莫名其妙地增加了（在你的头脑中）。”[11]

而没有被夸大的事件尽管数量真的很多，却会被忽视。想一想媒体很少报道的那些事件就知道了。俄勒冈大学心理学教授保罗·斯洛维奇说：“‘9·11’恐怖袭击事件在一天之内夺走了 3000 余人的生命，但是 1994 年，卢旺达在 100 天之内就有 80 万人被杀——也就是这 100 天里每天都有 8000 人被杀——而世界人民对此却无动于衷。”[12]

通过在我们的脑子里播放被夸大的观点，大脑就可以利用人类趋向于峰值漂移和可得性启发的特征来吸引我们的注意力。而且一旦它得逞，就会最终让我们以不必要的痛苦作为代价。我们过分解读一个朋友所说的话，夸大失业带来的威胁，放大每一种恐惧和担心。在这个过于喧闹的现代社会，夸大已经逾越了界限，使大脑呈现给我们的所谓真相有很大一部分都是虚高的。

夸大以各种形式让我们设定虚高的期望，毁掉我们对生活的满足感，全然不管生活实际上有多么快活。一个被夸大的观点难免让人不快乐。而更重要的是，它连准确性都不具备。夸大会给现实披上虚构的外衣，而那无异于一种谎言。

请记住!

大于真相就意味着小于真实。

让大脑还原真相

在刑法里，一个犯罪嫌疑人在被证明有罪之前是无辜的，但这种情况并不适用于我们的大脑。在“脑法”里，大脑在被证明无辜之前是有罪的!

哈佛大学积极心理学教授肖恩·阿克尔说：“我们逐渐发现，不一定是现实塑造了我们，也有可能是你的大脑用来看世界的镜头塑造了你的现实。哪怕我对你的外部世界无一不知，就你的长远快乐来说，我也只能预测出10%。另外90%不能依据外部世界来预测，而要依据你的大脑加工这个世界的方式来预测。”[13]

若是事件与期望在你的快乐方程式中发生错配，那么问题往往在于你用错误的信息为想法提供了原料，而不在于生活真正呈现给你的内容。我们放入方程式中的事件是扭曲的，期望是虚高的。方程式的两边都一团糟，但是错和错在一起并不能得出正确的结果。事实上，错和错在一起只会得出“非常错”的结果！真是受够了没完没了的痛苦。

透过大脑盲点看到的生活

教你的大脑学会说出真相，全部真相，只有真相。

修复盲点代码

就像所有的软件程序一样，大脑也要遵循硬编码的常规。如果存在一个漏洞，那么每当程序运行的时候，它都会一遍又一遍地执行相同的次优任务。程序编写的难点就在于找到漏洞。但一般来说，只要确定了问题所在，修复就是举手之劳。大脑也是一样。

只要你记住自己的感知从来都不是完整的，就可以轻而易举地辨认并过滤这个缺陷。要发现的东西总是无穷无尽。所以如果你留意到自己的大脑在用一个简短的句子总结一系列复杂的事件，或是在走火入魔般围着某个想法打转，那么就问问它：“大脑，你把这个故事的哪一部分过滤出去了？在做出决定之前，我还有什么应该知道的吗？”大脑不过是一种工具而已，所以只要你问出问题，它就会回应。“哦，我忘了告诉你这个。”它会说。你一定要反复询问，直到看到你能看到的所有真相。

要想不带任何假设地看到朴素的真相，你要做的第一步就是解析那些能以感官知觉验证的事物。如果还没有感知到它，那么你就是在编造。有一个轻而易举的方法可以用来辨认出假设——你只要懂得，生活中的真实事件都是以“我看见”“我听见”“我得知”“我发现”这样的动词来描述的，而我们编造的故事则会使用“我猜测”“我觉得”“我假设”“我认为”，甚至是“我确信”这样的动词。

这种语言提示还能帮你辨认出记忆缺陷，也就是以过去时出现在你脑子里的想法。比如，“它以前就是这样”“那个时候我就知道他”“想当年”，这些都是锚定在过去的想法范例。

而预测则与此相反，它们总是和将来时关联在一起。想一想它们的本质是什么：没有事实依据的预言。不管你有多么确信它会发生，只要还没发生，那么它就只是一种预测，不是真相。

标签一般是以简短、快捷但却自信的评价形式出现：“他是个白痴”，或者“这地方就像个垃圾堆”。它们甚至会以一个词的形式冒出来：“漂亮”“吓人”“愚蠢”，像这样用来表达赞美或谴责的词还能再列出 100 万个。表面看来，标签是为了快速做出决定，所以才用一个词描述一个复杂的话题。当你看到它们的时候，也就辨认出了一种应该反思的评价以及一张应该移除的标签。

将所有的情感从你的思维过程中消除干净既不可能，也不可取。但是当你观察脑子里的对白时，可以找一找感知被情感着色的迹象。“我觉得”“我喜欢”“我讨厌”这样的动词，还有“她真让人头疼”“他真让人受不了”“他们真烦人”这样表达强烈情感的短句，都说明有某种情感掺入进来。一旦你辨认出它们，解析真相就变得容易多了。

夸大的想法通常带有总括性言论的标记，而这类言论倾向于将事物一般化，如“巨大”“微小”“从不”“总是”，诸如此类。当你看到或听到任何一个这样的词语时，就要留意了，那是你的大脑在小题大做呢。

你要记住，没有被盲点施加障眼法的真相通常是听上去干巴巴的。以“她美得要命”为例，真相应该是“她身材匀称，蓝色的眼睛大大的，头发长长的，肤色白皙”。尽管将其用在某次约会中可能无法让你在这段关系中走得很远，但可以让你在求解快乐方程式这条道路上走得相当远。

只要逐个修复所有的盲点，你就能向前迈出一大步。但是别忘了，这些特征已经陪伴了我们 1000 年，所以不会消失得那么迅速。就像我那辆旧车在接踵而来的机械问题面前无能为力一样，我们的大脑也总是会被这处盲点或那处盲点影响。当那辆车保持每隔一个星期就会坏一次的节奏时，我真希望能有一种神奇的修复方法，让我一次性解决所有问题。虽然对我的车来说，那种方法并不存在，但对我们的大脑来说，那种方法确实存在。

只用一个简单的问题就可以全部概括——是真的吗？

还原真相的终极问题

在《一念之转》（*Loving What Is*）一书中，作者拜伦·凯蒂曾把这个问题用作她的模型的核心。凯蒂发明了一种被她命名为“功课”（The Work）的自我调查体系，这个体系可以摒弃我们讲给自己的故事，并以真相（“转念”）取而代之。

让我们从一个简单的范例开始：

我那个十几岁的女儿实在让人头疼。

是真的吗？她让你的头受伤了吗？

哦，你明白我的意思。简直没办法跟她相处。

是真的吗？既然你已经跟她相处到现在，又怎么会没办法呢？

我只是想说，她总是很粗鲁。

是真的吗？总是？是每一天每一秒那种吗？

不，不总是，但她无论如何都不应该粗鲁。

是真的吗？这么说十几岁的女孩儿都不会偶尔粗鲁？那你当年是怎么过来的？

坚持问这个问题：“是真的吗？”具体次数以你的需求为准，直到发觉大脑提供给我们的究竟是怎样的无稽之谈才能结束。坚持问下去，直到最终得到一个实事求是、叙述性的事件描述，一个除了真相以外，没有任何附加内容的故事。“我女儿最近的表现说明她可能有点儿不开心”，这才是简单的真相。

尽可能经常性地练习这个技巧，我相信你的大脑一定会向你提供取之不尽的练习素材。

大多数时候，生活的唯一错处就是我们思考生活的方式。只要看清这个世界的原貌，你的快乐方程式就会得到正解。而且你越是这么做，就越能留意到生活中的事件——当你正确看待它们的时候、当你切合实际地设定它们的时候——几乎总是符合你的期望。

这最终将促使你问出这个问题：既然生活的现实大多切合实际的期望，为什么我们还要不厌其烦地求解快乐方程式呢？我的朋友，这个问题问得太好了。下面，我将给出答案。

5

Part Four
第四部分　5 个终极真相

5个终极真相一旦被知晓，你就会发觉生活总是一如期望。它们将让你的快乐方程式彻底得解。一个头脑清醒的人知道现实的生活是什么样子，知道生活不会以自己的意志为转移，所以事件——哪怕是残酷的事件——总是符合他的期望。当你对生活的打开方式已有预期，也确切地知道该如何应对，那么生活中的一切迂回曲折就都不再重要。只要将自己锚定在真相，你就能超越想法，进入安宁的境界，在那里，没有什么能动摇你的快乐。你将超越以外部事件为条件的快乐状态，进入永久的安乐状态。

在有勇气跟你谈论我所断言的真相之前，先要声明几件事。

真相会让你自由。我知道这是老生常谈，但事实就是如此。失去、缺少和疼痛，爱、成长和灵感——它们都是生活的一部分。我们每个人都会得到自己的那一份真相，而且尽管它们通常出现在最不被期望的时候，但没有它们——它们中任何一个——的生活是难以想象的。

当阿里离开我们的世界后，失去心爱的人就成了我生活中的一个重要话题。朋友出于好意，纷纷来与我分享他们的类似经历。在我听到的故事中，有许多甚至比我自己的还要可怕。真没想到居然有那么多人经历过不为人知的剧痛。我开始好奇，是否有人能免受这样的悲剧。从我给阿里扫墓到现在，已经有成百上千的人成了他的邻居。每隔一段时间工人就要挖一些新的墓穴。我所看到的来扫墓的人中，既有家人，也有朋友。他们往往都遵循着一个模式：先是遭遇变故时的混沌迷茫，接着是几个月的痛彻心扉。他们痛哭，他们绝望；他们来得频繁，他们待得长久。我则静静地坐在阿里旁边，观察着一切，然后有一天，在那些扫墓的人中终于有一个人露出了笑容，这种情况一般是发生在几个月后。他们可能会给逝者讲个故事，诉说思念。随着时间的流逝，他们来得不再那么频繁，任那块墓地荒芜下去，而与此同时，以前的荒芜部分则因为新的墓穴出现而变得热闹起来。我静静地坐在阿里的坟墓旁边，观察着。这让我感到好奇，是否在某种形式上，就连死亡也在期望之中。虽然死亡一定是不受欢迎的、让人烦恼的、令人痛苦的、不合时宜的，但是谁能说它在期望之外呢？死亡是非常真实的，它应该在期望之中。

这是所有真相的天性。我们拒绝接受它们，希望它们不是真的，却又对它们无可奈何。我们缅怀过去，担心未来，却只能影响当下，因为现在是真实的。我们努力把控制权抓在手里，让我们的生活可以被预见，但最终还是会被黑天鹅和蝴蝶打败，因为变化也是真实的。我们抗拒，我们怀疑，却只是徒劳无功，因为：

请记住！

每个真相的发生都在期望之中，哪怕是在你最不期望它发生的时候。

其实这是一件好事，因为当现实与期望一致时，你的快乐方程式就得解了。就算生活中存在各式各样的残酷现实，也不会打得你措手不及，而且你终将找到安宁。

要不是我以接受死亡为基础，构筑了一种生活方式，就不可能从失去阿里的打击中挺过来。我承认，这种事说起来容易做起来难。你必须像一个射箭高手一样，不仅眼中有自己的靶子，而且更重要的是，你的眼中只能有自己的靶子。那个靶子就是真相。你要坚持不懈地追寻它，但也要时刻回想格洛丽亚·斯泰纳姆的警告：

请记住！

真相会让你自由，但首先它会让你抓狂。

我们已经相伴而行了这么久，希望已经成为彼此的好朋友，而且我很乐意将这种关系保持下去。所以，我要在这里收回关于5个终极真相的“断言”：断言某件事的真实性——更何况还是终极真相——与知识错觉的理论是极其矛盾的。没有什么事的真实性是无可置辩的。这些是“我的”5个真相。它们帮我找到安乐，帮我熬过失去阿里的悲剧。透过这些真相的镜头去看我在“我的生活”中面对的所有事件，残酷的也好，开心的也罢，似乎都在期望之中。尽管有许多事件对我造成了不小的打击，但都符合我的期望，而我的快乐方程式也因此保持永久得解的状态。

我期望你能认同我所谓的一些真相。“现在”“变化”“死亡”都是真实的。而另外两个，也就是“爱”和“伟大设计”，则可能存在争议。我像许多人一样，也曾拒绝承认最后这两个真相，而且有很多年都是如此，但接下来，我就在逻辑学和数学中找到了答案，从而不得不改变了自己的看法。我只是想让你通过读这本书了解我的逻辑，并且以开放的态度对待一个不同的观点。如果你还是无法认同，那也完全没有问题，你可以追寻自己的真相。只要把你的真相作为你自己的路标，找到你自己通往安乐的道路，那么无论你找到的真相是什么都无关紧要。

在一条由无穷的潜在真相构成的长线上，真相向来只是线上的一个圆点，而其他的每个圆点都是一个错觉。正因如此，真相才很难被发现。但是有一个简单的测试可以帮到你：如果你发现某个概念导致了自己的痛苦，那么或许就该质疑它作为真相的正确性。毕竟我们在这个世上不是为了痛苦，而是像阿里安娜·赫芬顿所说的那样："是为了被削切打磨到只剩下真实的自我。"[1]

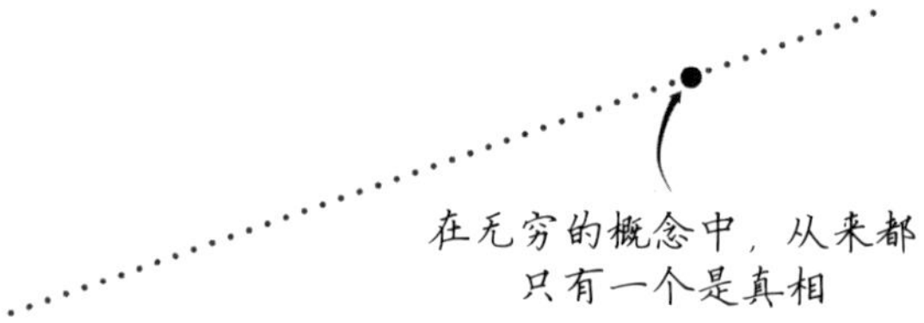

在探索的过程中，有些概念很容易被确认为错觉，还有些概念是明显到发光的真相。然而，真相周围的点却难辨真伪。这时候，你就需要做出一个决定性的选择，并遵循"快乐的黄金法则"（Golden Rule for Happiness）：选择相信让你快乐的那一边。那一边更有可能接近真相。

当我发现难以证明或反驳某个看法的时候，就会选择相信让我快乐的那一边。既然没有证据能证明我的看法，那么选择让我痛苦的那一边，怎么说呢，肯定不是十分聪明的做法。

请记住！

当什么都不确定的时候——本来也没有什么是确定的——就选择快乐。

当涉及一些更具争议性的真相时，这个法则会成为我们的精神支柱。但此时让我们先从一个无可置辩的真相说起：现在是真实的。

第十章

现在：意识帮你回归快乐的默认状态

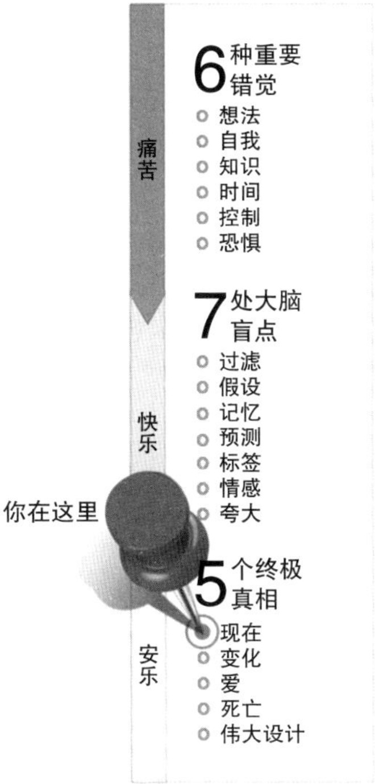

所有的生活都在“此时此地”。既然如此，为什么我们大多数人却要活在“彼时彼地”呢？为什么我们活在自己的脑子里，不活在当下？为什么我们完全陷入想法的错觉，意识不到美丽人生为我们打开的一切？为什么我们任由自己不存在于当下，结果痛苦不堪？因为我们就是被这么训练的。

Trackyourhappiness.org 的马特·基林斯沃思进行过一项超过 1.5 万人参与的研究，参与者要汇报——有时是一刻不停地——他们当时有什么感觉以及在做什么。那项研究一共收集了超过65万份报告，并公布了一个重大发现：在任何一段给定的时间里，只要人们完全活在当下，那么无论他们在做什么，都明显更加快乐，就连他们在想什么都无关紧要。那个想法究竟是开心的还是不开心的，或是介于二者之间的，都无关紧要，只要他们不是专注于当下，就没那么快乐。就是这么回事儿。[1]

马特解释道："如果把心不在焉比作一台老虎机，那么你就有可能赔掉50美元、20美元或者1美元。"无论你的思绪飘到不开心的想法，还是飘到开心的想法，或是介于二者之间的想法，都会让你赔钱。所以，最好还是玩儿都不要玩儿。

请记住！

完全意识到当下能够大幅提高快乐的概率。

调动你的完全意识

意识——对某一处境的感官知觉或是感知——是我们在任何一个给定的时刻了解世界的能力。而存在、出现或注意的状态，则让我们拥有意识。

假如我要举办一场以快乐为主题的讲座，那么除非你真的做到"身体存在"于一个能听到我说话的场合，否则你就不会"意识"到我在谈论什么（稍后我还会说到这个观点，所以先不要急着对它想当然）。

然而，仅仅是身体存在还不够，说不准你只是百无聊赖地坐在那里。虽然声波有可能传入你的耳朵，让你听到各种声音，但你还是不会意识到我在谈论什么。当没有意图去意识什么的时候，就只是没有意识地接收——在现代社会太过常见的一种状态。

有时候，我们甚至会跌入更低层的排斥状态。比如在无聊的讲座期间，你把两只耳朵都塞了起来，那么就算声波不断尝试振动你的鼓膜，你也不会允许一点儿声音进去。

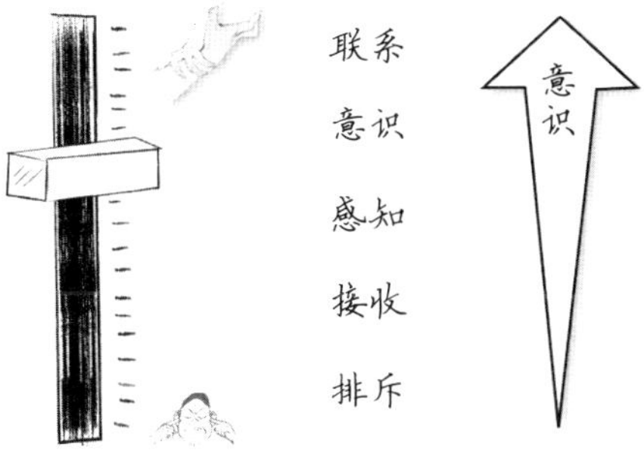

只有当你投入注意力的时候，意识才开始出现。在这种状态下，你会对正在发生的事情产生兴趣，而兴趣又引起了你的关注，于是你将振动鼓膜的声波理解为单词和概念。这就是感知。

意识的意图越鲜明，你投入的注意力就越多，感知到的东西也就越多。如果话题让你产生了浓厚的兴趣，而此时在房间最远的角落里，有一名观众站起来提了一个问题，那么你就会转过头去聚精会神地听。你一个字都不想错过。这就是意识——当你完全沉浸在这一刻的时候，当你完全意识到正在发生什么的时候。就我而言，这是开始感觉到自己活着的阶段。

还有些时候，你会对当前正在进行的事情太过充耳不闻，以至于开始留意别人不会留意的迹象。举例来说，通过坐在旁边那个人的面部表情和身体语言，你可能会发觉他不同意正被讲到的内容。此时的你开启了高度关注模式，尝试收集周围的一切数据，你甚至会为自己居然变得这么有意识而感到吃惊。这就是我所说的“联系”。

意识不是一个只有开和关两挡的开关，而是一个具有多个挡位的变光开关。当你选择把它逐渐调亮的时候，就会逐渐变得更有意识。

对一些人来说，保持有意识的状态似乎很难，特别是在这样一个纷扰与日俱增的世界里。为了弄清楚为什么会出现这种现象，让我们先问一个这样的问题：做哪些事情可以调动你的完全意识？我会给你几分钟思考。别作弊，别看下面的答案。

现在，让我们比较一下各自的答案。我在方框中列出的都是能够调动完全意识的做法。没错，很抱歉，这是一个陷阱问题。

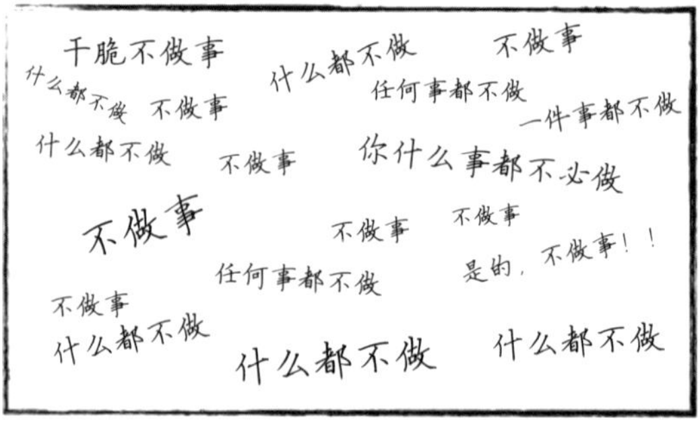

停止做事，存在就好

还记得第六章的完全意识测试吗？就是让你先闭上双眼，然后再睁眼两秒钟去努力了解房间周围环境的那个测试。还记得你在仅仅两秒钟的时间内就能掌握多少信息吗？你需要做什么才能看清周围的一切吗？其间，你做了什么事吗？没有，你什么事都没做。在你睁开双眼的那一秒，也就是当你有意图去意识什么的时候，你就是有意识的。你的意识性感觉随时准备接收信息，而你唯一能做的就是把它遮盖起来。

你可能对某个演讲者感到不满，而那种情感会消耗你的精力，夺走你的意识。你会开始分心，转而专注于让你分心的事情，或者让你的思绪飘到另一个时间或另一个地方。做事会打消你投入注意力的意图，而如果干脆停止做事，你就会回到存在的默认状态。也只有在存在的状态下，你才能拥有完全意识。

完全意识测试只是给了你两秒钟“停止做事”的时间。只需要那两秒钟，你就可以找到真实的自我，变得拥有完全意识。

任何事都不必做就可以进入意识状态。意识是人类的默认状态，要达到这种状态，你就必须停止做事！

但是为了生计，我们不得不在“存在”和“做事”这两种状态之间切换。有些人停留在其中一种状态的时间要更多一些，而且大多数人是“做事”的时候比“存在”的时候多。这正是现代社会对我们的期望。我们每天早上醒来，都要在完全被做事占据的生活中匆忙奔波。这种快节奏的、浸没式的生活方式与我们作为人类的默认天性是互相对立的。它就好比穿着一双沉重的鞋子在水下生存。你身边的一切都是模糊的、陌生的、沉重的。就连身体的移动或自然功能都变得十分困难。由于要克服水体黏性即摩擦阻力，你变得疲惫不堪。你感到水深造成的压力，感到缺少可供呼吸的氧气；含盐的水质灼痛了你的双眼，但你还在为找到出路而不断努力，哪怕你已经筋疲力尽，哪怕你已经无法表现出最佳状态。虽然这个比喻听起来十分残酷，但非常接近我们在完全无意识的状态下度过人生的方式。

听上去是不是很熟悉？反正我的确有这种感觉。

现代生活被“做事”和“想事”挤占得满满当当，不给意识留出进入的空间。只有消除那些干扰，我们才能存在，才能投入注意力，才能开始接收信息。毕竟一个已经满了的杯子是无法被倒满的。只有倒掉不新鲜的水，才能让新鲜的水注入。

总而言之，意识的前提性动作不是“做事”，而是“存在”。

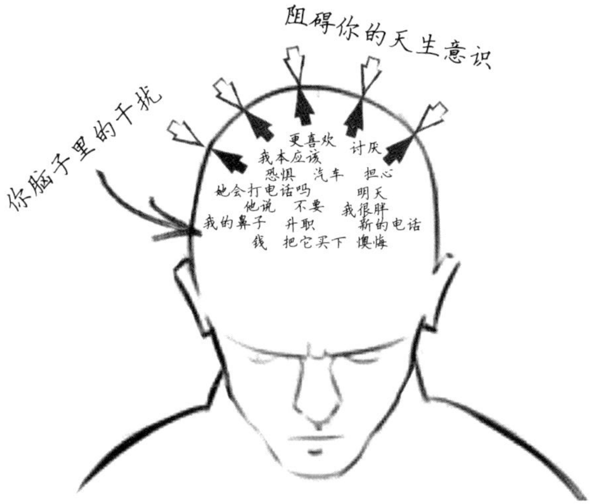

非常重要！

停止做事，存在就好。

当你这么做的时候，就会发觉做事往往不是获得进步和成果的唯一途径，而这个发现简直妙不可言。有时候，你只要存在，就能够前进——一个与现代西方文化极其矛盾的概念。

无为

道教传统文化的无为概念倒是与之有着异曲同工之妙，翻译过来就是“不做”。这种哲学思想经常引用的一个比喻与农事耕作有关：如果你的意图是种植一种庄稼，那么只做该做的事就好：为它提供阳光、肥料和水。做完这一切之后，就可以开始“无为”

了，也就是不再管它，让庄稼自己生长。因为一旦生长的条件得到满足，再做额外的事只会导致弊大于利。聪明的农夫都知道，只有不作为，庄稼才有可能长得最好。什么都不做就是最好的做法。

请记住！

尤其在无事可做的时候，意识的结果是有利无弊的。

意识的角落就是你现在的地方

许多冥想技巧都以四个角落来确定“意识空间”的范围。随便将注意力投向其中一个角落，你都会发现，值得你投入完全意识的对象简直无边无际。这四个角落就是：

外部世界。你能够通过感官输入了解周围的世界，包括视觉、听觉、嗅觉、味觉和触觉的感知。

你的身体内部。把注意力向内转移，你就能开始意识到自己的身体，开始意识到疼痛、感受、呼吸、心跳等。你可以把注意力投向身体的不同部位，感觉到里面的生命气息。

你的想法与情感。当你有了足够的意识的时候，就可以开始观察对白和观察剧情了。你能够看着自己的想法和情感流过，然后自如地将它们放下。

你与其他存在的联系。在纯粹意识这个最高层面，你会引入自己与其他存在的联系：你对海浪的喜爱，你对蝴蝶的赞赏，还有你对世界各地承受痛苦的人的同情。这些联系不是对外部世界的感知，不是你对自己身体的感觉，也不是想法或情感，它们是纯粹的联系，而那种联系让你感觉自己属于一个更大的群落——远远超过了你对这个世界的个人体验。

现在花些时间亲自尝试一下，探索最远的意识角落，那就是你要存在的地方。

保持现在状态的要诀

我们这些现代斗士都会发现很难单纯地存在，毕竟我们所接受的训练就是要不断地做事。我们的大脑会胡思乱想，匆忙的生活也给我们存在的时间。尽管涵盖这个话题的著作和练习浩如烟海，但是我发现它们并不适用于我快节奏的生活。一方面，有些最了不起的要诀被包装成了神秘的样子，不但用梦幻般的嗓音讲述，还夹杂着长时间的沉默，而且对我来说，那些用词简直就像外星语一样。另一方面，我需要的练习应该是能够随时随地实践的，在工作日和在飞机上也不例外，而不是要求有个安静的地方冥想的那种。

于是，我自己发明了一套练习要诀和技巧，并从中受益匪浅，因此我希望它们也能帮助你随时随地深入内心，找到意识。这些要诀将通过三个途径帮你达到停止做事的目的：一是提醒你需要进入意识状态，二是消除思想干扰，三是给你提供观察世界和单纯存在所需的空间。

意识优先

你要为发现自己周围和体内所发生的一切而疯狂、而好奇，成为一个探险家，成为一个“狂热粉”。

还记得在那个选择性意识测试里，专注于篮球的人们忽略了从屏幕前走过的大猩猩吗？现在让大脑的这种专注倾向为你所用吧。每天早上的第一件事就是让大脑准备好迎接新的事物。

明天一整天内，试着发现你从早到晚会看到多少种树；在这一周接下来的几天里，测算不同的通勤路线分别要花费多长时间；注意你待人接物的方式，留意你在工作中对自己的上司和下属是否会区别对待；监测你每天的用水量或你的坐姿。其实无论你开始留意的是什么都没有关系，只要给自己一个集中精力的理由就好。等你回家的时候，尽量记起当天的一切。如果有些部分实在想不起来，那么就把时间用于尽量记起发生过的事情。

开始记一本“积极事件日志”吧。一整天都集中精力寻找好的部分，把它们写下来。一旦你以其为目标，它们就会源源不断地冒出来，从早到晚都不停歇，让这一天都是积极的、快乐的。

等你感觉开始掌握要诀，就可以给自己设置终极挑战了，也就是监测你没有意识的次数（因为这些也是你应该意识到的事件）。训练你自己找出心不在焉的那些时刻。不过对此不必采取任何措施，只要留意到它们，然后说：“我走神了一分钟。”因为留意到它的简单动作就足以让你回过神来。

请记住！

“存在”的黑带级别就是能够留意到你没有意识的那些时候。

减少让人分心的事物

我们之所以在现代社会很难保持意识状态，是因为我们没有给自己提供那样的空间。我们总是为电话、E-mail、Facebook，为如今将我们淹没的各种现代科技而分心。当你身处一个公开场合的时候，只要环顾四周，数一数你看到的人中有多少在盯着他们电子装置的小屏幕，就能明白我所说的了。我们每一天都在忙碌中度过，锲而不舍地为没完没了的待做事宜而奔波。等我们终于有机会享受片刻安静了，却又拿起手机，盯着微信、视频和邮件看个不停。在回家的路上，我们会在车里打开收音机；等回到家里，我们又在电视机或者电脑前一直坐到上床睡觉的时间。一天天就这样过去，没有一分钟的沉静。现在是时候表明态度，收回你的生活了。

把让你分心的事物抛到九霄云外。一定要记住，当你有片刻安静的时候，千万不要从口袋里拿出手机；开车回家的路上，也不要打开收音机。接下来的时间，则要彻底什么都不做，而不是坐在电视机前。

把“私人专属时间”作为一项预约活动加到你的日程里，给自己短暂的独处时间。你要坚持预约出这样的时间，并像对待求职面试一样认真地对待它们。虽然我的生活忙得要命，但我发现只要在日程排满之前把私人专属时间插进去，并且把它当作一项重要预约来遵守，那么繁忙日程的其余部分就会完美地分布在它的周围。我照样会完成工作任务，也会在短暂的存在时刻保持头脑清醒。

把你的数据连接关闭，至少周末要做到这一点。即使上网搜索，也尽量专心浏览你需要的信息，然后就退出。至于社交网络，只拿出早上 10 分钟和傍晚 10 分钟的时间给它就好。总之要摆脱让你分心的事物，留出完全存在所需的空间。

请记住！

更少即更多。

停下来

是的，没错，干脆停下来。每当你感觉自己的思想如脱缰的野马，或日子在奔忙中飞逝，就干脆停下来。对自己说，必须观察到周围的 10 样事物之后，才能再回到生活的喧嚣中去，用一根手指代表一样事物。有一棵树，有一只肥猫，有新鲜的空气，有左肩的疼痛，还有我身后饮水机的制冷噪音。一直数到 10，然后深吸一口气，再一头扎回你的日子里。

选一个图腾

《盗梦空间》（*Inception*）一直都是我最喜欢的电影，里面的梦幻世界和现实世界变得纠缠不清。做梦的人要用一个图腾来分清自己究竟是在梦里还是醒着。你也可以效仿。只要随身携带一样东西，用来提醒你到时间进入意识状态就行。这样东西不应该是有用的日常物品，而是某种奇特到在你每次看到它的时候，都能起到提醒作用的东西。可以是很简单的那种，比如一颗颜色有趣的石头、一只陀螺，或一个溜溜球。你每次看到它，都会想起到时间沉静一会儿了。当你把“图腾”拿出来的时候，要与它互动。你要让飞速运转的大脑慢下脚步，要让你自己存在于当下。我把一串念珠作为自己的图腾。把它拿出来的时候，我会计数，用每一颗念珠代表一样观察到的事物，一共是 33 颗。我会以开放的态度观察一切，来者不拒。一朵花，一；咖啡的香味，二……我不只是留意到它们，还会赞赏它们。我将自己与它们联系起来，并惊叹于它们的美丽。我会思考它们如何成为这样的存在，思考它们的人生故事会是怎样。在这种状态下，一只苍蝇在我的眼里就不仅仅是一只苍蝇，我会看着它不可思议的设计构造，感慨那种设计居然能让这样一个小小的生物有如此完美无缺的表现。我会好奇木质家具的纹理怎么能让人感觉如此生动，我会思考可能造就它们的随机事件概率，或是可能干涉其中的智能设计。我完全被它们吸引，并且完全脱离了自己的思想。我进入了完全意识状态，从做事的梦境回到了意识的现实。

你还可以选一种电子图腾，把手机的主屏幕作为一种提醒。在上面给自己留一条消息。在设置的时候，选择一天当中的几个时间，并且选择一种平静的提示音，用这种方式提醒自己是时候存在一会儿了，每天都要有这样的间歇。

把你的图腾放在一个每天都会接触到几次的地方。我会把念珠放在牛仔裤的右侧口袋里，每次把手伸进口袋，我都会摸到它们，于是记起：

请记住！

意识的间歇时间到了。

没有时间的时间

每周至少给自己一次奢侈的机会，体验没有时间的感觉。这里的“没有时间”就是指它的字面意思。结束一天的工作后，带自己去一个安静的地方，一定不要接触到任何能指示时间的仪器，可以去海边，也可以去树林，或者干脆待在一个安静的房间里。确保你与时间不会发生任何联系——没有时钟，没有电话，没有与当前时间一致的外部事件。前两次尝试可能有种别扭的感觉。想法会如潮水般涌入大脑，给你1000个担心的理由。你要坚持住。大脑迟早会放弃，向极乐境界让步。然后你就突然发现一切都变得安静了，不知不觉就过了几个小时。别为你脸上浮现出的傻笑而担心，那是个好兆头。

非常重要！

一旦你消除了与时间的联系，就会完全存在于当下。

无论做什么，都要做好

要记住，意识是一种存在的状态，但我们显然不可能一整天都单纯地“存在”，而是必须在存在和做事之间切换，这样才能成为具有生产力的社会成员。有时候，如果所做的事对你来说太过容易，或是太过重复，以至于无法吸引你的注意力，那么最后你就会漫不经心，就会敷衍了事，并且将注意力从现实世界转移到脑海深处。但就算真的出现这种情况，也没有理由失去存在和意识。你要把注意力集中在做事的过程上，而不是最后的结果上，这样就能保持意识状态。

窍门就是对每一件事都要尽你所能，对每一小步都要全力以赴，就好像你是有生以来第一次做这件事一样。无论做什么，都要一次比一次做得更好，然后为自己真的将这件事做得很好而自豪。

这不仅适用于你的工作，也适用于其他所有事情，从清洗碗碟，到与心爱的人共度时光，无一例外。不如在上下班的路上就试一试。充分利用那段时间，让通勤成为一种令人愉悦的、完全意识的、不为交通堵塞所影响的体验。比如留意周围的事物，或是利用那段时间听一本有声读物，抑或是和某个朋友来一次有意义的对话。总之做些值得花时间的事儿，这样你就会希望通勤的时间持续得更长一些。

请记住！

意识到这段旅程。这里有生活百态。

一次只做一件事

不要一边看电视一边吃饭，不要一边陪女儿一边快速查收E-mail。多重任务处理只是个传说。你要完全存在于当下。

请记住！

无论做什么事，都要一心一意。

你可以利用这些要诀，也可以利用别的要诀，反正你越是利用它们来保持意识状态，就越容易找到那种安宁存在的状态，然后就越怀疑自己以前怎么能忍受把那么多时间浪费在心不在焉上面。所以还是全盘接受生活给予你的所有体验吧，一样都不要错过。

请记住！

活在当下，不要活在你的脑子里。

第十一章

变化：寻找生活的自然平衡状态

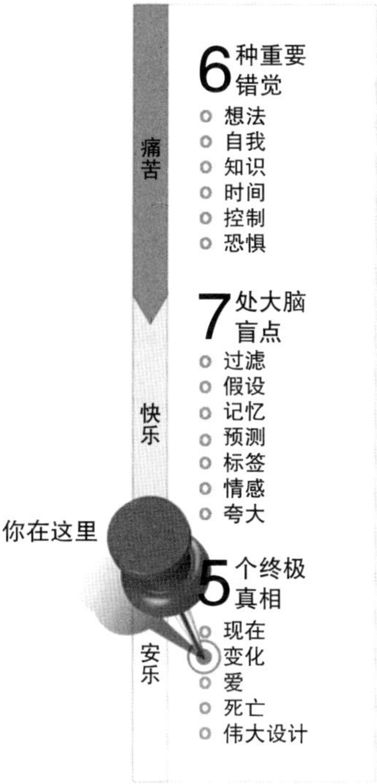

变化是真实的。如果说有一件事是你能够准确预言的，那就是明天的世界将与今天的世界不同。不过新闻标题只会描述黑天鹅事件，比如“岛上发生地震”或“数千人在战争中丧生”，却不会描述造成这些重大事件的亿万个微妙变化，也就是蝴蝶效应。我们的世界瞬息万变，因此可以断言，在宇宙的整个发展历程中，没有哪两件事是一模一样的。

伴随着生活的打开方式，每一件事都会因为一个微妙的变化而被重塑。没有哪个变化是毫无意义的。

早一秒钟左转弯可能会让你活命，而一个右转弯的小小决定则可能会让你丧命。

微小变化的重要意义

我们先来探访一个奇特的科学领域，帮助你了解每一个微小的变化有着怎样的重要意义。假想蝴蝶效应导致的微小变化不仅能够改变你的人生道路，而且还能产生更大的影响，比如，假想其中每一个微小变化都能生成一个全新的宇宙！在过去的20年里，科学家已经以多重宇宙（multiverse）的理论明确提出了这个观点。你对一个陌生人微笑——一个新的宇宙；你皱眉——又一个不同的宇宙；一块石头落下——再一个不同的宇宙。其中每一个宇宙转而又会产生出无尽数量的其他宇宙，里面有无尽数量的你的拷贝。一个拷贝中的你仍在读这本书，而另一个拷贝中的你则决定去买一杯咖啡，结果发现了另外一本书，还因为那本书而改变了人生道路，成为美国的下一任总统。虽然只是那样细微的事件变化，却能造成这样巨大的差异，以至于由此导致的人生道路足以成为两个完全不同的宇宙。

尽管多重宇宙理论听起来有点儿言过其实，但那种观念却以一种非常有价值的画面展示了微小变化的影响。单是将任意一个小小变化的深远影响与这种变化发生的频率相乘，结果就会复杂到无法想象的地步，更不要提设法应对了。

虽然我们尝试控制那串无穷无尽的变化，结果却总是让人大失所望。由于任意一个变化都能引发一系列无法预料也无法控制的事件，所以无论我们如何努力，期望都难免会落空。于是我们再接再厉，并以徒劳无功收场。

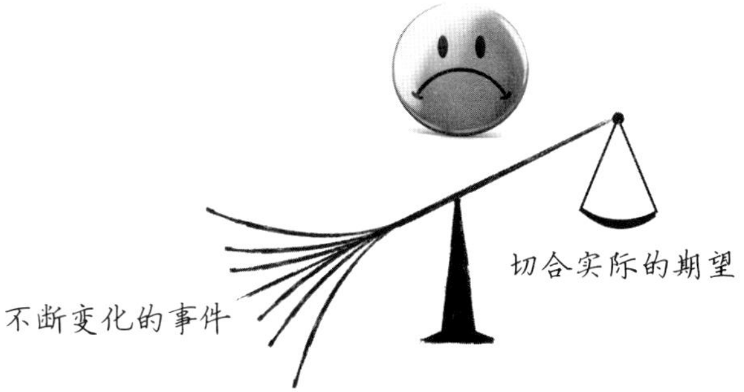

我们留意不到这种疯狂的体验究竟是什么样子。只是感觉自己筋疲力尽，想知道生活为什么好似一场持久战。我们没有发觉的是，生活大可不必如此艰难，只是我们把它变成了这个样子。

控制变化不在微观层面

请发挥一分钟的想象力：假想有一种先进的技术，让我们能够发明出一种控制舱，里面有控制生活方方面面所需的全部开关。哇哦，让一切都在控制之中该有多酷啊！这样我就能控制自己的下一次升职，控制女儿的行为举止，控制上班路上的交通，还有每天对我产生影响的所有细枝末节。不过，这个控制舱一定是个庞然大物！既然有诸多因素都在影响我们的生活，那它就要有一个足球场那么大才行，而且方寸之间都要被随时调控各种事情的开关和微型仪表覆盖。一开始你会以为控制所有的按钮是件轻而易举的事，但是当显示灯开始闪烁，提示音开始嗡鸣，表明各种微小的变化正在发生时，你就会变得手足无措。一个显示灯灭了，另一个显示灯又亮了。随着不断有事情超出控制范围，你只能更加快速地奔跑，更加努力地尝试，甚至到了惊慌失措的地步，直到发现自己不可能同时控制每一个开关——哪怕你需要做的只是拨弄一下开关而已。最后，你筋疲力尽地倒在地上，为完全失去控制而大失所望。

请相信我这个已经退役的控制狂，这完全就是我以前日常生活的写照——以失望和挣扎为结局的无数次失败的探求。直到有一天，我终于发觉控制不可能在每一个细节的微观层面实现。控制的关键不在于我需要做什么事，而在于我需要如何做我所做的每一件小事。

你不需要有 100 万个开关的控制舱，你需要的只是生活方式的两个简单变化——先寻道，再俯视。

在变化中寻找生命的平衡点

思想教育学说中蕴含着一条通往安宁生活的道路。在中国的古代教育中，于人生百态中找到一条平衡之道被称为道家之道。佛教徒称其为正道，而穆斯林称其为直路。这些教育学说劝诫人们不要试图控制 100 万个微小的变量，而是要让生活中的大多数事件自己找到平衡。

对生活产生影响的每一个要素都会像钟摆一样来回运动。作为一种物理系统，钟摆总是能找到自己的平衡点——一个能让它毫不费力地保持静止的平衡点。要让一只钟摆脱离平衡状态，你就必须给予一个外力，也就是施加一个作用力。而一旦作用力被撤销，钟摆就会迅速回到它的自然状态，一来一回地摆动着，直到最终在零点安定下来。在那个位置，钟摆不需要任何外力，就能安宁地永远待在平衡状态。

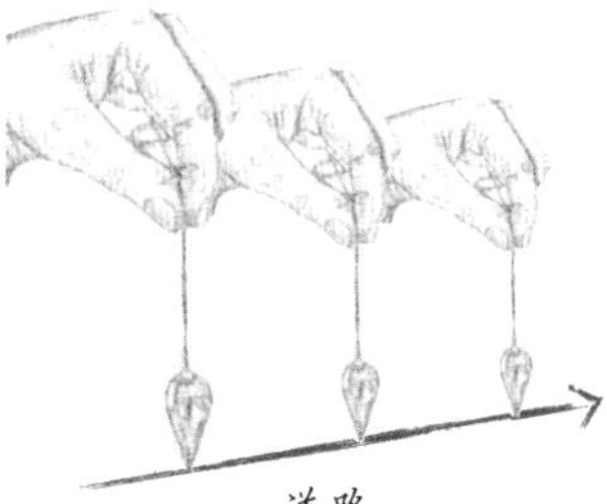

若是你想让成千上万只钟摆一直保持平稳，就要让其中每一只钟摆都找到它自己的平衡点。同理，若是你想在塑造人生的成百上千个小小决定中一帆风顺，就要找到其中每一个决定的平衡点，并让它们保持平衡、远离极端。只需给予最小的外力，你就能度过平衡的一生。等每个钟摆都位于平衡点的时候，那条连接各点而成的线，就是你要寻的道。

请记住！

任何系统都是不需外力就可以保持均衡的。当你无论做什么都感觉毫不费力的时候，就是寻道得道了。

极端位置会让我们心力交瘁。工作太多，你就会失去生活的安乐；工作太少，你就会为感觉自己一无是处而痛苦。与心爱之人相处的时间太多，你就会变得厌倦并开始争吵；相处时间太少，你们的关系就会变淡。说话太多，你就永远都不会聆听；说话太少，你就永远都不会被聆听和被理解。

我们所做的每一件事都有一个平衡点。如果你离开了这个点，就必须给予一个外力，才能让系统保持在一种不自然的状态。这个外力一开始可能很小，但随着你需要处理的系统越来越多，它就会呈现指数式增长，让你过上一种不平衡的生活。它变得越来越像那个有 100 万个开关的控制舱——让你疲于应对。

请记住！

让每一样事物寻求它的自然平衡状态。

中国哲学思想以阴阳两极的理论描述了两种看似对立的力量实际上是如何互相补充、互相联系和互相依存的。天地万物都是既有阴，又有阳，前者代表雌性的和负向的（以黑暗、潮湿、冰冷、被动等为特征），后者代表雄性的和正向的（以光明、干燥、温暖、主动等为特征）。例如，没有光，就没有影，反之亦然。在和谐的生活中，阴阳是互补的。如果你向湖里丢一块石头，那么水波就会有高有低，而且高峰与低谷会互相平息，直到水面恢复平静。要找到一种平衡的生活方式，就要容纳阴阳两面，避免走入其中任何一个极端。

请记住！

阴阳交会成线之处，即为生活之道。

希腊哲学思想将这种平衡方式形容为“黄金分割”（the golden mean），即极端过量和极端不足之间的理想中线。哪怕是最理想的特性，也需要平衡。例如，虽然勇气是一种美德，但如果过量，就会变成鲁莽；如果不足，就会变成怯懦。

这种生活方式可能听上去简单易行，却与我们在西方国家从孩提时代就开始学习的做法几乎背道而驰。我们学习与生活较量，学习寻求收获最大的那条道路，全然不顾它多么富有挑战性。我们学习想方设法克服自己的短处（最艰难的道路），而不是发挥自己的长处（最容易的道路）。我们得到的鼓励是突破财富、美貌和成功的界限，追求它们的极致。而在这么做的过程中，我们要不断施加外力，于是备感痛苦。

在我们这个行当里，选择最艰难的道路简直就是一项全民运动。我经常遇到“强力高管”，他们长时间处于工作状态，顶着巨大的压力生活，并且只要醒着，就无时无刻不在与生活做斗争。他们不断努力突破自己的舒适区，想要“让指针移动”（产生可见的影响）。他们甚至试图让个人生活像一台机器那样运转。他们晚上的时间要预留给交际晚宴和商务活动。他们的孩子在这个地方练完网球，就要被送到另一个地方去上音乐课。每一分钟都在计划内，每一分钟都要过得像时钟一样精确。这些强力高管在难得让自己休息一会儿的时候，也要走向另一个极端，或把自己当成钢铁侠一样锻炼身体，或跑马拉松。他们已经超出了保持健康和身材所需的平衡范围。虽然他们有可能实现自己设定的目标，但总要付出代价。

我们经常化身为斗士，与生活抗争，但每次斗争的结果都是得不偿失，于是我们就喜欢抱怨生活艰难。

其实生活可以很容易，艰难的是我们选择的道路。

请记住！

要寻求阻力最小的道路。

在电影《阿甘正传》中，汤姆·汉克斯扮演呆头呆脑的阿甘，正是由于“无知”，他才得以在阻力最小化的状态下度过人生。结果就是他最终成为美国全明星橄榄球队和乒乓球队的成员，见到了三位美国总统，赢得了国会荣誉勋章，当上了一艘捕虾船的船长，创办了一家大公司，还成了苹果公司的早期投资者之一。有时候，你就像风中的一根羽毛，最好的做法就是随风旅行。我们应该寻求的平衡一定就在我们忙乱的现代生活和阿甘的生活中间。

非常重要！

道乃生活之道。

学会俯视与感恩才能实现快乐

除了成功和进步以外，雄心壮志也是现代文化的一个核心价值观。我们总是争取更高、更远、更大和更多。我们教育孩子以获得多少成就来衡量自己的价值，而且这个成就不仅是绝对意义上的，还有竞争和比较意义上的。也就是说获得成就还不够，关键是获得比另一个人更多的成就。这就是我们后来所谓的成功。只是学习知识还不够好，我们还必须拿到比同学更高的分数。只是过上一种愉快的、有意义的生活还不够好，你还应该过上比邻居更好的生活。只是喜欢踢球还不够好，关键是赢球。

但是当我们执着于攀比的时候，无异于为自己设定了失望的结局，因为总是有人行得更远或是做得更好。

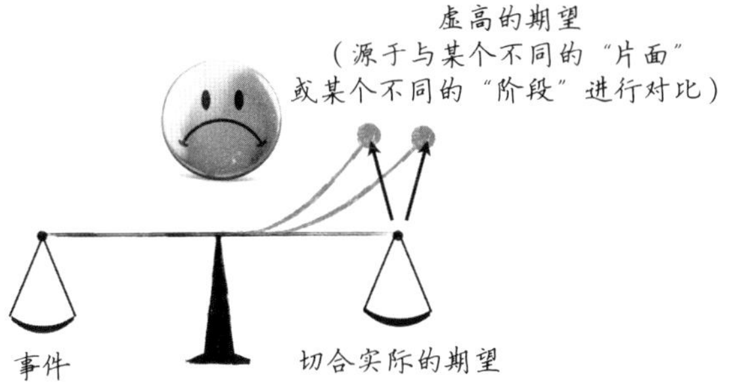

不难看出，生活中我们每个人都有一把各不相同的牌。有些人高一些，有些人矮一些，有些人富一些，有些人穷一些，有些人健康一些，有些人搞笑一些，有些人漂亮一些。正因如此，当你专注于生活某一个部分的时候，就总会发现有人比你"更多"。我们忘却了这条分布曲线的反面：他们每个人都至少有一个部分比你“更少”。人生游戏就是被这么设计的。

在我眼里，将自己与看似更优秀的人对比是一种“仰视”的行为。当我们仰视的时候，就会专注于自己不足的部分。我们想方设法估计还有多远才能赶上那些排在前面的人，错误地认为只要自己不在前排，就永远都不够好。结果就是我们对自己的期望变得虚高，并总以落空收场。最终，我们会认为相比之下，生活对自己不公，并为这种想法而痛苦。

想要在生活中更进一步并没有错，但是一味地去仰视、去攀比、去比较，最后就会变成虚荣。总有一个理由能让你感觉自己获得的成就还不够好。员工仰视，还有经理，经理仰视，还有首席执行官；模特仰视，还有更苗条的超模；而百万富翁仰视，则还有亿万富翁。

这是一项挑战：试着重构你的雄心壮志，不要理会和别人攀比的结果，只要以成为一个更好的人为目标，并将其作为关注点。而“俯视”则比其更胜一筹。你要努力工作，成长壮大，并致力于改变世界，但与此同时，请保持良好的自我感觉。请不要再看你没有的东西，因为你没有的东西是无穷无尽的，以没有的东西为参照，将注定得出失望的结果，也将注定导致快乐算法的失败。不要看那些似乎比你拥有更多的少数人，而要看那些比你拥有更少的数十亿人。没错——是数十亿人！

只要你能买得起一杯 2 美元的咖啡，就要感恩，因为有超过 30 亿人每天的生活费还不到 2.5 美元，超过 13 亿人每天的生活费还不到 1.25 美元。只要你能喝到一杯水，就要感恩，因为有 7.83 亿人还喝不到干净的水。只要你有一个家，就要感恩，因为仅仅是在美国的大城市里，就有将近 75 万无家可归的人还在大街上忍受寒冷。

而且这个道理不只适用于物质财富方面。只要你仔细观察就会发现，悲伤和不幸——尽管藏而不露——比你以为的要普遍得多。或许日本人的神秘微笑可以作为一个最好的例子，说明我们如何忽略他人的悲伤。尽管对大多数人来说，微笑是用来表达快乐的，但对日本人来说，一个微笑却能够表达多种感觉，包括尴尬、怀疑、恐惧、羞愧和难堪。在日本的沉默文化中，人们不习惯表达极端的情感，特别是消极的情感。举例来说，如果一个人犯了错，那么他就会报以微笑。这种微笑可以用来掩饰羞愧的感觉。我曾有一次问一个日本朋友，为什么东京的每个人都时常微笑，据我所知，那个地方声名狼藉的生活节奏明明让人举步维艰。她使用一种唯美的措辞答道："我们把痛苦留给自己，把微笑留给你们。"我还真是佩服日本人，居然举国上下都能——以那么有尊严的方式——隐藏他们的痛楚，这实在让我好奇不已。

人生在世，伤心事何其之多，既然如此，若是你一定要拿自己的生活去比较，不如反过来看，将自己和那些不怎么幸运的人做比较。这样改变了视角后，你将会为自己拥有的幸福而看到许多快乐的理由。

我有一位朋友是个既事业有成又雄心勃勃的商务人士，永远都在追求更高的目标。后来，他被诊断出了急性胰腺炎，那种病会导致负责消化食物的胃酸溢到腹腔内，转而消化病人自己的血肉。他在床上躺了好几个月，浑身插满了管子，只能靠药物和点滴维持生命。随着病情恶化，他的雄心也日渐消退。他不再对功名利禄或职业发展感兴趣，他不再和比自己更早升职的人攀比，也不再和开着更豪华轿车的邻居攀比。当病情终于稳定下来，他的雄心从获得下一项物质上的成功变成了——用他的话说就是，“能够在床上翻身”。

只有“俯视”的时候，我们才能发觉自己究竟有多么幸运！

俯视有助于让你为生活中的美好而心存感激。感恩使人快乐，这已不是什么秘密。加州大学的心理学家罗伯特·埃蒙斯和迈阿密大学的迈克尔·麦卡洛曾经进行过一项研究，要求三组参与者每星期都围绕某个话题写下几句话。第一组要写让他们感恩的事，第二组要写让他们生气的事，而第三组要写的事既可以是有消极影响的，也可以是有积极影响的。10 个星期之后，那些以感恩为题的人对自己的生活有了更良好的感觉，而且他们跟专注于愤怒起因的那些人比起来，锻炼的次数更多，就医的次数更少。[1]

宾夕法尼亚大学的马丁·塞利格曼在数百名参与者身上测试了感恩的影响。最初，每个参与者都要写下一段早期记忆，然后每个星期要写一封感谢信，并以个人名义递给他们想要感谢的人。在表达感激之情的时候，参与者的快乐指数呈现出了大幅提高，而且这种影响有时可以持续一整个月之久。[2]

请记住！

感恩是一条定能通往快乐的道路。

感恩也是一种心态。当你俯视的时候，就会学着让生活中多一些感恩。当你看到总是有人受伤更深的时候，甚至还可以学着为自己的伤心事而感恩。因为相比之下，你会发觉自己其实侥幸逃脱了很多噩运。

以我失去阿里为例。在经历了这样的悲剧之后，我还能俯视并感恩吗？还有什么比失去阿里这样好的亲人更糟糕的事吗？当然有，而且更糟糕。比如许多年轻人在二十几岁的年纪就被诊断出了癌症，他们要忍受好几个月残酷的化疗和放疗，而有些人还是没能够活下来。那样对阿里来说是更好的离开方式吗？不是！又比如很多大学生交友不慎，最后染上了毒瘾，并因某次吸毒过量而死去。那样对阿里来说是更好的离开方式吗？不是！甚至还可以再简单些，如果阿里的命运不变，只是去世前他正在波士顿生活和学习，而不是回家陪我们过了几天好日子，那会是我们更希望的吗？当然不是！

如果我想要“仰视”，看看我们还能在一起生活多久就会陷入痛苦之中，因为事实是他已经离开，而且对此我无能为力。所以我没有那样做，而是选择了“俯视”并且感恩，毕竟在那美好的21年里，他的存在曾让我们幸福。我没有因为他死了而心存愤恨，而是因为他活过而心存感激。

“阿里从来都不会特别害怕什么，”他的一个朋友曾经这样告诉我，“虽然高处会让他感觉不舒服，但也不会真的吓到他。我记得问过他最大的恐惧是什么，他回答说他最怕失去自己真心实意爱着的人，包括他的家人和他最亲密的朋友。当他离开的时候，我发觉那种本来看似难免的事情竟然从未发生在阿里身上。在有生之年，他最大的恐惧一直没有成为现实。我觉得这实在很神奇。”

当要离开这个地球的时候，能在睡梦中安宁地死去，周围还有爱他的家人陪伴，的确不是最坏的场景。只要俯视，就能看到无数比我们这种经历更坏的场景。生活中的一切都是如此，虽然让他多留一天可以让生活好过一些，但我也心知肚明，就算是这样，也可能会发生坏得多的情况！

现在轮到你好好想想自己所谓的困境了。在此过程中，一定要公平合理地看待一切，这样你就会发觉在所有活着的人中，尽管你可能不是最幸运的那一个，但也肯定不是最不幸的那一个。万一你忘记了，那么请：

俯视。

第十二章

爱让生命流动

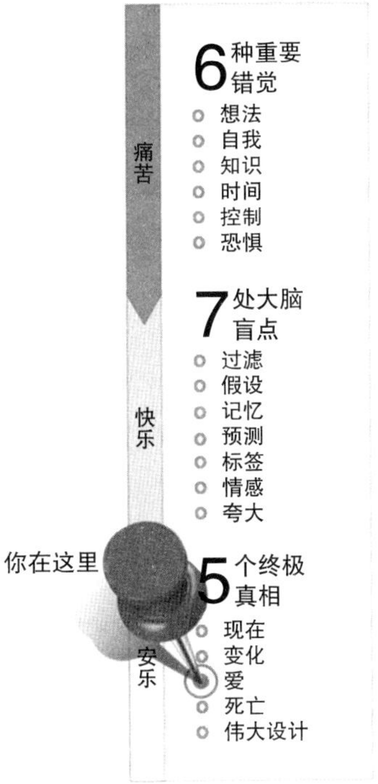

我爱蝴蝶。我不在乎什么品种、什么颜色，也不在乎大小，我就是爱它们。我不想拥有它们，我甚至不必看到它们。只要它们存在，我就快乐。我的爱强烈到想要拥抱它们。但是我不会，我只是在每次与它们相遇的时候，把那种无法抑制的爱的感觉倾注到它们身上。我猜它们是知道这一点的，因为它们似乎经常出现在我的眼前。我走路上班的时候，有时候会有一只蝴蝶在我正前方优雅地飞舞。它会平静地落在我路经的一根树枝上，仿佛在说："我就待在这儿，假装不看你，这样你就可以欣赏我了。”当我走过去的时候，它会绕着我飞，然后再次落在我的前方。我不会停下脚步，它也不会。是巧合吗？我认为不是。反正不管是不是巧合，我都不在乎，因为我单纯地爱每一只曾经存在过的蝴蝶。

我喜欢它们的图案、美丽和优雅。我钦佩它们从毛毛虫到“选美”冠军的人生轨迹，钦佩它们历经艰难险阻和不确定性而破茧成蝶的过程。我感激它们给花朵授粉而为人类做出的贡献，也尊重柔弱的它们在短暂一生中展现出来的毅力。

喜欢、钦佩、感激和尊重都是不同的感觉，而且都与爱不同。无论我是喜欢还是钦佩，都有特别的理由。而爱却单纯地存在：不需要以任何理由解释，也不需要靠任何理由支持，更不会改变。

爱——真爱——是真实的。而其他的情感都是暂时的，它们在被某个理由触发的时候出现，又在那个理由不见的时候消失。对蝴蝶图案的喜欢要取决于某一只蝴蝶有多么美丽。如果它碰巧是一只浅灰色的、不起眼的蝴蝶，那么喜欢之情就可能会减弱。但我的爱却依然如故。

想一想母爱这种近乎人人都有的体验。先是承受怀胎十月的艰辛的痛苦，接着再忍受一朝分娩的剧烈疼痛，最后当那个皱巴巴的小东西被放进臂弯的时候，差不多所有的新妈妈都会难以抑制地爱如潮涌。无论环境如何，这种难以抑制的情感都不会褪色。一个孩子可能会长大、离家，连电话也不打回来一个——但那种爱依然如故。那个孩子甚至可能从这个世界上完全消失，就像阿里离开我们一样，但坚定不移的母爱却只会与日俱增。

有条件的爱与无条件的爱

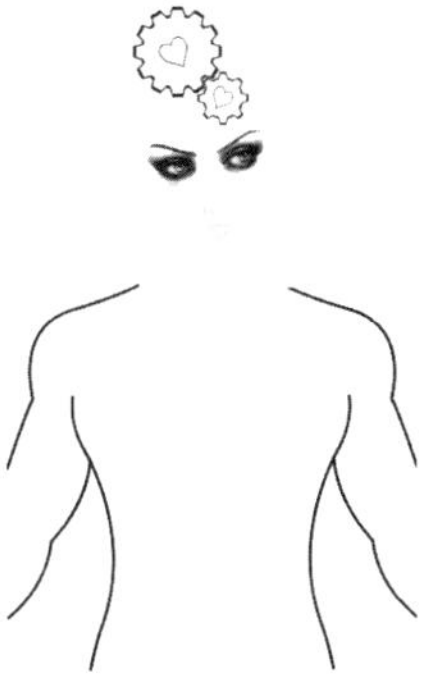

在流行文化的影响下，爱在人们眼里就像是一场针对耐痛力的测试。心碎和思念成了无数歌曲的灵感和许多小说的主题。诚然，有一种爱会导致疼痛，但另一种爱却能通向纯粹的、不间断的快乐。流行文化里的那种爱是一种错觉，而说得更少却感受更深的那种爱才是真实的。

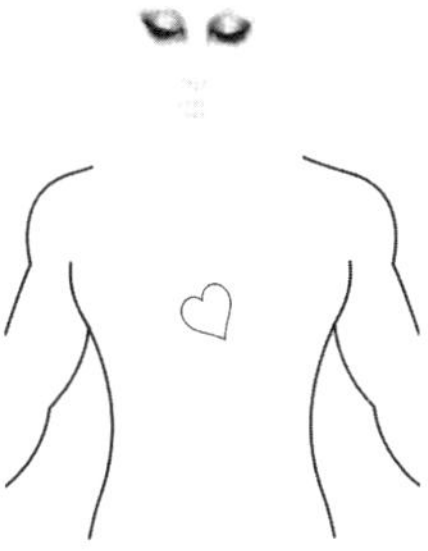

有条件的爱以“因为……所以我爱”这样的想法为驱动力，也正因为以想法为基础，所以它是一种错觉，是暂时的，并且随着想法的演变，最终会不可避免地导致痛苦。

相反，无条件的爱是用来感受的，而不是

用来理解的。它真正构筑在“我爱”的基础上，也只构筑在“我爱”的基础上——没有理由，没有前提，没有期望，没有要求，也因此没有失望。没有想法！这是真爱的唯一形式。虽然它难以寻觅，但它是真实的。

请记住！

无条件的爱是真实的，它是唯一不由脑子里的想法生成的情感。

无条件的爱才是真实的情感

无条件的爱之所以是真实的，真谛就在于它居住在想法王国之外。其他的情感都以某个想法为基础。生成嫉妒的想法是，她有我没有的东西。造成厌恶的想法是，那人有某个地方与我的生活模式极其矛盾。引发钦佩的想法是，我分析过某个人的品质，发现它们超出了我的预期。激起愤怒的想法是，别人的行为威胁到我了，我需要表现得强势一些，才能有安全感。一言以蔽之，想法触发了这些情感。

有条件的爱也源于一种想法：她让我感到快乐，因此我爱她，或是，他让我感到安全，因此我爱他。与此相同的模式也适用于我们对物品的爱：这辆车让我看起来很棒，因此我爱它，或是，我的鞋子很舒服，因此我爱它们。只要那个理由继续存在，有条件的爱就会萦绕不去，但只要那个理由不见了，思维模式就会发生变化，于是那种感觉也就消失了。有条件的爱甚至还可能通过连续不断的想法而变为厌恶、愤怒、恐惧或其他任何一种受到想法驱动的情感。

这就是恋爱关系让人痛苦的原因：它存在于一个日新月异的世界，却偏偏构筑在有条件的爱之上。对美丽外表、娱乐价值、身体快感的期望，以及对其他形式的期望成了爱的前提。当爱人发生变化，那些期望也就落空了，于是童话就变成了噩梦。

无条件的爱则与此不同，它经受得住每一种变化，能突破时间的错觉。哪怕有几个月没见到我的好女儿，我的心里也总是洋溢着对她坚定不移并且与日俱增的爱。真爱能突破知识的错觉。我们爱海洋，爱星辰，爱鸟类，也爱兽类。尽管不能理解它们千变万化的天性，却也能感觉到自己与它们的联系。无条件的爱能突破自我的错觉，因为你可以爱上那种遥远到身体感官无法了解的对象。它是永恒的爱的唯一形式，它的延续性可以超越生命本身。即使阿里继续前行，离开了我们的物质世界，他的爱也总是在我心里。

我是故意在这里使用“总是”这个词的。真爱总是可以被感受到，也就是说，每一天、每一秒都不例外。对不需要条件的爱来说，时间不是一种条件。

在真爱中存在真正的安乐

没有爱，就没有快乐。虽然有条件的爱常常会导致痛苦，但真爱能带来持久的安乐。真爱中不会掺杂一丝索取，而没有要索取的，就没有要期望的，也就没有痛苦。我们都知道有条件的爱是有所期望的，当期望落空时，就会有痛苦。想要某种报答，想要满足欲望，甚至只是想要对方以爱回报，这些都属于有条件的爱。我快乐的前提是我值得被爱，这是一种以自我意识为驱动的想法，它不过是证明我们“足够好”并因此值得被爱的又一种尝试。任何源于自我意识的想法都难免会让人失望，而且随着那种本就是错觉的爱日渐消退，痛苦就会到来。但是如果没有期望——对你爱的人没有要求——爱的安乐就会到来并且常驻不去，因为：

因为你的爱没有附带任何期望，所以你感到快乐

请记住！

“没有期望”永远都不会变成一个落空的期望。

关于无条件的爱的内容，我们要了解的内容还有很多，但它对快乐的影响却简单到了令人吃惊的地步：

非常重要！

在真爱的给予中，存在真正的安乐。

爱的能量守恒定律

只要让你周围的世界充满爱，它就会一再变大，直到变形，摇摇晃晃地站立不住，并且给予你的爱比你期望的还要多。干脆试一试，然后看看会发生什么。

非常重要!

你给予的爱越多，被回报的爱也就越多。

真希望有科学研究能够证明这一点，那样我就能够用一张图表或一堆了不起的统计数据亮瞎你的眼。虽然在科学领域里，爱不是一个被广泛研究的课题，但是可以想一想类似的道理：在物理学领域，能量守恒定律意味着能量永远都不会消失，甚至永远都不会减少。虽然它的形式会变化，但是在任何一个封闭系统中，开始的能量值都会等于最后的能量值。爱也遵循同样的定律：真爱不可能被破坏，它只会从一种形式变成另外一种形式。由于这种守恒的特点，所以你注入某个系统的爱会在变形后从你最意想不到的地方回到你的身边。事实上，它有一个地方比能量更胜一筹：它能吸引所有存在的对你的爱。就像个储蓄账户一样，你存入的爱越多，它的增长和增值也就越多，以至于到期提取的时候，在那里等待你的将是比当初还要多的爱。

就把它称为爱的守恒（或增值）定律吧。

非常重要!

爱永远都不会付之东流。你给予的爱越多，就越能感觉到被爱。

看一看特蕾莎修女、甘地这些人，他们安宁而无条件地爱着这个世界以及世界上的每一个人，哪怕在它（或他）带给他们痛苦的时候，也不曾例外。爱他们的人则有数十亿之多，并且来自不同的信仰体系、不同的国家和不同的行业。即使在他们去世之后，那种爱也能持续许久。即使我们不知道他们的详细故事，也还是爱他们。就连你，也一定会爱他们那样的人。怎么能不爱呢？

在商业领域，我还从来没听说过一种像爱这样回报惊人又可再生的免费资源。倒是有点儿像摇滚明星的经济学（economics of rock music stardom）。一个天才的音乐家能够独自坐在一个房间里，仅凭自己的灵感就创造出一部杰作，并在接下来的数十年里名利双收。虽然实事求是地说，那种天才可能非常罕见，但创造出无条件的爱的杰作却是我们每个人都具备的能力。不过如此强大的商品肯定不能等闲待之。所以我会遵循三个实用的要诀，并给它们取名为“爱的说明书”（Love's Instruction Manual）。

爱的秘诀：毫无保留地给予

我的这三个秘诀将告诉你如何从爱的能量守恒定律中获益。

爱天地万物

虽然蛇的模样有可能让人毛骨悚然，动作也鬼鬼祟祟，但是它并不邪恶，只是小心翼翼地做着它必须要做的事。按需做事的它从来不多做一分，也从来不漏做一件。如果你讨厌蛇，那么你讨厌的其实只是你在大脑里杜撰的有关它们的故事，也就是那种将它们形容为邪恶和虚伪的故事。但它们并非如此。没有哪条蛇是为了乐趣才企图对人类造成伤害。它之所以会造成伤害，纯粹是为了进食，与人类的做法无异。尽管如今我们自己的捕猎行为大多会在超市的过道里完成，但在生存问题上，我们并不比蛇好到哪里去。我们是目前所有物种中最大的食肉动物。然而，我们却都十分确定地认为自己值得被爱。

如果去掉那些想法，也就是去掉你希望一条蛇的模样和动作是怎样的这一前提，然后剩下什么？实质性情感的理由没有了，就只有无条件的爱了。你可以为了远离伤害而避开蛇，但不要仅仅因为它们是蛇而讨厌它们。

如果你能够爱一条蛇，那么你就能够爱所有其他的存在——树木、岩石，还有蜜蜂。哪怕对方是蛇精，只要你能透过自我意识，看到面具之下的东西，那么余下的也只是纯粹的爱。哪怕对方是你有生以来遇见过的最为讨厌又面目可憎的人，只要能看透他们的自我意识，看透他们的各种恐惧和因执着于想法而导致的行为，你也会发现一个只是想要被爱和被欣赏的安宁的孩子。一旦被爱，大多数人都会摘下面具，变得真实。

请记住！

轻轻摘下那张自我意识的面具，爱你在面具下看到的东西。

这可能看似太过理想主义，其实也可以用一种现实主义的说法。我知道我们不乏人性的先例——暴君、凶手，还有各种各样的坏人，让人很难相信无条件的爱这种理念，但是这些都是特例，不是惯例。我曾经与世界上最难相处的一些政治家打过交道，在他们中间，我也能发现许多人骨子里的人性。

至于对待那些（少之又少的）被深锁在自我意识中，以至于从不显露真实自我的人，我也学到了一个非常有效的策略，那还是小时候的阿里教给我的。他会给自我意识无法动摇的人三次机会，在这之后，他就会避开他们，或者直率但礼貌地说，他们确实没办法相处。但哪怕不再与他们打交道，他还是会爱他们，而且我相信，在内心深处的某个地方，他们也会一样爱他。

请注意，爱天地万物并不是一种天真的、浪漫的或理想主义的生活方式。事实上，这是一种有点儿自私的策略。因为无条件的爱不仅会让你得到爱的回报，还会让你自己的快乐方程式得解。在不期望任何回报地给予爱的过程中，你会享受到爱的安乐，没有落空的期望，只有安宁，它其实是一种明智的选择！

爱你自己

如果你连自己都不爱，又怎么能爱天地万物中的任何一个，或者期望天地万物中的任何一个爱你呢？

在如今的西方世界，导致最多不快乐的原因莫过于对自爱的普遍剥夺。有研究表明，在西方社会的所有女性中，只有 4% 的人相信自己是美丽的，而且有超过60%的人相信自己必须更苗条才配得到爱。可悲的是，这样的结果居然在意料之中。毕竟我们所接受的系统化训练就是要让我们知道，除非达到严格的期望，否则就不能爱自己。

在这样一个执着于成功的社会中，我们越来越相信处于平均水平——像大多数其他人一样——是“不够好”的。但仔细想想就会发现，这种说法是极为傲慢的，因为它暗示着大多数人都不够好。平凡的身材不够有魅力，我们还要成为超模。但是就连超模也感觉不够好，因为总是还有一个更有魅力的超模。处于平均水平让人感觉到威胁，因为它意味着那些超过平均水平的人会剥夺我们在竞争激烈的世界中成功的机遇。但是不言而喻，不可能每个人都超过平均水平。这与三年级的数学知识是相悖的。因为首先一定要有人在上面，有人在下面，然后才能有一个平均水平。

若是不切实际地给自己施加压力，最终一定会以期望落空、失望和痛苦为结局。换句话说，最终一定会以搞砸快乐算法为结局。随着失望积少成多，压力也会雪上加霜，直到我们不堪承受。

缺乏自爱让我们觉得
自己总是辜负自己的期望

现在请暂停一分钟，问

问你自己是否会用这种方式对待你爱的那些人。不会，你会给予他们温暖和安慰。既然如此，为什么你要用这种方式对待自己呢?

归根结底，是因为你属于哺乳动物。哺乳动物会本能地照顾还没准备好应对这个世界的新生儿。正是因为有这样的程序设计，所以我们会在脆弱的时候寻求和渴望安全感。在呱呱坠地之初，从父母那里得到的温暖、轻抚和柔声细语能够缓解我们的压力。一旦有了安全感，大脑就会开始分泌令人感觉良好的激素，让我们表现得更好，也更快乐。所以，我们应该用同样的方式照顾自己，像对待一个心爱的孩子那样对待自己，给自己温暖、爱和温柔。毕竟严厉苛刻不会带来任何好处。我们需要的只是爱。

自爱是有效的，而且是可行的，这也是我从阿里那里学到的。他最擅长的事就是接受真正的自己。他总是全力以赴，然后无论结果如何，他都会因为曾经努力过而欣赏自己。反正只要尽力做到最好，他就永远都不会为没能达到某个目标而自责。虽然他在音乐方面比较出色，但在运动方面就比较逊色，而他从不为此感到烦恼。虽然他在友情方面是幸运的，但在爱情方面就并不总是那么幸运，那也没关系，因为他就是那个样子，而且他喜欢那个样子。每个遇见他的人也都喜欢他的那个样子。

请记住!

为尽力而为而爱你自己。

但这却是说起来容易做起来难，因为我们总是倾向于记住对自己不满意的地方，记住其他人如何批评我们，而不是记住我们对自己确实满意的地方。这种偏好会让自我欣赏发生偏离，误入歧途，不过修复起来倒也不是什么难事。你可以开始记一本日志，或是干脆给自己发 E-mail。无论选择哪种方式都好，只要随时记下你每一件积极的、值得称赞的事就行。强迫自己每天至少要写一件值得自豪的事。写下你得到的每一句赞扬，包括内容是什么、说话的人是谁，以及为什么事而得到赞扬。每当你感觉自己不够好的时候，就回过头去看一看那本日志，它会揭穿那些消极的想法，并提醒你：我其实根本没有那么糟糕。

更重要的是，这个方法将让你感觉良好的那些人团结在你的周围。永远都不要让恃强凌弱的人和尖酸刻薄的“毒舌”进入你的生活，一分钟都不行。要欢迎积极的和有建设性的，以及出于爱、慈悲和关心的反馈，但也要屏蔽纯粹消极的意见。只要有哪个朋友显现出那种消极的迹象，就采取阿里教我的做法，给他们三次机会。告诉对方：

你刚刚说的话让我有种很不好的自我感觉，而我不喜欢和让我感觉不好的人相处，所以下不为例。

如果他们继续发挥消极的作用，就再次明示你的界线，给予黄牌警告，而如果他们第三次犯规，就红牌罚下！坦率地告诉他们：

非常重要！

你让我有种很不好的自我感觉，而我值得拥有更好的！

就算他们乞求和恳求，也不要回心转意，三个机会已经足够多了。这样的断然决然不但能挽救你的生活，也能教会他们对下任朋友好一些。

最后要记住，“无条件”地爱你自己不需要任何理由。你不是你的自我意识，也不是你的成就或财物。你不是成功，不是地位，也不是你向自己要求的任何一样作为自爱前提的东西。真实的你，也就是波基，值得永远被爱。

请记住！

你——撇开你的自我意识——真的很可爱。

善待一切

当你真心实意地爱的时候，会做什么呢？你会心甘情愿地给予。无论你向自己所爱的人给予了什么，都会感觉和自己拥有它一样美好，甚至常常感觉更好。

如果你学会了爱天地万物，那么就会无条件地给予。比如为某个慈善事业捐一些钱，或者在某个表演的街头艺人的帽子里放一美元。在发展中国家，一美元能够让一家人填饱一天的肚子，所以你完全可以省略一次每日必喝的咖啡，让一个孩子填饱一星期的肚子。

但不要仅仅给予他人物质的馈赠。请你给予一个微笑、一句赞赏、一次愉快的谈话，或者一句问候；给予爱、接受，还有不带一丝评价的理解；尊重与你偶然相遇的那些人，比如一位女服务员、一个店员，不要像对待二维的存在一样对待他们，不要把他们当作为你服务的物件；尊敬你的长辈；如果哪位朋友需要与谁联系，就帮忙介绍一下；转交一份简历给你们的人力资源部；如果有人正经历困难时期，就给他们打个电话，只要聆听就好，如果在你的能力范围之内，就帮一把，让他们感觉有人关心。你希望如何被对待，就如何对待每一个人。这是爱的黄金法则。

你的馈赠可以不仅限于身边的人类。给一棵树浇水，给一只猫爱抚，给一只鸟喂食，给一只苍蝇生路，照顾你的车、你的书，甚至你的咖啡杯。

只要给予，就一定会得到生活的回报。而且当你给予的时候，可以把整个宇宙想象为给予的对象。它欠了你，就必将连本带利地还给你！一点儿都不会浪费。

请记住！

爱就是要毫无保留地给予。

把你用不到的东西都送出去。鞋子、衣服是用来穿的，如果你把它们积存在一个壁橱里，就无异于在扼杀它们的生命。只有把它们送给会爱它们和用它们的人，才能赋予它们生命。

流动的生命是蓬勃的。活在给予中的生命就像一条江河，是新鲜的、流动的、生机勃勃的、美丽的和快乐的。而静止不动的水则像一片沼泽，是陈腐的、忧伤的。你希望选择哪一种？

请记住！

让生命流动起来。留下你有用的东西，其余的都送出去。

当你真的把自己心爱和珍视的东西送出去时，这个宇宙也会连本带利地还给你。这在个人层面可能较难理解，但放大到整个社会就清楚多了。在经济学领域，我们知道，如果那些富人将其盈余给予每一个有需要的人，那么结果就是整个经济得到增长，而给予者获得的收益和回报也比当初给予的更多。正因如此，所以在经济衰退的时候，经济学家和政策制定者会刺激消费者不断消费。这可能听起来有些矛盾，因为根据直觉，消费者在萧条时期会本能地倾向于储蓄，但可以这样理解：如果他们停止消费，那么世界就会陷入停滞状态，但如果他们继续消费，那么社会就能长期繁荣。我们给予的越多，创造的盈余也就越多。

非常重要！

给予从来都不会带走什么，它总会带来更多。

不仅如此，你传播馈赠的范围越大，回报率就越高。当你帮助的对象是个连面都没有见过的人时，肯定不会期望有任何回报，而这正是你发财的时候。当我们无私地给予时，生活本身就会承担这项债务，并以它的无限资源给予我们慷慨的回报。还可以更进一步，如果你对不喜欢的人都能给予一句好话或保留评价，那么良性循环就会继续下去。

多年以来，我都选择相信这是真的。不过当我工程师的大脑萌生了好奇的念头时，我决定对整个系统进行一番测试。我把每次给予都记录下来，然后发现自己总会从意想不到的资源中得到馈赠，而且那些馈赠的价值经常远远超过我曾经给予的价值。而当我停止给予的时候，生活就会变得越发艰难，那感觉就仿佛我赚来的一切都需要奋力争取似的。

在哈佛商学院进行的一项研究中，迈克尔·诺顿、伊丽莎白·邓恩、劳拉·阿克南给了陌生人一笔钱（5 美元或 20 美元），然后让他们在同一天将它花掉。有一半人被要求把钱花在自己身上，而另一半人则被要求把钱花在别人身上。那些把钱花在自己身上的人带回了咖啡和食物之类的东西，而那些把钱花在别人身上的人则汇报说，钱被用来给兄弟姐妹买礼物或给无家可归的人提供捐助。结果呢？当一天结束的时候，那些把钱花在别人身上的人的感觉要远远比那些把钱花在自己身上的人更加快乐。无论花了多少钱，都是这种情况。[1]

几个类似的研究也证实了金钱确实能够买到快乐——如果

你将它给出去的话。你要给予的每一样东西都是如此：你的微笑，你的时间，你的关注，你的知识，你的赞赏。从这个意义上来说：

请记住！

给予是自私的好的一面，它能让给予者快乐。

最后还有重要的一点就是，给予的终极形式是原谅那些所作所为似乎不配被原谅的人。原谅早上跟你抢道的司机，原谅背后中伤你的同事，原谅在你的Facebook时间轴上发布恶性评论的“好友”。

导致那名司机做出那种举动的理由或许有1000多个，而且各不相同又绝对充分：可能是因为他的妻子分娩在即，他要赶过去陪她；可能是因为他师出一位可怕至极的驾校教练；可能是因为他要避开另一辆与他抢道的汽车；也可能是因为他不想让一只正在过马路的松鼠命丧自己的车轮之下。说不定什么时候，你也会处于他的位置。现在原谅，将来你就会被原谅。世事总轮回。

原谅那些据理力争的人，哪怕你相信他们并不占理。我最喜欢阿里的一点就是，即使他没有被说服，也会在争论中退让。他会专心致志地聆听，然后说出自己的观点。他不会迫切地想要证明自己是正确的，但确实迫切地想要善待一切，而且这种迫切是无法控制的。我跟你保证，整个世界也会反过来善待他。

非常重要!

选择做一个善良的人，而不是一个正确的人!

好吧，本章感性有余，理性不足。但请你原谅我，用这一章恐怕再合适不过。文中有一点没有解释（也无法解释），那就是无条件的爱是我们整个宇宙的核心之一。至于说如何找到安乐的状态，甲壳虫乐队有一句歌词唱得最好：

非常重要!

你只需要爱。

第十三章

死亡：没有死，就没有生

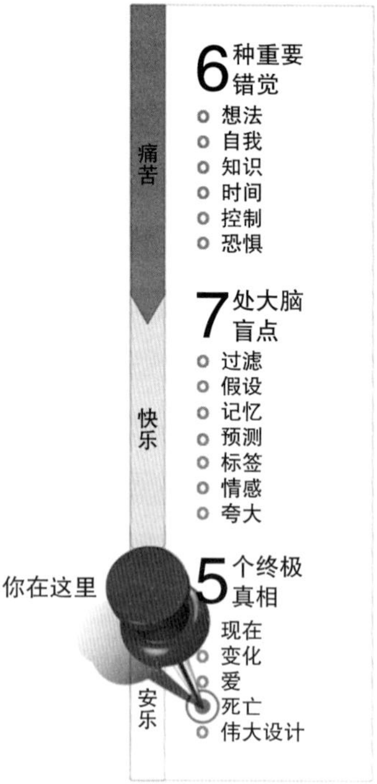

死亡是真实的。但凡活着的人最后都难免一死，它甚至比生命本身更加真实。

在我写过的所有文字中，这一章是最难下笔的。毕竟死亡总是被一种阴森诡异的气息笼罩着，而且就如你能想象的，这对于现在的我来说格外困难。

之前，由于死亡太过可怕，所以我们避而不谈，但是今天不行。在本章里，我要以诚实到残忍的方式涉足这个主题。如果有哪些内容尖锐逆耳，或者与你的信仰体系互相冲突，那么请事先接受我的歉意。

阿里的死亡结局迫使我直面生死的真相。不但让我的理解变得具体，也增强了我将自己的一生活出价值的决心。另外，它还带走了我最后的恐惧：从此以后我再也不怕死了。

或许在探索死亡的过程中，你会像我一样，发现我们最大的恐惧原来根本没有什么可恐惧的，并发现我们最有价值的人生导师就存在于死亡之中。虽然读起来不太轻松，但肯定值得你为此花些时间。

受西方文化影响的大多数人都避讳谈及死亡，结果就是我们对它知之甚少，进而使它越发显得可怕。但是，文化体系都会公开谈论死亡，有些甚至还利用它的意象举行传统的庆祝活动。例如，在墨西哥的瓦哈卡州，人们会一年一度地在亡灵节期间以庆祝的方式缅怀已故的人。他们的庆祝活动与大多数西方传统有着本质上的区别：那些特别场合并不是邀你为死者举办派对，而是邀你与死者共同狂欢。死者是在场的，而不仅仅是被纪念和怀念的。现场有数不尽的食物和礼物，还有铺天盖地的鲜花做装饰。生者讲述着心爱之人的故事，并欢迎逝者的灵魂来看望自己。伊斯兰教苏菲派也会以类似的方式在某人的死亡纪念日举办派对，内容包括传统的旋转舞和盛宴。而在印度的拉贾斯坦邦，追悼会过去 12 天后，生者会为已经离世的心爱之人举办一场派对。爱尔兰人则会在欢笑声和音乐声中为死者守灵，那是一种比较喧闹的庆祝方式。为什么围绕着相同的话题，居然会有如此多样的看法呢？来自那些文化体系的人肯定和我们死得没有差别。既然如此，那么就一定是观念的问题，也就是说他们与我们的看法不同。

击破死亡的五大谣言

如果我们允许自己近距离地观察死亡，而不是远远地看着，那么就有可能发现它在我们的生活中占据了一个有意义的位置，而不是把它视作兵临城下的敌人。为此，我们要先粉碎五大谣言。

死亡有一个日期

死是人生过程中不可或缺的一部分，我们出生的一刻也是我们开始死亡的一刻。就在我们说话的这段时间，你正走向死亡。你体内的 25 万亿个红细胞都会在接下来的四个月内死去。等读完本章的时候，你的整个体内已经死了 1.5 亿个细胞。其中有 2000 个是再也无法被替代的大脑细胞。死亡不是一个事件，它是一个过程。我们走的那一天也没有什么特别之处。

请记住！

我们每天都在一点点地死去。

死亡是一个敌人

对维持这个星球上每一种生命形态的食物链来说，死亡是一个必不可少的环节。食物链中每一级物种的捕食都以下一级物种的死亡为前提。从整个系统来看，没有另一个的死，生命就无法存活。我们人类以捕食它们中的大多数为生，直到我们自己死亡，而这个时候，一块草坪上的草或一树月季就会在我们腐烂的尸体中找到养分。

请记住！

没有死，就没有生。

虽然有一些生命形态坚持的时间长久一些，但无一例外地最终都会离去。每一分钟都有数十亿个生命在完成维持生态系统存活的使命后安宁地死去，唯一会小题大做的物种就是我们自己。

死亡总不受欢迎

虽然在内心深处，我们都知道自己难逃一死。不过，我们还是希望死亡能够预约一个时间，而不是不请自来，并且我们希望这个约会能来得晚一些。“嘿，我还健康，还在享受这里的生活，所以 30 年后，不，330 年后再来吧。其实不用那么麻烦，留下你的号码，到时候我会打电话给你的。”

当人生一帆风顺的时候，没有人会想死，然而也有许多人的体验与此相反。当人生不如意的时候，我们的态度就会发生变化。比如在被病痛折磨的情况下，或是在身体衰老羸弱的时候，我们就开始琢磨——即使我们发现难以承认——“死亡为什么需要那么长的时间”。

我们与死亡在时机把握方面存在意见分歧，并以同样的方式看待心爱之人的死亡命运。当某个心爱之人死去的时候，我们就感觉自己遭到了背叛，为死神太早带走心爱之人而变得愤怒。“只要我们能再拥抱最后一次就好。”我们想。然而扪心自问：太早有多早？就算我想方设法与死神达成协议，让阿里坚持到最后一次拥抱，甚至坚持到一年之后，又怎么样？难道到时候我会说“好了，现在你可以带他走了”？不会！那时候仍嫌太早，我总会渴望再多一个拥抱。

但是当活着不再是更好的选项时，我们与死亡的意见分歧就会消失。当广泛性出血开始影响阿里的器官时，它们就陆续衰竭了。在那几个小时里，我不断许愿、恳求、祈祷他恢复过来。我相信他的大限还没到，但是当最后负责重症监护病房的一个医生将阿里身体的损坏程度坦诚相告的时候，我的心意发生了转变。我很怀疑，对英俊的儿子来说，带着受损的大脑在这个世界多留一段时间是否算一个更好的选择。说不定，那一刻就是离开的最好时间。

不管喜不喜欢，死亡与每个人都有一个约会，它只是没有告诉我们具体时间而已。或许只有这样，我们才能享受自己活着的时间。然而，当死亡最终真的出现时，我们的思想或许已经发生转变。我们可能在认真权衡过两个选项后，觉得自己已经准备就绪。

请记住！

我们所有人迟早都要做好死的准备。

死亡会让人疼痛

我们与死亡的另一个意见分歧在于如何死的问题。我们盘算着，我不喜欢被淹死。那样，怎么说呢，太湿了。我也不喜欢被摔死。或许可以吃糖吃死？对，我好像更喜欢这样。就吃棉花糖好了！我想用这样的方式离开。

当一场海啸夺走数千人的生命时，我们会对这个世界生气，而如果你愿意，还可以说对上帝生气。那让人感觉太残忍了，肯定还有更好的死法。但是死亡总是突如其来，总是不遂人愿，无论哪种死法都是一样。

阿里总是对我说，他不怕死，但是死前的疼痛让他恐惧。记得他在11岁那年提出了这个话题（我猜他之所以小小年纪就提到它，是因为要把整整一生都挤进仅有的21年里）。我当时给他的回答是："许一个愿吧，亲爱的，希望你永远都不必为那种疼痛而承受痛苦的折磨。"果然，他在离世的那天，是夜里10点半入睡的，之后再也没有醒来。我也要许一个愿，希望自己的大限到时，也能像阿里一样在睡梦中安宁地离开。这种死法甚至比吃棉花糖而死还要好。

虽然让人疼痛的死是我们最大的恐惧之一，但是死真的会痛吗？事实上，没有让人疼痛的死，只有在死前最后一刻那让人疼痛的生。想想看。当我们走的时候，就不会再有疼痛了。正如伍迪·艾伦所说的："我不怕死，只是不想在它发生的时候身临其境而已。"他不会的。当我们要死的时候，没有人会身临其境。

请记住！

死亡永远都不会让你受皮肉之苦。

死亡可蒙混过关

这种谣言是现代世界的发明创造。在“挽救生命”的许诺为价值数万亿美元的医疗行业奠基之前，死要简单得多。而如今，死花费的时间要长得多。它变得更加复杂、更加疼痛，而且普遍更加昂贵。

过去大多数人都死得很突然，或者用不了多长时间就死了。死亡在人们的期望之中，也在接受范围之内，而且尽管活着的心爱之人仍要与震惊和悲痛为伴，但死的那个人轻松得多。其原因就在于没有那么多延长的疼痛，也没有那么多痛苦的折磨。如今世易时移。人类得益于不断进步的科学技术，找到了能够在身体出现问题时给予修复的治疗方法。数十亿人都得到了再活一天的机会，结果，人类的寿命仅在过去的60年里就激增了50%。[1]

然而有些时候，活得更久并不意味着活得更好。重症监护专家彼得·索尔在TED演讲时，以《我们来谈谈死亡》为题讲到了两者的区别。他说，虽然“挽救”生命的许诺很鼓舞人心，但是更确切地说，在售的产品只能做到“延长”生命。这么想来，只有当生命值得延续的时候，再活一天才算得上一份宝贵的馈赠。但是在发达国家，许多人不做这样的区分，总是讨价还价般要多活几年，哪怕那意味着更多的痛苦折磨也在所不惜。结果，每十个人中就有一个死在重症监护病房里，而且哪怕在病人被宣布临床死亡之后，还要继续连着呼吸机。[2]

正因为人类比以前活得更久，所以另一个价值数十亿美元的行业就承担起了将各种黏液注入我们体内，还有切割、拉伸、缝合我们皮肤的任务，只为了消除岁月的痕迹。然后，当我们终于死去，又有一个行业为我们提供不朽的机会，具体做法就是将我们的身体冷冻起来，寄希望于技术足够先进的时候再让我们复活。这是一种古已有之的寄望，比如我的埃及同胞——法老。

应该说，我们当初活着就是个奇迹。看一看你的物质形态，想一想为了让它一刻不停地延续下去，需要成百上千的生命机能完美无缺地运行。想一想它包含的成千上万种蛋白质，每一种都像一台精密装置一样发挥作用。想一想数以万计的细胞，总是需要给养、保护和替代。虽然我们每天早上醒来，都期望这台机器正常运转，仿佛那是再简单不过的一种惯例，但真相是我们的身体极为脆弱。哪怕只有一个基因组发生突变、一种细菌持续存在、一个生命器官衰竭，或者一个系统发生故障，这台机器都会崩溃。潜在的——可能的——故障点简直数不胜数。

想一想被我们唤作阿里的那个英俊小伙子。他的死仅仅是因为一个针刺的小孔！或者精确地说，是一根针刺穿了一根血管。我们真的有那么脆弱吗？是的！而且比我们担忧的要脆弱得多。有太多的地方会发生问题，也经常发生问题。就像那句阿拉伯谚语所说的："虽然死因无穷无尽，但是死亡只有一种，没有差别。"

随着阿里的离世，我和死亡已经握手言和。我心知肚明，这很有可能是我最后一次呼吸，这有可能是我写的最后一个段落。

这台机器，也就是我的物质形态，并没有附带保修服务。它的说明书上清楚地写着，在何时停止运转的问题上，我是没有发言权的。如果精心保养，我们或许能按时钟多走几千英里，但最终还是会将备用零部件用光。这就是游戏规则。

请记住！

没有可以蒙混过关的死亡，我们所有人都有要走的一天！

如果有某件事无论如何都不能被纳入我们的控制范围，那么除非学会接受它，把它当作正常人生轨迹必不可少的一个组成部分，否则我们就不可能找到快乐。然而，只要我们相信死亡会夺去生命本身，就仍难以接受它。但是死亡真的会夺去生命吗？

生命一直存在

当我和妮芭丽终于获准进入重症监护病房，和我们的儿子做最后一次告别的时候，她对他说：“亲爱的，你终于到家了。”而我则亲吻着他的额头，说：“我的朋友，咱们很快就会见面的。”那时的我们已经处于安宁的状态，因为我们相信有来生——有些读者不会赞同的一种信念。

长生的定义

关于死后我们会发生什么的问题，虽然存在着百家争鸣的观点，但还是有些被反复提及的基础性概念。其中最普遍的就是永生、来世、不存在。宗教信仰体系一般说的是我们可以永生，并最终升入天堂或堕入地狱——一种认为真正的人生只有在死后才会开始的观点。其他的信仰体系在看待这个问题时则没有那么明显的二元论特征，而是提出我们会不断轮回。世俗的信念体系说的是有"存在"，也有"不存在"，当我们死了，一切就终结了：我们会消失。

这些各执己见的观点都没有确定的把握。但是为了找到一个共同的基础，请允许我用一个与它们都存在交集的统一定义来概括"生命"是什么。在这里，我用"生命"一词指代我们当前活在这个星球上的物质形态，用"死亡"一词指代这种形态的终结。这样就不会有争议了。搞定了这两个定义，我们就可以开始讨论新的内容：长生。它既可以指代寿命，也可以指代你对死后发生什么的任何一种定义。如果你信仰宗教，它就等于"生命＋永生"；如果你信仰的不是二元论，它就等于"生命 × 轮回的次数"；如果你相信的是世俗观念，它就只等于"生命"。

生命与时间的关系

要讨论长生，就必须反思我们认为理所当然的一些问题。例如，我们把死亡理解为生命的一种中断，但换个角度来看，事实似乎再明显不过，应该是生命中断了死亡。因为死亡的持续时间可以无限延长，而生命却很快就会终结。为什么如此宝贵的生命会那么微不足道呢？它怎么能持续这么短的时间呢？既然它只是

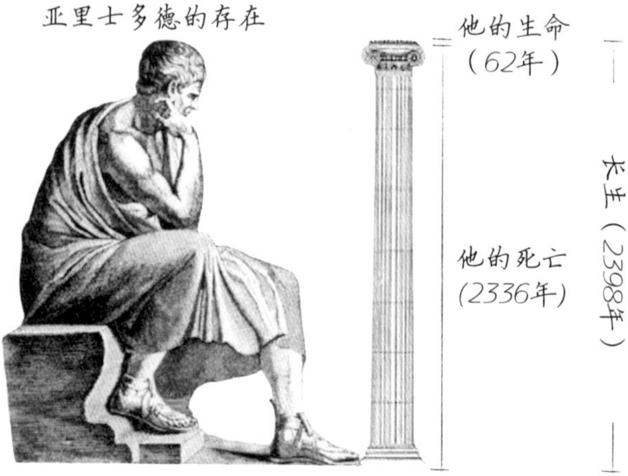

沧海一粟，为什么我们还要那么看重它呢？

好了，答案就在生命和时间的关系中。还好我们在这里不必依赖玄学。早在一个半世纪以前，普通物理学就已经开始研究大到无限、小到没有，以及介于两者之间的万事万物了。其成果——量子论、“大爆炸”理论和相对论——有助于理解我们为什么会如此看待生命和死亡。这是好事，因为自从人类出现以来，死亡之前——以及死亡之后——的生命就一直是辩论的中心，所以能够以一定的客观性讨论这个话题确实会让人乐于接受。

你或许听说过量子物理学的双缝实验（double-slit experiment）。考虑到我们的目的，我只想说，它代表了我所知道的物理学和生命本质之间的唯一联系。它证明了亚原子粒子的存在和某种生命形态（比如你自己）的观察存在关联。在这个简单的实验中，亚原子粒子——例如光子——要穿过有并排两道裂缝的一个障碍物，再投射到一面墙上。在没有被观察的情况下，一个粒子会穿过两道裂缝，同时不再以粒子的形态存在，而变成一个概率波函数。只有在被观察的情况下，那个波函数才会坍缩，恢复到粒子的物质形态，然后只穿过其中一个裂缝。仅仅是观察光子似乎就能让它“选择”成为一个真正的粒子。这种奇异的特性已经成为一个被广泛研究的课题，并且所有的研究成果都指向一个明确的结论：当不被生命观察的时候，物质世界就会停止存在！

薛定谔的猫是该结论的知名例证。在这个思想实验中，一只猫被放进一个钢制的密封箱里，随之被放入的还有一个装置，内含可能对它致命的一种物质。那个装置经由随机事件启动，释放可能的毒气，而我们在箱子外面无法控制事件，也无法预见什么。正是由于我们无从得知，所以根据量子定律，那只猫可以处于概率波函数的任何状态，因此处于又生又死的所谓叠加状态。只有当我们打开箱子，观察或测量那只猫的健康状况时，叠加才会消失，猫才会变成非此即彼的状态，也就是非生即死的状态。这就是观察者悖论（the Observer's Paradox）：观察创造结果，而没有测量，结果就不存在。

海森堡的不确定性原理在这种怪象的基础上又向前一步，证明了我们自己的观察行为会改变我们观察的现实世界。该原理提出，物质世界——我们周围的世界——具有观察者依赖性。换句话说，如果没有观察者，那么万事万物的存在形态就永远都是无穷无尽的概率波。你、我和其他的生命形态都不是物质世界的产物，而是我们的产物，因为是我们通过观察它才让物质世界成了现在这个样子。

是的，我知道，现在每每细想及此，我还是会汗毛竖立。

现在知道了量子的奇异性，让我们再回过头来，一直追溯到物质宇宙的开端。就宇宙如何起源这个问题来说，“大爆炸”理论的宇宙模型占据优势地位。它认为宇宙起初是一团超高密度的物质，后来才逐渐膨胀，生成整个宇宙和其中的万事万物（包括你和我的物质形态）。在大爆炸发生后，经过90多亿年的时间，才形成我们的地球，又经过40多亿年的时间，才有生命形态在地球上居住，然后才有了现在的我们。

将量子理论和“大爆炸”理论综合来看，就会引出一个非常有趣的问题：哪一个最先存在？是生命，还是包含生命的宇宙？每一个存在的粒子——包括组成最初那团物质的粒子、膨胀的气体，还有最初的地球及其大气层中的每一个氧气粒子和江河中的每一滴水——都需要某种生命的观察才能存在。除非从“大爆炸”发生到生命以物质形态出现的这段时期，我们所知道的那些物理学定律不适用，否则就是生命先于物质世界而存在。[3]

自从“大爆炸”发生以来，时间一直是这个物质世界最具持久性——尽管具有虚幻性——的东西。这就要用到我们的第三个理论，即爱因斯坦的相对论了。它给出了另一个颇为费解的科学结论：所有的时间已经存在于一个被称作时空的四维结构中。正如之前说过的，时间的相对性意味着你和我可能对时间有着截然不同的概念，具体怎样要取决于我们的速度、位置、有利观察点和各种各样的参数。相应地，由于不存在绝对的时间，所以我们对任何一个事件的起止都有各不相同的感知。

如果把这三个丰碑式的理论——量子论、“大爆炸”理论和相对论——综合来看，就会发现最先出现的应该是生命，它包括了所有潜在观察者的连续统一体。这意味着生命不会遵守物质世界的规则和原则，因为后者有赖于前者的观察才能存在。同时也让我们不得不面对一些非常费解的问题：既然如此，那么生命如何终结呢？若是生命的终结有一个时间点，那么它什么时候开始呢？根据谁的时间呢？你的？我的？如果所有时间都是一直存在的，那么哪个生命是最先出现的呢？是我的还是阿里的？是谁先死呢？是阿里还是我？如果所有时间一直都是平等地存在，那么“最先”“最后”“之前”“之后”又是什么意义呢？答案只有一个：

请记住!

生命一直存在。

虽然我们的物质形态受制于物质宇宙的局限性，但是在爱因斯坦的宇宙构想中，一片时空面包可以既包括阿里的死亡，也包括我自己的出生。那片时空面包的真实观察者必须是先于宇宙本身而出现的部分生命，必须存在于时空界限之外。真实的你和真实的我活在我们的物质形态之外和长生的连续统一体之中，它们超越了时间之箭。

现在讲到的这部分较难理解。或许我需要让你独自思考一会儿这些概念。按你需要的时间慢慢来，但是要记住：物质的自我是一种错觉，生命不是受制于时空局限性的身体。当你想到自己作为观察者的时候，要想到真实的你，而不是代表你的那个物质形态。

虽然我相信阿里的物质形态是我的物质形态的后代，但阿里的生命不是。在时空范围之外，他的生命是一直存在的，我的也是。按照我的定义，死亡是我们物质形态的终结，却不是生命的对立面。应该说，死亡是出生的对立面。出生和死亡就是两扇传送门，而我们则是通过它们以这种物质形态来了又去，但生命是独立于所有物质的。生命观察物质。它在物质之外，那里没有之前，也没有之后。我在阿里离世后体验到的安宁就源于此。我知道我们还会再见。

请记住!

尽管我们的物质形态会腐烂，但我们永远都不会真的死亡。

死亡之后是什么

死亡之所以可怕，是因为我们已经适应了这个人生带来的熟悉感。我们在这里感到安全，有点儿像在母亲的子宫里。回想那时，环境是温暖的，食物是免费的，没有时间压力，没有税负，一切都是轻轻松松的。想想看，如果当时出现一个人，告诉你即将迎来一个被称作“分娩”的痛苦过程，到时你要从熟悉的家里被挤出去，而且当你出去的那一刻，食物和氧气的供应都要被切断，安宁的黑暗也要被耀眼的光亮取代。你就会说：“嘿，我可没申请经历这个过程。我喜欢这儿，这样已经很好了。”

但是真的如此吗？现在你还想回去吗？难道你不认为外面的这个世界更好一点儿吗？那就把这种想法用于下一次转变吧。当我们度过人生的所有起落之后，若是有人告诉我们在某个时间点要经历一个被称作“死亡”的疼痛过程，并被一脚踢出这个家。可想而知，我们会有完全相同的反应：“我可没申请经历这个过程。我喜欢这儿，这样已经很好了。”

如果我们能够事先知道死后也挺好的，那么死就没什么大不了的，不是吗？

仅仅在美国，就有数百万例濒死体验的记录。简单来说，这些案例的主角都是体验了死亡又活过来的人。大多数人都讲述了一个非常积极的故事。而《再活一次，和人生温柔相拥》一书的作者安妮塔·穆贾尼分享的体验则是其中最美妙的故事之一。在TED 演讲时，她说：

> 我本来是活不到今天的。2006 年 2 月 2 日，我就应该死了。原因是我患了淋巴癌并已到了晚期，当时已经与病魔抗争了四年之久。那天早上，我陷入了昏迷，医生说我的器官正在逐渐衰竭，所以只能再活几个小时。虽然我的双眼是闭着的，但还是能意识

到一切。我意识到我的丈夫正心痛地在旁边握着我的手。我意识到医生所做的一切。那感觉就仿佛我拥有了360度的周边视觉。我能看见一切，但不仅仅限于房间内的事物。我意识到自己的身体。我能看见它躺在病床上，但是我不再依附于它。那感觉就仿佛我能够同时存在于所有地方。我的意识到哪里，我就到哪里。我意识到在印度的哥哥正赶一班飞机过来看我。

我还开始意识到已经死去的父亲和我最好的朋友。我开始意识到他们两个与我同在，仿佛在指引我。在那种神奇的豁达状态中，我有了明白一切的感觉。我明白自己强大得多。事实上，与我们在那具身体里时对自己的了解相比，我们所有人都强大得多，也有力得多。我还感觉自己仿佛与每个人都存在联系。我感觉自己能感觉到他们的感觉，但与此同时，我的情感却并未牵涉其中。起初，我并不想回到我那就要病死的身体里。因为我是家人的累赘，自己也承受着痛苦的折磨，但刹那间我就有种豁然开朗的感觉，既然我知道自己知道的那些事，那么如果我选择回去，我的身体就一定会很快痊愈。

让医生没有想到的是，安妮塔居然从昏迷中醒过来了。根据病历显示，她体内的肿瘤在5天之内缩小了70%，而且5个星期之后，她出院回家了。[4]

濒死体验的记录大多与此类似：人们穿过一条隧道，看见亮光，然后遇见他们心爱的人。他们看见花园与河流，那里的一切都是安宁的、充满爱的，而且没有烦恼。

许多人说濒死体验只是关于死亡过程的一种生物性的大脑反应，对此我要说，那又如何？不管它确实是死后的人生，还是大脑临死之前仍拒绝停止运行的结果，又有什么区别呢？说不定这是它最后一次唠叨，就像 Windows（微软操作系统）彻底关闭之前会闪现出漂亮的蓝色图案一样。随便是哪一种，一点儿都不可怕（更不用说超级酷了）。

我也经历过濒死体验的神奇旅程，当时我差不多是阿里的年纪，在做一个小手术的时候出了状况。我看见了那道亮光，冲过了那条隧道，然后找到了平静和安宁——这两种状态在濒死体验中相当普遍。跟你说实话吧，真的很美妙。那么好玩儿的旅程，我并不介意再来一次。

但在此之前，我要专注于另一个不可避免的状态：生命。

说来讽刺，我们的死亡命运居然是一位人生导师。在死之前，你不妨快乐地度过一生。所以下面我们要学习如何找到快乐，哪怕有死亡的存在，甚至因为有死亡的存在。

坦然地接受死亡

安乐之道就是要看到生命的价值。阿里的死让我认清了自己的生。在他离开的时候，我仿佛看见他转过身，给了我最后一份礼物——他帮我带走了一样东西。他剥去生命的包装，露出它朴素的样子。他让我发现曾经看似重要的东西原来竟一文不值，只

留下生命的真谛在闪耀着光芒。

死亡将我们与真相锚定，它是消除所有错觉的路标。假如你相信自己拥有控制的能力，那么死亡就会粉碎你的错觉。假如你与物质世界牵扯太多，死亡就会提醒你一切物质的东西都会瓦解。假如你为自己的知识感到骄傲，死亡的神秘足够让你困惑不解。假如你试图减缓生命的衰老速度，死亡就会摧毁你的时间感。当你接受死亡这一现实之后，就没有什么可恐惧的了。也只有到那时，你才能最终与错觉绝缘。而没有了错觉，你就能超越想法，到达位于顶端的安乐状态。

请记住！

接受死亡会让你自由，但首先它会让你抓狂。

死亡是最好的人生导师

伊斯兰文化劝告人们："如果你要寻求一位导师，那么死亡足以胜任。”如果我们真的关注死亡、聆听死亡、谈论死亡，而不是竭尽全力地假装它不存在，那么它就会传授给我们三堂课——不是关于如何死亡，而是关于如何活出一个有价值的愉快人生。

第一堂课：接受死亡

无论死亡有多么不受欢迎，最后它都会赢得胜利，所以把你的一生都用来与它做斗争又有什么意义呢？最出色的将军从来不会打一场注定要输的仗，而是把脑力和精力都放在自己能够发挥影响力的事情上。死亡的第一堂课就是教会我们接受它。

投降！

第二堂课：活在当下

人生的起止就像一本书的封面和封底。它们给人的感觉或许很重要，其实不然，真正重要的是写满两者之间那些书页的故事。

如果你知道今天是你人生的最后一天，会以怎样的方式度过？而更重要的是，既然知道今天可能就是你人生的最后一天，那么为什么不以那样的方式度过？

如果你确切地知道这将是你人生的最后一餐，那么你是会为服务员不够友好而郁闷，还是会慢慢地品尝和享受每一口食物？如果这是你人生中最后一次堵车，那么你是会把时间花在骂骂咧咧上，还是会希望它持续得更久一些？你会生气地狂按喇叭，还是会打开收音机，最后听一次你最喜欢的那首歌？为什么非要是你的最后一次，才会选择品味这一刻呢？

请记住！

把这一刻当成人生的最后一刻来活。

阿里离开后，有一次我们翻阅他漂亮的照片，妮芭丽指给我看一些他的婴儿照，说："他是那么安宁的一个婴儿，从来不哭不闹。那个婴儿来待了一段时间，然后就离开了，那种样子永远消失了，接着来了一个蹒跚学步的幼儿。他是那么好奇和快乐，然后他离开了，那个蹒跚学步的幼儿也永远不会再回来了。再来的是一个孩童，那么落落大方，那么活泼可爱，然后他也离开了，又来了一个热情慷慨的男孩儿，男孩儿之后是一个沉着冷静、知识渊博的少年，最后来的是一个英俊睿智的男人。现在那个人也离开了。我为认识他们每一个而高兴，也想念他们每一个，但是他们早晚都要离开。"

无论是你还是你爱的人，每天都会有一个版本死去，并一去不复返。所以请不要让任何一个版本未经欣赏就离开。我们一生奔波，却耽误了享受生活。我们不断给自己的目标清单加码，却忘了享受那张清单的时间可能永远也不会到来。人生就是一张长长的目标清单，趁你还有这个能力，好好享受它。

非常重要!

未死先生。

第三堂课：人生是租来的

你要明白，当大限终于到来，一切都将被留在身后：物质财富、心爱之人，还有你曾经那么珍爱的一切。

这就引出了所有问题中最重要的一个：既然一切早晚都要失去，为什么我们还要紧抓不放呢？如果你确切地知道自己要把所有的钱财都留在身后，为什么还要一心聚敛超过需求的钱财呢？如果别人早晚都要取代你的职位，为什么还要那么害怕失去它呢？当明天可能再也不会到来的时候，为什么我们还要积累今天并不需要的物质财富呢？这次同样只需简单的数学知识，就能了解我们的所作所为究竟错在哪里以及应该如何改正。

人生是一场零和游戏：我们赤条条地来，赤条条地走。为了让它成为一道正确的算术题，我们被给予的一切总有一天都要被拿走。

请记住!

一切所得最终都将失去。

你可以忧心忡忡地读这段内容，也可以让真相给你自由。从根本上来说，我的整个人生以及曾经归我所有的一切都是租来的。虽然我现在以租户的身份完全享有它，但是早晚都要快乐地将它移交给下一位。我在这个道理中发现了自由。既然什么都不是我的，那我就什么都不会失去。所以我会任由一切来去，而且趁它们还在的时候，我要好好体验。我全心全意地爱着它们、享用它们，并让它们感觉到我有多么欣赏它们，一直到分道扬镳、各走各路的时候。

当我终于学会放手，任由一切流动的时候，到最后似乎会拥有更多——这个违反直觉的事实蕴含了一个简洁的几何原理。每当我的人生中少了什么，就会有空间产生，让新的体验进来。放手可以让我的人生更加丰富。这就好像分享经济一样：你能够乘着最豪华的轿车去往各处，却没有一辆归你所有。所以：

请记住!

租一个充实而快乐的人生。

一个租来的人生让我总是满怀希望，因为那意味着所有的坏日子也会终结。伤心、疾病、失败或贫困的日子都会过去，我们不愈的伤痕、我们固有的弱点，全都是暂时的。这里的一切都不会持续。

死亡将把一切都留在身后。从语法的角度来说，“死”作为动词从来都不带宾语——死不能被执行在我身上——而是只有一个主语：我死。我不怕死，是因为我选择按照我自己的条件去死。

我选择放下对所有物质财富的执念，直到它们被迫离开我的那天。我选择租用我人生中的每一种体验充分享受它，但不让自己被谁左右。当我们学会了放手，也就学会了未死先死。我们将懂得，人生的一切都是为了让我们享用，而不是为了让我们保留。于是我们就会发现一个丰富多彩而且没有恐惧的人生，并将其作为自己的关注焦点。我们将不再想自己安宁地长眠之时，也只有到那一刻，我们才能学会“安宁地活着”。

非常重要!

安宁地活着。

人生就是一场乐在其中的游戏

阿里死的时候，我真的曾为理解生命是什么而绞尽脑汁，后来还是写书这件事帮我指点了迷津。随着拼图的各个部分——关于自我、知识、时间、想法、控制的错觉和死亡的真相——开始各归其位，整个画面也变得更加清晰起来。终于，它完全凝聚成了如今我心目中的人生哲学精髓。

如果真实的你既不是你的身体，也不是你的想法，那么你就会不禁思考，真实的你要如何与物质版本的你发生联系，前者又如何指挥后者在我们居住的这个世界里徜徉。对我来说，想象这种关系有一个最简单的方法，那就是设想一个玩家如何控制

自己在第一人称动作游戏中的化身。在电子游戏中，第一人称的意思是画面以玩家的视角呈现出来，就仿佛在通过玩家的眼睛看那个世界一样。在这样的游戏里，玩家可以用一个遥控器指挥角色的每一次行动。

我和阿里一起玩了好几年的电子游戏，其中最喜欢的一个就是《光晕》，我们在里面扮演“士官长”。在整个游戏过程中，我们扮演的角色要被成千上万的外星人、爬行动物和怪物围攻。我们会被袭击、被射杀、被从高处抛落、被狂轰滥炸、被战车猛攻、被刺伤，然后等死。我们周围的地形十分恶劣，或是火山熔岩，或是光滑斜坡。我们处在危机四伏的环境中，前路崎岖，目力所及的一切都在随时准备对我们造成伤害。然而，士官长是一个经验丰富的老兵。在我们的指挥下，他会冲进游戏中战斗最激烈的地方，射杀敌人，然后前进。他会遭受猛烈的攻击，会受伤倒地，但能够再次起身，继续游戏。

我和阿里会花些时间交流战略战术，为每一次漂亮的行动互相称赞，偶尔也为失败的行动互相取笑。我们充分重视每一次行动，全身心地投入其中，就仿佛那些袭击是真的一样。大屏幕的电视、精致的画面、生动的音乐，还有环绕立体声呈现出来的子弹呼啸而过和爆炸震彻房间的逼真效果，让一切都感觉那么真实。完全沉浸在游戏中的我们可以一连玩上几个小时，全然忘却了“真实”的世界，直到结束时间到，那时不管游戏过程有多么残酷，我们都会放下遥控器，说：“哇哦，太好玩儿了！”

好玩儿？如果只看屏幕，你可能会说，那太残忍了。你从每一个可能的角度目睹了一个人被攻打、被轰炸、被射杀、被袭击和被伤害。整个世界都在与你为敌。你会说，那简直就是一场大屠杀，你怎么能认为它好玩儿呢？

答案很简单：因为被痛苦折磨的不是我们。那些打击、攻击、射击对我俩没有丝毫影响。赢不赢都没关系，只是玩了场游戏而已。我和我的好儿子其实正在沙发上坐着，真的很好玩儿。

现在请思考下面的问题：你在地球上的人生和一场电子游戏有什么区别？如果你的物质形态——你用来在物质世界中穿行的化身——不是真实的你，那么沿途面对几次挑战又有什么关系？如果这个世界不时从你这里夺走什么，那对真实的你——在沙发上握着遥控器的你——又有什么影响？不管我们有多么沉迷于人生游戏，都有玩儿完的时候。这一生，我们经历起起落落，得到一些，也失去一些，但是一切都无关紧要，因为当我们专注于玩游戏的过程时，每一场经历都会是一种新的体验，纯粹好玩儿而已。这是一个真正的游戏玩家的观点。

值得注意的是，认真的游戏玩家总会设置高难度的游戏模式。

当阿里一个人玩的时候，常常把《光晕》设置到“传奇”模式，也就是玩家能设置的最难级别。只有在和我一起玩儿的时候，他才会下调到“困难”模式。

游戏太简单的话，就没有挑战性了。整个过程将缓慢、乏味，一点儿都不好玩儿。只有把游戏设置得难一些，我们才会投入、学习，并开发出新的技能。最优秀的玩家会在战场上遭受痛击，然后学习、调整，回去再战。虽然听起来很奇怪，但其实游戏越难越好玩儿。

笑对人生的艰难部分吧。它只不过是游戏的一种设计而已。不要上当，不要相信那些音效，不要被仿造的爆炸声吓跑。在游戏期间，阿里总是让他的化身跑向巨响和硝烟的源头。我问他要去哪儿，他回答说那里一定有战斗。游戏最棒的地方就在那儿。

现在我们来聊聊关卡。在电子游戏中，一个关卡指的是玩家在努力完成某个分支任务期间可供活动的全部空间。当你到达一个关卡的尽头时，将穿过某种类型的传送门。此时，游戏主机会暂时变暗，加载接下来的所有资源，当屏幕再次亮起的时候，你已经置身于一个全新的环境，那是新的一关。你可能会离开城区战场，发现自己正在一片丛林之中。在新的关卡中，游戏感受会发生变化。丛林可能会让你的行动变得迟缓，或者让你的视觉变得模糊，这样游戏就又多了一重挑战，也变得更加好玩儿。

每次过关的时候，你都会在奋力实现目标的过程中获得新的技能和增长游戏知识。一旦达到过关的目的，就没必要继续逗留。你要带着自己收集来的少量物品——如果有——去面对下一关的挑战。

与人生何其相似，不是吗？

尽管与电子游戏中某个关卡的目标相比，人生的目的可能稍微费解一些，但是过程看起来真的很相似。我们经由一个被称作出生的传送门，从自己一无所知的上一关来到人生的这一关，然后再经由一个被称作死亡的传送门，前往自己仍然一无所知的下一关。此生有没有可能只是我们超大游戏中的一关而已？

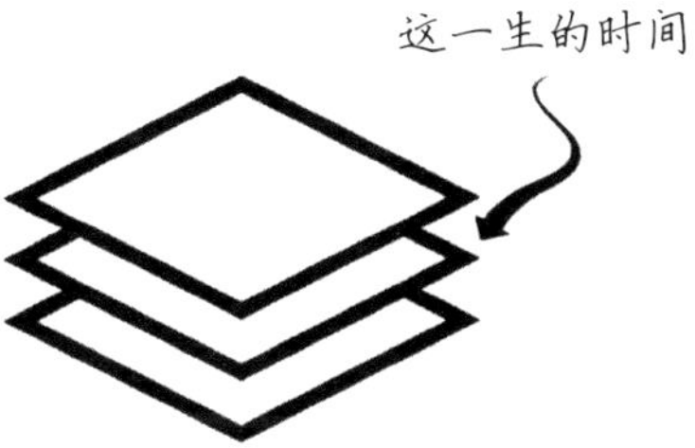

大多数宗教学说和神学教义似乎都相信这是真的。它们教导我们，死亡只不过是前往另一个人生的传送门，而我们永远都不会真的死去——死去的只是我们的物质形态。当你离开这一关的时候，什么都不会带走，但你在这一关所做的好事可能会让你在下一关面临的形势更为有利。一些宗教认为，如果你在迅速通关的过程中没能获得所需的技能，那么就会经过投胎，再回来重新玩这一关。

我甚至可以在这个类比的基础上更进一步，跟你讲讲通关秘籍和捷径。我提到过阿里是个认真的游戏玩家。当我还在手忙脚乱地操控角色，将画面转化为我的中年大脑能够理解的图像时，他已经迅速通关，就仿佛用的是他真实的双眼和双腿一样。我们一起玩儿的时候，他总是先我几步，而我则要匆匆跟上。他会急速跑过关卡里没意思的部分，在好玩儿的部分逗留，享受游戏提供的一切乐趣。

阿里偶尔会转个弯，在一棵树或者一堵砖墙前停下来。在那儿站一会儿并回头看清我的位置，然后径直穿过去，原来那是一条捷径，是可以直接带他到下一关的秘籍。这时候他就会把遥控器放下，亲切地对我说："别担心，爸爸，我就在这儿等你。"有时候我不得不克服重重困难，完成所有任务，才能在关卡的尽头处穿过传送门赶上他，而有时候我则能自己搞清楚如何找到同一条捷径。每次当我追上来的时候，他总是在那儿。他会笑着跟我击掌，说："爸爸，我真为你骄傲！"然后我们就会一起继续探索游戏的下一关。

阿里已经度过了完整的一生。伴随着朋友、音乐和许多的爱，他享受了这一关——此生——最棒的部分。他一直都是快乐的。虽然我没有科学证据去证明，但是我相信，就在 2014 年 7 月 2 日，他找到了一条捷径。凌晨 4 点 11 分，当我和妮芭丽忧心忡忡地坐在重症监护病房外面时，突然感到一股势不可当的积极能量涌来，让我们有了一种如释重负的感觉。他的叔叔从几千英里外的地方给我们发来短信，说他也有同样的感觉。

几秒钟后，一个医生惊慌失措地冲了出来，把其他医生叫了进去，他们疯狂地跑来跑去了好一会儿，而我们则平静地坐在那里。我们知道一切都好了。虽然后来他们出来说阿里的情况又稳定了下来，但是我心里清楚，他已经找到了他的捷径。他已经亲切地看了我们两个一眼，然后径直穿过去，说："别担心，爸爸，我就在这儿等你。"

总有一天，当我完成了在这里的工作，也会到达这一关的尽头。我们都会如此。做你要做的事，亲爱的，我很快就会赶上你的。难道你还不明白吗？一切都只是场游戏而已。所以你要好好玩儿，好好活着，好好学习，并且：

乐在其中！

就仿佛知道自己要离开似的，阿里在死前的最后两个月里，几乎逢人就问："我们死后会发生什么？"以阿里的特点，他每次问完问题后，都会专心致志地聆听对方的回答。然后再问一些阐释性的问题，再聆听，最后点点头说："真有意思！"他得到的那些回答可以说是五花八门。而就在他离开的几天前，他终于跟一位朋友分享了自己的观点，那是他最后的几次谈话之一。他说："我猜我们只有到了那儿才能知道答案，但我是个乐观主义者。等到了那边的时候，我唯一的愿望就是到最高的地方，看看创造出这个超凡宇宙的那个人的脸。"

哪怕是在就要离开的时候，他也要抽时间留下一条信息。他是在告诉我们，他在离开的几天前就找到了自己的安宁。安宁地活下去吧，我的好朋友，但请回答我最后一个问题：你的愿望成真了吗？那里真有一个游戏的设计者吗？是真的有人创造了这一切，还是说我们凭空编造出了那样一个人？

这就使得我们还要再讨论一个真相。现在别停下来，请继续往下读。

第十四章

伟大设计：寻找“造物主”的奇妙之旅

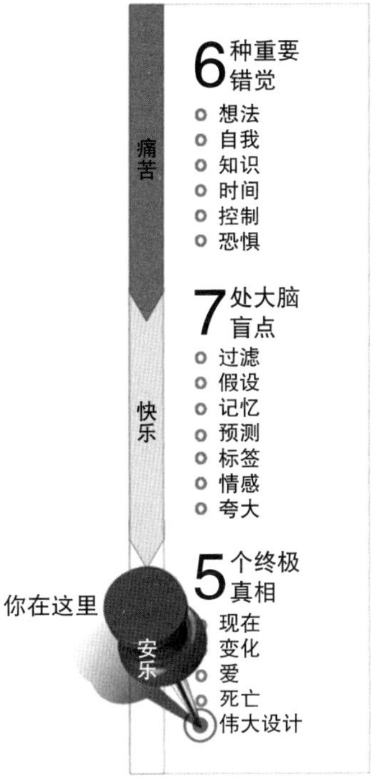

究竟“上帝”是我们创造出来的观念，还是我们是“上帝”创造出来的产物？这恐怕是有史以来辩论的最多的问题了。尽管通常情况下，辩论会为理想化的原因而达到白热化的状态，但那种讨论对求解快乐来说却是至关重要的，特别是当我们为超出物质世界范畴的损失而痛苦的时候。

就辩论的阵营来说，一端是信徒，他们相信有一个神圣的存在创造了万事万物。为了支持自己的信念，他们义无反顾地完全信赖自己的信仰，而不是逻辑或科学。而与之相反的另一个极端则是唯物主义者，他们断定不存在这样的实体，并设想所谓的造物主是在一个不可测的时间范围内重复发生的各种随机事件——一切都以“大爆炸”为起点，然后进化和自然选择带我们走到了今天。表面看来，两端似乎没有什么共同之处。大家都有自己相信的东西，但似乎没人就“辩论的核心”是什么达成一致意见。

当我们说到“上帝”的时候，要表达的意思可以千变万化，跨越包括文化、神学和宗教在内的各个领域。所以许多争论最后都归于误解，而不只是根本性的分歧。但探究快乐的过程本就是一个追寻真相的过程，所以我们感兴趣的正是根本性的问题——尤其想弄清楚生活为什么要随意惊吓我们，甚至虐待我们，还要让我们的期望落空。而对追寻快乐来说，最具相关性的一个问题则是：生命和我们的宇宙是随机出现的，还是经由设计出现的。

设计的问题与设计者——上帝——的问题是密切相关的。当我准备写到“伟大设计”的时候，有人明确建议我避开这个话题。的确，以上帝为题的辩论无疑会导致读者群出现两极分化的现象，那样没有任何好处。但是这个话题却不断地冒出来，毕竟我之所以能够面对阿里的死亡和保持安乐的状态，要在很大程度上归功于伟大设计的概念。事实上，如果我相信失去阿里这件事只不过是色子在随机滚动的结果，那么我的安乐模型就会缺少一个关键支撑。

伟大设计的概念预示我们宇宙中的每一个微小运动都要遵循

一个精细化的复杂模式，即没有什么是随机的。在模式理念的帮助下，我明白了超市里之所以排起长队，不是因为那天是我的“倒霉日”，而是因为在供求规律的驱使下，那个时段的那个地段出现了更多的客流。设计的存在意味着亚洲海啸不是因为上帝生气了，也不是因为上帝糊涂了，而是一个板块的运动导致海底发生了一场地震。虽然大脑惯于就事件发生的原因创作出各种各样自我指涉性（self-referential）的故事，但只要我们去除了这些故事，就会发觉一切的发生都是一个高度同步的宇宙的组成部分，总有某些算法（尽管并不总是为我们所知晓）在发挥作用。只要忠于这个真相，就足以改变人生，因为它有可能让快乐方程式一次性得解。

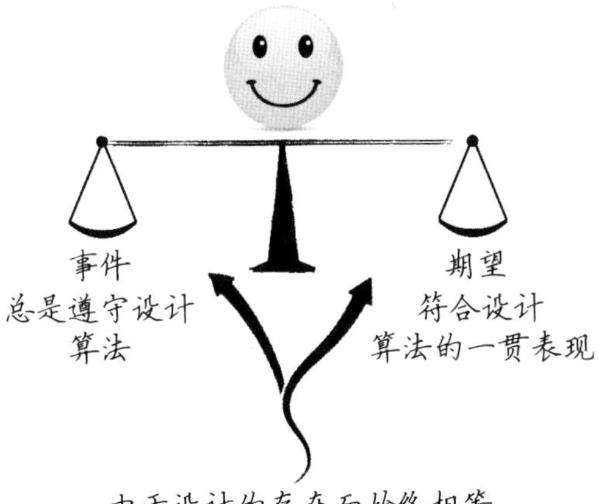

举个简单的例子：我们知道一块磁铁的两极有吸引力，而且由于我们知道有一种物理定律在精确操纵那种现象，所以再有别的期望或是在它发生时感到难过就显得愚蠢可笑。同样，我知

道在某种程度上，事件总是符合我的合理期望，虽然我并不总是喜欢那些事件的打开方式，但期望它们换一种不同的打开方式却过于天真。我就这样找到了安宁。当我尝试用自己输入方程式的内容对事件产生影响的时候，就懂得了影响人生道路的参数多达百万，而我只不过是其中的一个而已。

除了校准我们的期望之外，设计的作用还有很多。相信设计，就意味着相信设计者的存在，这对我们的安乐状态具有重大影响。若是你能对我失去阿里这件事感同身受，可能就会明白，和相信他只是消失得无影无踪比起来，相信设计者的存在——相信我们属于一个比这个物质世界更大的世界，相信阿里因此一切都好——对我来说是一个更令人欣慰的故事，至于它是否具有科学意义上的正确性已经无关紧要。不过，虽然相信这样一个“神话故事”有助于略微缓解我的疼痛，但对我帮助更多的则是坚信它不仅仅是一个神话故事。

万一我能用可靠的算法证明设计者其实是一个千真万确的概念呢？有这个可能哦。这个算法的数学论据决定了我是在阿里离开后仅仅在故事中找到安慰，还是在阿里离开后恢复真正的快乐。

所以让我跟你分享一下设计者的概念吧，它不是出自一名宗教信徒的头脑，而是出自一名工程师善于分析的头脑。

像往常一样，你要记住这只是我的观点。所以请保留你喜欢的内容，忽略你不喜欢的内容，但在还没有找到一条属于你的道路——属于你的真相——之前，请不要停下脚步。

由于我们要尝试回答的是一个困扰了人类许久的问题，所以最好先用几页内容对这个问题进行一番说明，然后再让各种各样的逻辑拼图共同组成一个条理清晰的框架。

准备好了吗？

用数学思维来解答设计问题

有一个颠扑不破的真理不但适用于商务和生活领域，也适用于工程设计领域，那就是：在寻找某个答案的过程中，最为关键的一步正在于问题本身。如果我们连求解的是什么都不知道，那么无论找到的答案是什么，都是答非所问。所以让我们先对问题陈述进行一番准确定义。

为了避免混淆，也为了不拘泥于几个世纪以来围绕这个题目展开的激烈辩论，我们要避免上帝、造物主、圣灵、至高权力、宇宙意识甚至原力这样的常见术语。它们的真正含义已经被宗教组织和神学机构弄得模糊不清，并且经常为了配合某条规则而被捏来造去。所以我要用“设计者”一词取而代之，它能够抽丝剥茧般让我们这个问题露出最纯粹的核心。

外层问题

还有一个重要步骤是将表面相关的问题全部除去，将问题形式简化到极致。只要我们先解决了核心问题，再回答以它为源头的问题就容易多了。

在一个颇为流行的脱口秀节目中，喜剧演员乔治·卡林取笑过许多有关宗教和上帝的外层问题：

> 宗教其实是在说服人们相信天上住着一个看不见的男人，他注视着你每一天每一分钟所做的每一件事。他有一份列了10件事的清单，上面都是他不希望你做的事。而如果你做了其中的任何一件，他就会送你去一个满是烈火与折磨的特殊地方，让你在那里永远受苦，直到时间的尽头……但是他爱你！而且他需要钱。他无所不能、完美无缺、无所不知、无一不精，但不知怎么就是不能处理钱的问题。我曾经试着信仰他，但是年龄越大，就越发现有什么地方不对劲儿。战争、疾病、死亡、破坏、饥饿、肮脏、贫穷、折磨、罪行和腐败，他的工作干得实在不怎么样。这样的材料不应该被写入一个无上存在的简历。按理说，这样的材料应该属于一个态度恶劣的办公室临时工才对。如果真有上帝，那么大部分人应该会一致认为他至少是不称职的。[1]

此处提到的问题既有意义，也有道理，颇值得探讨。我敢肯定，在你心头也曾掠过这样的问题。不过，它们都是外层问题的很好例子。

当附加的外层问题与核心问题纠缠不清时，我们的思维过程就会变得千头万绪，讨论就会偏离最短的路径，于是我们感到挫败，问题也变得更加难以解决。相较之下，更为有效的方

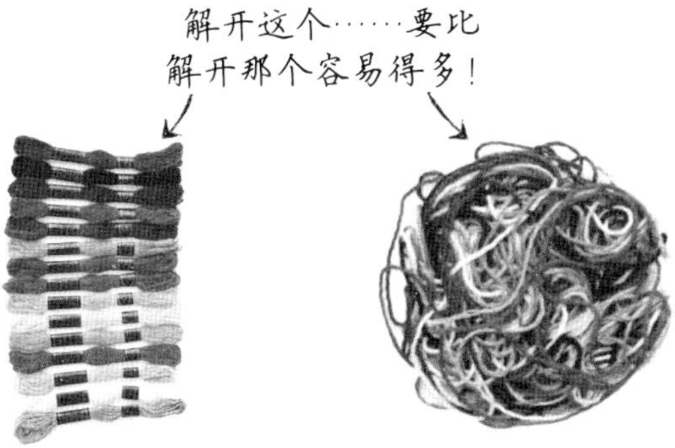

法是把设计或设计者问题的所有干扰性外层全部剥离。

卡林剑指宗教组织——它们号称拥有“上帝”这个品牌的所有权——的某些要求、演绎和传说。虽然我也认为许多类似的传说都是无稽之谈，并且惹人反感，但它们与我们在这里谈论的内容毫不相干。这么想吧：就算有人编造了一个荒谬的故事，说 Facebook 的出现只是因为一道闪电突然击中了马克·扎克伯格的电脑，你也不会因此就认为扎克伯格不存在，对吗？就算你不认同审判的故事，地狱中的永劫、人类的罪恶行径、无情的自然灾害或其他上帝的作为，

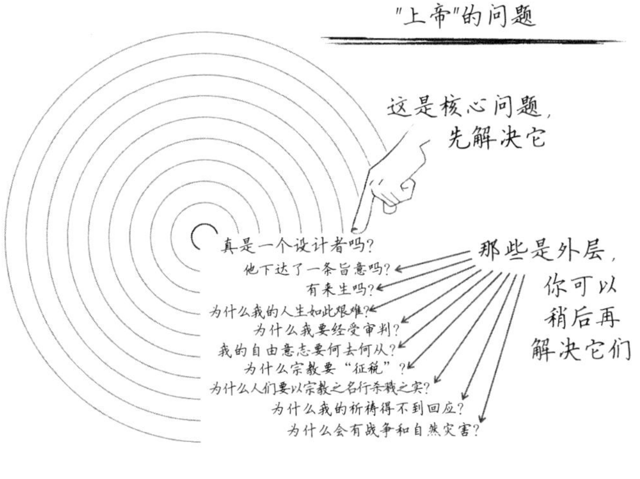

也——再说一次——毫不相干。就好似不认同某个政党一样：你知道就算自己不认同，也不能证明那个党派就不存在。

在得到核心问题的答案之前，我会尽量绕开与之相关的无数外层，专注于我们的逻辑思路。那些外层不是要被置之不理，而是暂且搁置一旁，这样我们才能将它们逐一解决掉。请暂且假设“潜在”的设计者无关于任何宗教、神话故事、上帝的作为或推测的旨意。让我们同心协力先解决这个问题：我们的宇宙是随机事件的结果，还是智能设计的结果？

如果我们最后得出的结论是没有设计者，那么所有的外层问题无论怎样都不重要了；而如果我们得出的结论是可能有一个设计者，那么你就可以开始将以此为基础的其他问题逐个攻破：究竟设计者是亲自造物，还是有旨意下达？诸如此类。好了，这就开始吧。你可能已经猜到了，由于个人背景的原因，我会从一个比较特别的观点讲起。

算法解读

我生来就是个穆斯林。和大多数宗教的情况一样，穆斯林学者也只关注机械性的实践——做这个，不要做那个，并且这样持续了几个世纪。他们忽略了伊斯兰精神的核心，甚至公开劝阻人们寻求自己的答案。16 岁的时候，叛逆的我决定重新研究它的假说。我宣布（只对自己宣布也算）自己是个不可知论者，并且为了寻求自己的答案而不断探索。我将所有外层问题统统剥离，包括都市传说、寓言故事、基本信条，还有情感。还剩下什么呢？是数学！于是我开始咀嚼数字，解读以智能设计为中心的各种事实。终于，我找到了两个从根本上对立，并且对立关系可以化解的术语：不存在与存在，用它们代替所有晦涩难懂的旧说。

不存在与存在

作为一名不可知论者，我发现在辩论双方中站到无神论者一边，并且以“你如何证明有设计者”的方式提问是更为容易的做法。此时我骨子里的神创论势力就会跳脱出来，滔滔不绝地讲起我从小受教的那些答案——竟是些什么也证明不了的宗教故事和古经典籍。这种内心的辩论始终一无所获，直到我发觉问题本身是不完整的，因此那些答案才总是缺乏说服力。既然是从不可知论的角度提出问题，那么就应该既要证明有设计者，同时也要证明没有设计者，才算得上客观公平。也只有在这样的框架下，举证的责任才能被平均分配到讨论双方的身上。我本来觉得奇怪，辩论中的无神论者一方为什么从来不使用这样的问题框架，但问题一经问出，原因就立时清晰起来：

非常重要！

没有科学方式可以证明什么东西不存在！

从科学方法的角度来说，我们是不可能证明一个否定的观点的。这或许听起来容易，实际上却难以做到。但是你可以这样想：证明某样东西存在显然是可能的，比如说猴子。只要找到一只就行。发现一只猴子，成了，猴子是存在的，而且你是有真凭实据的。但是证明一种想象中的动物不存在却是不可能的，比如说普朗子（plunkey）。要确定宇宙中没有普朗子，你就必须仔细检查每平方毫米的每个可能场景。而由于我们的宇宙太过广阔，也太过复杂，所以这是一个不可能完成的任务。而且由于我们的感官具有局限性，所以对一个否定观点的证明总是不能让人信服。假如普朗子是无限小的，那么除非我们的仪器足够精密，否则我们就不会发现它们；假如它们比整个已知的宇宙还大，那么我们就连一个都观察不到，而且或许永远都观察不到。

但还可以这样概括：

请记住！

就算没有证据证明某样东西存在，也不能就此证明它不存在。

有各种历史先例证明，人类曾经一而再再而三地遗漏我们这个宇宙的基本要素。事实上，有相当长的一段时间我们几乎把一切都遗漏了。我最喜欢引用的一个例子就是人类曾经仰望太空千年，结果得出了恒星和行星飘浮在虚无、空洞的“真空区”的假设。而实际上，一切都完全浸没在暗物质中。有什么方式能证明这种基本的宇宙要素不存在吗？不能，永远都不能！倒是回溯至 20 世纪 60 年代，有一种方式最终证明了它的存在，而且即使到了今天，我们也还是没能看见暗物质，而只能通过观察与之相关的宇宙运动来证明它的存在。

有那么几十年的时间，人类一直错误地以为宇宙大部分由真空构成，后来才发现所谓的真空其实是某种物质，这实在值得我们沉思。究竟还有什么是虽然存在却是人类观察不到的？看来我们必须要换一种方式看待存在本身才行：

如果没有证据证明某样东西不存在，那么就应该视作它有存在的概率。

这正是我们要开始用到数学的地方。（我说过了，它完全就是个数学问题！）

从这个意义上说，一个概率衡量的是某样东西存在的可能性，不管这种可能性有多小。即使我和你都能确定普朗子是不存在的——是我编出来的——它们也还是有存在的微小概率。自从我开始用这种方式思考，“概率”一词就开始出现在我各部分的研究中。受此启发，我做出了一个可以让问题陈述一目了然的区分。

已经做到与能够做到

围绕伟大设计这个问题的辩论归根结底是源于知识的错觉。辩论的一方坚定地相信有一个具备智能设计能力的神圣实体，而另一方虽然同样坚定，但相信的是随机性。他们都“知道”自己是对的。

只可惜他们都错了！因为谁也不能一锤定音地证明某一方的观点是对还是错。要知道在数学领域，如果没有令人信服的答案——我们的对话正以此为主要前提——那么它就应该转化为一个简单的概率问题，也就是哪一方更有可能正确的问题。

视角上的这个小小转变可以让我们的问题陈述有一个合理的框架。它变成了：

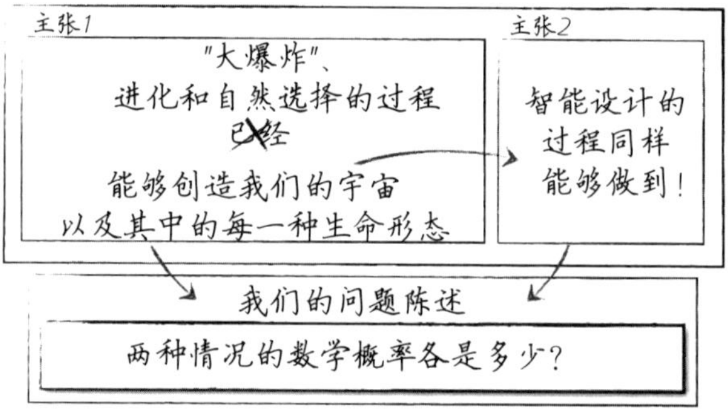

现在既然问题陈述已经明了，就可以着手寻找答案了。我们只需要计算辩论双方正确的概率就好，不会再有难解难分的争论。事实上，只专注于这个问题的一半就足够了。概率论的特性允许我们只求解问题一方的数字，因为一旦

知道其中一方的概率，我们只要用100%减去这个数字就能得到另一方的概率。那么我们就来算一算科学阵营（也就是随机性）一方的数字吧。

你要不要趁着我做算术题的工夫休息一会儿？这可能是个好主意。因为等你精力充沛地回来，前方等待我们的将是一些非常庞大的数字。

伟大设计的有趣实验

唯物主义者一方所持的论点是，经由自然选择调节和引导的一系列随机事件足以创造出我们已知的万事万物。随机性先创造出每一种可能的场景（以色子为例，就是1、2、3、4、5、6），然后自然选择通过丢弃前五种可能性和保留第六种可能性予以干涉。自然选择不会减少为了达到某种结果所需要的尝试次数，只是在误差发生之后将它们丢弃而已。虽然在创造一个复杂系统——比如一种生命有机体——的情况下，所谓的误差很可能非常巨大，但是进化论者相信，只要被给予足够的时间，那些随机实验就能生成一个对应我们的宇宙以及其中每种生命形态的结果。我的数学头脑完全同意这种观点。算法是没错的，只要被给予足够的尝试，任何排列都是可能的，无一例外。

但是就算它具有可能性，也不能因此就证明它具有正确性。现实世界中依靠自然选择调节的造物规模何其庞大，假想它们是一回事，而向算法里填入数字则完全是另一回事。进化的确能够创造万事万物，但问题是它已经做了这件事的概率有多大？随机尝试的次数又有多少呢？我们还是从一个简单的随机性范例开始，以比较轻松的方式进入数学领域吧。

假想有人在赌场里给了你几个盒子，每个盒子里都有许多色子，还说你有可能赚到 10 亿美元。而你的任务很简单：就是掷色子。只要每次都能把所有的色子掷出 6 点，你就能加入亿万富翁的行列。准备好玩儿这一把了吗？

运气问题

掷色子是随机性的最佳示范。只要掷的时间足够长，最后你一定能得到每一种可能的结果（1、2、3、4、5、6）。成功是早晚的事儿，但确切地说，晚有多晚呢？那完全取决于你尝试得到的结果有多复杂。

先掷一个色子并争取得到 6 点吧。这没什么秘诀——平均每尝试 6 次就能掷出一个 6 点。如果你是一个运气非常好的人，那么这种情况可能就发生得早一些。如果你不是，那么用的时间可能就长一些，但一般来说，期望这样的概率还在合理范围之内。简直是小菜一碟！

现在把目标换成一个略微复杂些的结果。掷两个色子并且目标是两个 6 点。虽然难度开始加大了，但还不算太难。你只需要运气再好一点儿就行了。虽然每个色子还是有 1/6 的成功机会，但是两个色子同时成功的机会却不会因为色子的数量翻倍而跟着翻倍。它变成了一个平方数，不是1/12，而是1/36。

这种趋势要继续下去，而且随着色子的数量——系统的复杂性——的增加，用不了多久，你的成功机会就消失殆尽了。如果掷的是三个色子，那么平均需要216次尝试才能得到3个6点，而如果掷的是10个色子，只是10个而已，你的成功机会就将变得非常渺茫，是6000万分之一。

掷10个色子看似一个简单的任务，但如果赌注是你自己的快乐，你还会玩这个只要10个色子的游戏吗？你的成功机会有多少呢？请先想一分钟，然后再接着读。你会下注赌这一把吗？

现在把掷10个色子——一个复杂系统——的过程与创造整个宇宙，甚至创造一种生物的复杂性做个比较。不难看出，后者的概率无异于掷几百万兆个，不对，是几兆兆个色子的概率。你会下注赌这一把吗？

只是运气不够而已

宇宙的复杂性超越了人类的理解能力，也肯定超出了我的数学模拟技能。假如只是估计其中一小部分或者说是一个小场景的概率，倒是有可能做到，若是估计概率的对象换成一部描述那种场景的小说，甚至可以更容易。但是，纯粹随机地把这部小说写出来能有多大的成功机会呢？

让我们从布莱恩·格林的著作《宇宙的构造》(*The Fabric of the Cosmos*)中借用一下那个有名的范例，以写小说的方式看一看这个宇宙究竟复杂到了多么难以理解的程度。《战争与和平》是列夫·托尔斯泰的史诗巨著，书中从5个俄国家族的视角，描述了与法国入侵俄国紧密相关的各个事件。只是为了描绘复杂宇宙中的这点细枝末节，他就用了超过56万个单词。托尔斯泰没有创造那个历史时期的事件，也没有创造5个家族，没有创造法国、俄国，也没有创造拿破仑和他的军队，以及让他们吃尽苦头的冰天雪地，他只是井井有条地组织语言，把事件描述出来而已。但就算是那种高度简化版的“宇宙”，也不可能随机出现。你必须正确排列所有的字母，组成几十万个单词，转而又需要正确排列那些单词，组成几万个句子、几千个段落，最后是几百页文稿。它的概率你自己就能计算出来，现在我们就从这个任务最简单的部分开始，即整理页码开始。

你只要买一本《战争与和平》，把书页都撕下来（有些版本共有693张双面印刷的书页），然后把它们抛向空中，任其随机落地。假设发生了一种物理奇迹，让它们落成了一摞（而不是散落在房间各处），那么问问你自己：“要让它们按照顺序落地，也就是第一页在最上面，往下依次是第二页、第三页，一直到最后一页，这个可能性有多大？”

那些书页按照正确方式有序落地的可能性只有一种，而无序落地的可能性却有许多。具体来说，它们落地的可能性一共有 10^{1878}（也就是 1 后面跟着 1878 个 0）种。[2] 其中只有一种是按照正确的顺序排列。

虽然这种惊人的数字不在进化和智能设计的讨论之列，但看清这些数字之后，你下注的时候心里就更有数了。如果一台老虎机需要吃掉许多兆个硬币才能出一次头奖（这种情况跟一本有序排列的《战争与和平》是完全一样的），那么你期望有多少玩家会排队等着玩儿？你会吗？

我能不能问一句，让那些书页恢复到有序状态的唯一方法是什么呢？是干涉。必须有人捡起那些书页，通过智能劳动的方法才能创造出一本具有可读性的小说。

我们继续，进一步观察把书页换成句子后的情况。让我们把一台打字机交给一只猴子（就叫它兰迪吧），并教它学会按键。由于兰迪不是个作家，所以它只能打出一串随机的字母，那么我们就再给兰迪无限的纸张和无限的时间。但是写一本传奇式的小说终归不是一项容易的任务，所以还是先用一个简单的句子来检查一下我们这只随机猴子的效率吧。

This short sentence can be produced by random keystrokes.

（这个短句能够通过随机按键来生成。）

这个句子中一共有56个位置。每个位置都可以填入一个字母或一个空格，也就是说可以在26个字母键加上一个空格键中随机选择一个按键来填入。每次兰迪随机按键56次之后，我们都要查看它是否写出了一个正确的句子。很容易，对吗？才不是呢。

假设兰迪是地球上速度最快的打字员，每分钟可以打220个字，那么我们就要每2.5秒查看一次。[3]我知道这挺无聊的，但我们还是要快速完成这一步，然后才能往下推进主任务。你认为随机生成一个让人满意的结果需要多长时间呢？好吧，需要好一会儿：确切地说是1.43亿兆兆兆年，其间，你将查看到11.4兆兆兆兆兆兆次错误的拼写。[4]哦，顺便说一句，这大约是地球年龄的25亿兆兆兆兆兆兆倍！[5]就这样一个简单的任务来说，这样的数字实在是太惊人了，不是吗？那么主任务也就是写出《战争与和平》的情况又是什么样呢？

不用吃惊。如果托尔斯泰是通过随机按键的方式写出《战争与和平》，并且假设每个单词平均包含6个字母，那么他就要尝试$27^{3480000}$次（也就是3480000个27连续相乘）才能完成。[6]兰迪的版本是没有标点符号的，所以整本书会是一个长句，读起来要困难得多。但是，嘿，还是放过那只猴子吧。把这个数字输入任何一个功能强大的计算器，都会将数值替换为一个更能理解的结果：无穷大。

等待这本有序排列的书问世要花费很长的时间，相当于永远都等不到。就算我们这只随机猴子的年龄比宇宙还大兆个数量级，也不可能随机写出《战争与和平》。期望在没有智能作者的情况下发生这种事无异于一场豪赌，数学家肯定是不会建议你下注的。我想你也应该不会有什么异议。

兰迪的“简单”任务先是写一个句子，然后是写一部小说。我们并没有要求它创造故事中的人类和被侵略的国家，也没有要求它创造不曾出现在小说情节中但存在于他们周围的数十亿生物中的任何一个。如果我们这样要求它会怎么样？如果随机创造的起点不是一张白纸，而是一片虚无，会怎么样？如果兰迪必须用随机按键的方法创造恒星、行星和有利于生命存活的地球环境以及生命本身，会怎么样？这要尝试多少次呢？你真的相信一只猴子能做到这一切吗？

一旦我们看清这些数字，就会打心眼儿里拒绝接受仅凭随机性就能写出一部小说的观点。既然如此，为什么还有人愿意接受所写故事中的复杂世界能够凭随机性创造的观点呢？我实在想不明白。

熵在游戏中捣鬼

布莱恩·格林用一幅将《战争与和平》的书页抛向空中的画面描绘了宇宙颇为有趣的一个特性——熵（entropy）。不过我在最初的计算中并没有将这种因素考虑在内，因为它会让“随机猴子”的整个任务难上加难。

想想看，如果有人在打字机上捣鬼，动辄就删掉已经写好的内容会怎么样。这种小小的灾难将让兰迪本就遥不可及的任务目标变得更加不可能完成，而这恰恰是宇宙的运行方式。

我们这个世界有一种混沌的趋向。万事万物都倾向于沿着时间之箭的方向变得更加杂乱无章。熵作为对无序状态的一种度量，是永远都不会减少的。你不需要拿到物理学博士学位就能看到，哪怕有什么东西极为罕见地出现了完美结合的情况，我们这个世界的趋向也是让它分裂，而不是让它壮大。显而易见，混沌正是我们居住的这个世界的存在方式。

我们能看到一块玻璃碎裂，却永远看不到它还原；我们能看到野生植物覆盖荒芜之地，却永远看不到它们长成整齐的树篱；我们能看到一瓶碳酸饮料随机冒出数千个气泡，却永远看不到它们再聚集到瓶子里。混沌理论不允许这样的机遇存在。而同样是在它的影响下，让一个复杂系统中的连续事件按照正确的顺序发生更是难乎其难。

偏偏顺序是至关重要的。前面我已经说过，用 10 个色子掷出 10 个 6 点的概率是 6000 万分之一。想想看，如果我要求你连续掷出三次这样的结果会怎么样，也就是先掷出 10 个 6 点，然后拿另一批色子再掷出 10 个 6 点，最后拿第三批色子也掷出 10 个 6 点。不太可能，对不对？就算一朵美丽的鲜花在随机作用下出现了，也要有适合的环境才能让它存活下去。虽然那种环境没有把蜜蜂（根据化石记录显示，它们出现的时间更晚）包括在内，但是进化论者却把它当成一个小小的细节而不予理睬，声称那时候的鲜花不需要蜜蜂授粉。然而，一朵鲜花肯定还需要一些其他条件：雨水、土壤养分、充足的阳光等。就这些需要存在的条件来说，每一样都需要将色子掷出复杂的结果才行。而针对这一点，进化论者会假设每种结果不断地随机发生，直到在某个幸运日，所有结果碰巧同时出现。这个故事倒也没什么毛病，貌似有理。但要记住，这相当于连续掷多少次 10 个色子。还要记住，熵每隔多久就在这个游戏中捣一次鬼，使得每当一朵鲜花出现的时候，我们这个宇宙都会为了让事物变得更加杂乱无章而倾向于将它吹走。

一个被忽略的细节

请别误解我的意思：进化是一个科学事实，这点毋庸争辩。我们身边随处可见足以证明它的证据。但是人们在谈论进化的时候，常常忽略一个小小的细节：微观进化和宏观进化之间的区别。

由于最近在格陵兰岛西部发现了生物源石墨，所以科学家得出 37 亿年前地球上就有生命起源的结论。科学家说，从那时起，进化就占据了支配地位，从而导致了生物体系各个层次的多样性。人们可以引用无数范例来证明进化论：飞蛾为了应对污染而改变颜色，达尔文雀为了适应新的食物来源而改变喙和身体的大小，意大利壁蜥为了成为素食动物而改变头部的大小，诸如此类。每一个范例很特别，也很有说服力，但显然都有一个重要的局限性：那些改变只发生在同一个物种内部。这就是所谓的微观进化：飞蛾还是飞蛾，15 种达尔文雀还是鸟类，而素食蜥蜴也没有变成奶牛。在有关进化的文献中，到处都找不到能够证明种类改变的证据，也就是所谓的宏观进化。从来没有可见证据能证明鱼变成了两栖动物，或者鸟变成了恐龙。科学家先是依凭一系列看似按照时间顺序排列的历史证据，比如化石记录，然后再构建理论来解释它们。但是从来没有人看到过一样能证明那些理论确实发生的可见证据。进化论者会解释说，这些事件需要几千年才能发生，而进化论的年纪还不到 200 岁——只要我们等待足够长的时间，就必定会看见这样的证据。尽管从数学角度来看，这是一个正当的理由，但无法改变一个事实：没有所见，进化论充其量就是个故事而已。

你知道我们把没有可见证据支持的故事称作什么吗？我们称它们为，好吧，信仰！好像正如大卫·福斯特·华莱士写道的：

请记住!

每个人都有信仰，我们唯一能选择的是信仰什么。

虽然进化适应是无可争辩的，但并不足以解释我们周围丰富多彩的造物结果。还能有更可信的故事吗？为了找到这个故事，我们需要粉碎另一个谣言。

我们都是伟大设计的一部分

设计并非进化的对立面。应该说，进化很有可能是刻意设计的一种手段。看一看我们创造的科技产品，你就能明白两者之间的这种关系。经过一套连续的迭代、发布、改版过程，每一种新产品都要比它的前身更加出色。然而，所有的产品都离不开设计，没有哪样产品是随机碰运气的结果。

假想几百万年后，一个外星物种挖掘出一系列已经变成“化石”并且保存完好的汽车。它们在这个“车考古”遗址上成功地找到了几件标本，全部属于被称作“奥迪”的物种。如果外星人用今天的进化思维解释它们找到的东西，那么就不得不相信“奥迪”是一个经过进化的物种。

奥迪夸特罗（Quattro）——失落的一环

我的意思是，看看它们啊！原来真的是平平无奇，直到 1980 年才出现明显的进化趋势，这可以通过奥迪夸特罗的化石——“失落的一环”——看出来。那是四轮驱动系统第一次出现的时间。正是由于这一特点，夸特罗才能够比它的前身优异得多，并能够在与竞争性物种的角逐中赢得胜利，结果导致竞争型号的快速灭绝。它之所以能够生存下来，就是因为它最具适应性。从那时起，奥迪物种在经年累月的迅速进化后，最终达到了一个更为复杂的“车物”（careatures）状态，能够凭借 R8 实现更高的速度和凭借 Q7 有效征服越野环境。

整个物种都变得更加稳固可靠，而且寿命也变得更长，每辆奥迪都能够行驶几十万英里。它们凭借 GPS（全球定位系统）、摄像头和距离传感器，变得更能意识到周边的环境，它们甚至开始理解语音并能够进行语音对话。经过自然选择，旧的型号灭绝了，只有最具适应性的型号生存下来（适者生存）。它们进化了！

外星人是对的。假设奥迪没有进化是毫无道理的。然而如果我说，假设奥迪在没有智能设计干涉的情况下仅凭随机出现是荒谬可笑的，想必你也会同意。

请你明白这一点，进化论所说的完全随机地制造一辆汽车，在理论上是有潜在的可能性的。如果我们给它无穷的时间，并且允许它没完没了地尝试和出错，那么就可能有金属在地球上的某个地点以完全正确的排列方式落地，形成奥迪汽车。这在数学意义上有潜在的可能性，但是有可能发生吗？还要请你注意这一点，汽车可比能够自我复制的生物简单多了。假如要模拟后者那种高级得多的复杂性，那么你要设想的随机性就相当于，一场飓风经过一个垃圾场后，留下一个设计完美的、完全自动化的工厂，而这个工厂能够生产出设计完美的汽车。这在数学意义上有潜在的可能性吗？当然有。但是有可能发生吗？我猜没有。

既然我们打心眼儿里不愿意接受单凭进化就能生产一辆汽车的观点，又怎么能有人笃信是进化创造了我们这个复杂得多的宇宙呢？

说到对进化的理解，虽然假设运气能够创造万事万物的观点在数学意义上是正确的，但要说已经发生了这种事，就不完全准确了——除非真像科学界断言的那样，宇宙有无穷的时间可以尝试。只可惜，那是另一大谣言。

只是时间不够而已

我们没有无穷的时间！如果从“大爆炸”算起，宇宙差不多有137亿岁，而地球有将近45亿岁。据我们所知，生命最基本的形态起源于37亿年前。尽管这听起来像是很长的一段时间，但跟造物的任务比起来，简直短到可以忽略不计。宇宙的年纪甚至都不够兰迪打出一个只有9个单词的简单句子，更不要说创造出一只苍蝇了。但是即便如此也不应该阻止我们再尝试一次，对吗？

我们只需要一只速度更快的猴子，就能及时完成任务。我是说真的，用45亿年打出9个单词！一定有一只能胜任这份工作的猴子。兰迪被解雇了，取而代之的是一只速度快得多的猴子——就叫它闪电吧。快手闪电可不便宜，它要求一根巨大的香蕉作为报酬，然后才开始工作。

任务还是一样的：写出11.4兆兆兆兆兆兆个句子，以便根据合理的概率得到一个正确的句子。为了完成这个任务，闪电要以光一般的速度每分钟打出55万兆兆兆兆兆个单词。[7]这究竟是我们今天在地球上观察到的造物速度，还是又一个被忽略的细节？

如果我们把这种快速造物的需求与地球上的生物数量相乘，会怎么样？单是记录在册的海洋物种就有差不多22.6万个，[8]而且据估计，尚未被发现的物种还有200万个。如果把所有的生命都包括进来，那么在地球上居住的物种数量大约是874万个。[9]请不要被那些关于进化和自然选择的耳熟能详的故事愚弄了，魔鬼就藏在数学细节中。如果创造每一种变体都像打字一样简单——其实不是——那么我们需要做多少次尝试呢？我们在周边世界中见证到的造物尝试应该提速多少？我甚至不想再浪费时间计算了，要点已经说得很清楚了。

哦，还有一个问题。

化石都去哪儿了

能人（Homo habilis）据称是与我们最接近的祖先之一，而我们这个物种被称作智人（Homo sapiens），两者之间有一个显著的区别，那就是我们的大脑是前者的三倍。这两个物种出现的时间相隔不到 200 万年。我们已经知道让一只猴子打出那个包含 9 个单词的句子有多大的成功概率，假如现在把同样的概率用于从能人到智人的飞跃式进化，那么这次进化就需要生产出比我们全部人口数量超出 200 亿兆兆兆兆倍的能人数量，才能碰巧创造出第一个智人。[10] 然后关键问题来了：近乎无穷数量的那些骸骨都去哪儿了？肯定不应该是太难找的缘故，因为平均来说，地球上的每平方米陆地就应该有 1.37 亿兆兆兆兆个骸骨。[11]

难道说它们无一例外地全都腐烂了吗？就算这种情况莫名其妙地发生了，为什么我们看不到这种模式——每个月创造出 5.7 兆兆兆兆个人类——的可见证据呢？它应该直到今天仍在延续啊！[12] 难道我们已经如此完美，居然让大自然决定不再让我们进化了？大家的数学技能都怎么了？为什么会无视这些简单的运算呢？

说什么随机性会历经每一种可能的排列，直到最终找到一种可以保留并作为构造基础的“有效”模式，这故事听起来真没有什么合理性。我们不需要一只动作快的猴子来历经所有的排列，只需要一只非常非常幸运的猴子。事实上，它要幸运到每次都能在首轮尝试的时候就得到想要的结果。

生命不是随机的

假想有一只真实存在的猴子能够连续几次掷出 10 个 6 点，不断击败所谓 6000 万分之一的概率，那么当速度不能帮我们完成这项任务的时候，这只名为“幸运的家伙”的猴子就一定是我们的上上之选了。在我们解释眼下任务的过程中，这只猴子看起来一头雾水。我们给它提出的要求居然是掷 55 个 27 面的色子，并且全部都要以正确的一面落地，就为了创造出一个包含 9 个单词的句子。而且如果我们慷慨地假定那等同于创造一只苍蝇的复杂性，那么它就要将那种运气连续重复 874 万次，才能按照精心编排的顺序创造出其他每一种生物。不过那只猴子还是同意试一次，但这次不再要求以香蕉作为报酬，而是要求你以自己的理智赌它成功。就算它愿意赌这一局，但是你愿意吗？

生命的不断进化是一种自然规律，对此我完全认同，但在寻求答案的过程中，我还是不得不停下来重新研究基础性前提。进化是一个事实没错，但就像奥迪汽车一样，无论是改进型号的连续发布，还是纯粹的样式变化，都不过是设计的一部分而已。数学道理是明摆着的，没有什么是随机的。

请记住！

我们都是伟大设计的一部分。

制造我们的原材料

色子、俄国小说、汽车都已经说得够多了，现在我们要切入最重要的部分，聊一聊制造我和你的材料——蛋白质——究竟是什么情况。它可以作为非常好的范例，说明我们认为理所当然的万事万物其实复杂到不可想象。

概括来说，蛋白质由一串以某种顺序排列在一起的氨基酸构成。目前科学已知的氨基酸共有 20 种，它们的排列顺序可以决定一个蛋白质分子的表现形式。

想象一串有 20 种不同颜色的念珠。先把 30 颗绿色珠子串在一起，跟着串入一颗白色的，再串入一颗绿色的和 12 颗蓝色的，这样你就得到一个，比如说，专门适用于肌肉的蛋白质分子。把 13 颗黄色珠子串在一起，然后是 22 颗红色的，最后是两颗黑色的，这样你就又得到一个可以发挥抗体作用的蛋白质。每个蛋白质都是一台执行某种功能的先进机器。有一些会担当泵的角色，另一些会改变形状来对付细菌，还有一些则会像汽车一样移动。人体内有两万多个这样的机器，还有许多生物体内的蛋白质机器则超过 10 万种。

这些串联而成的序列有一个最神奇的地方，那就是它们不会

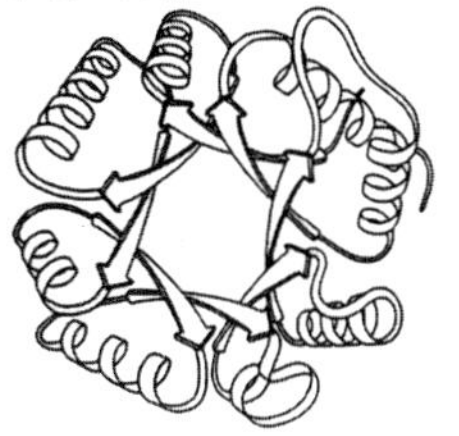

没错，它就是这么复杂！

悬挂成一条直线，而是基于排列顺序将自己折叠起来。而且它们会一直保持折叠状态，直到找到一种稳定的“最低能源配置”来保持结构的完整性。就像折纸作业一样，每一次折叠都要按照正确的顺序完成无误，这样才能让最后的艺术作品成型。对一个蛋白质来说，要毫无错误（所谓的“错误折叠”）地实现这种完美是非常困难的，因为水分子会在那些序列折叠的时候来回撞击它们，迫使其移动和摇摆。

现在把创造出人类祖先所需的进化周期全都忘了吧，只专心研究构成我们身体的两万个蛋白质中的一个。作为一种基础材料，每一个蛋白质的存在首先都需要作为其成分的氨基酸按照确切顺序准确无误地排列，然后它还需要按照正确的方式折叠起来，以找到让自己稳定运行的结构。这种情况随机发生的可能性有多大呢？

1969 年，塞勒斯·莱文索尔指出，蛋白质分子在达到最终结构之前，所有可能的折叠方式加起来是一个天文数字。诺贝尔奖获得者克里斯蒂安·伯默尔·安芬森曾经计算过，如果一个简单的蛋白质在随机尝试所有可能的折叠方式之后，才达到一种稳定的结构，那么它的形成就需要 10^{26} 年。这是宇宙年纪的一兆倍还多！

让这个蛋白质在任务时间之内正确折叠的唯一方法是什么呢？现在你已经知道答案了：是干涉！这个蛋白质需要在开始折叠之前就知道基本的顺序。而在某样东西还没开始形成的时候就知道它必定会形成什么样子，这就是我们所说的设计！就像有文字说明的折纸作业一样，蛋白质序列需要有预先编好的确切步骤，才能依样画葫芦地及时完成工作。

如果你体内的两万个蛋白质都要随机折叠并制造出一个你，那么所需要的运气就相当于同时掷两万个色子，并让它们落地的时候全部是6点！而且要注意，每个色子都不是由6个面构成，而是由几兆兆个面构成。祝你好运吧！

我已经尽量让你看清在有关“大爆炸”、进化和自然选择的论述中被藏掖起来的数学部分。也可以说我是在尝试讲一个故事，这个故事中的万事万物都被设计得完美无缺，合作得天衣无缝，全然没有依赖运气的成分。这个故事中没有偶然，没有尝试，没有错误，万事万物都表现得尽如期望，并且符合以设计理论阐释的永恒的宇宙算法。虽然我没有百分之百的把握证明这个故事。

但是就我们最初的问题陈述来说，它的概率肯定要比随机故事的概率高得多。我的故事要求有一个设计者存在——只可惜它是一个已经被宗教组织代理并丑化了的实体，以至于我们宁愿否定它的存在，也不愿归属以它的名义发动的疯狂行为。

正是由于我们的宇宙太过复杂，所以我们才经常迷失在细节中。就连爱因斯坦也承认人类理解能力的局限性：“（看看造物结果）我们的状态就像是一个小孩子，进入了一座巨大的图书馆，那里面摆满了多种语言版本的图书。孩子知道一定是有人写了那些书，却不知道是如何写的，也看不懂写书所用的语言。孩子隐约怀疑那些书的排列遵循着某种神秘的顺序，但不知道究竟是什么顺序。在我看来，哪怕是最聪明的人类，在面对上帝的时候好像也只能是这个样子。”[13]

伟大设计的合理性

为了消除这种复杂性，我学会了用一个简单的故事来总结我这种伟大设计的逻辑。假想你在我给自己买下第一部 iPhone（苹果手机）的时候遇到了我——当时 iPhone 还是第一次问世。它给你留下了非常深刻的印象，于是你问我从哪里能弄到一部。如果我像下面这样回答，不知你会是什么感觉。

> 我很抱歉，但你在店里买不到这部堪称技术奇迹的产品，它是进化来的。我是在我家花园后面那块有 45 亿年历史的沙

地上发现它的。

我的运气爆棚，才能独享这种千载难逢的自然产物，毕竟沙子要准确无误地熔合成纯净的玻璃屏幕，再分裂成精确的矩形，还要有一只猫适时地踩上去，才能让它恰到好处地嵌入一个铝制的外壳。这漂亮的外壳是由一块精铝制成的，而精铝是由花园里的土壤经过1000年聚合而来的，然后再被经年累月的风沙打磨成型。至于超高质量的屏幕，则是在一个早上莫名其妙地出现，落在了恰当的位置并与微电子器件完美地连接在了一起，而后者是由沙子里的硅自行生成的。麦克风和扬声器是昆虫在这部装置上到处啃食的结果，而用于焊接的精铜则是来自埋在附近的一件古老的人工制品。虽然一年又一年过去，但是熵一直没有破坏这种排列，直到又一次机缘巧合让一些化学物质、金属导体和包装材料成功地组合成了一块电池。在一场轻微的地震中，这块电池落在了恰当的位置，又被一道闪电充了电。其余的铝在高温的作用下成型，最终完成了这个严丝

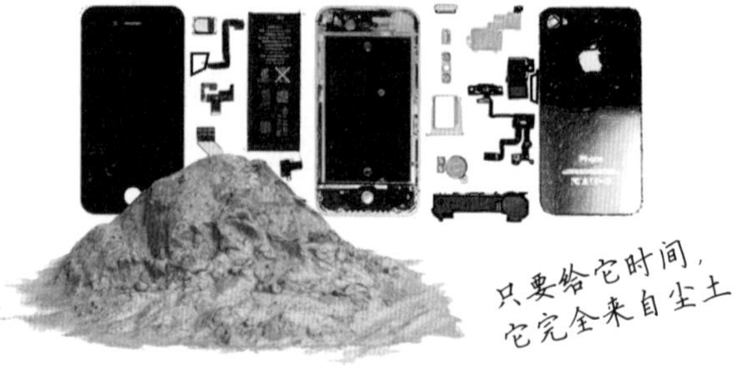

合缝的密封外壳。哦，对了，还有软件，它是通过随机按键的方式自己写出来的，所用的电脑也是随机创造的产物，大约一年前在我们邻居的花园里被发现。

这种概率的惊人奇迹可能需要几十亿年才能发生一次，不过我们的宇宙有足够的时间，所以它还是发生了。这部iPhone就是随机创造的产物，我并不在乎这么说是不是会冒犯史蒂夫·乔布斯，因为无论如何我都不相信曾经真的有过史蒂夫·乔布斯这个人。你呢？

有一个更为智能的设计者组装了你这台机器的说法为什么那么难以置信呢？无论是我们，还是iPhone，都不是随机出现的。

请记住！

有一个伟大的设计者，也有一个史蒂夫·乔布斯。

接受设计，找到你的宁静与安乐

年复一年地，我逐渐接受了伟大设计的理念，并在此基础上，又用了许多年的时间对一连串的外层问题逐一提出质疑。如今，我已经相信设计者的存在，而且相信这个设计者借由几个宗教的精髓向我们传递了几条信息。我在这些信息中寻求智慧，同时无视那些已经添加了人类的演绎、贪婪和传说的部分。

这种生活方式让我快乐，因为它帮我平息了大脑里的辩论，让我知道自己在用这短暂的一生赌一种我能用算法证明的东西，知道我属于比这一生更大的世界，还知道阿里此时正与一个设计者在一起，而那个设计者有能力创造这样一个超凡的宇宙，也比我更有能力照顾我亲爱的儿子。

当我们开始这部分对话的时候，我曾经要求你深入剥离包裹着设计问题的外层疑问，以便我们为核心问题陈述找到一个答案。现在为了回到快乐的话题，我们要把其中一个外层问题加回来。

游戏规则

最关键的一个外层问题与我们对设计的不认同有关，它给我们带来了许许多多的痛苦。与我们制造的机器不同，我们人类会不断地质疑设计，认为它本来可以更好。我们对设计者最大的不认同植根于对他所作所为的不赞同，这也是许多人排斥设计者概念的原因（请注意，性别是物质世界的属性，我在这里之所以使用“他”这个字，是为了方便，而不是出于性别偏见）。设计者的工作方式似乎经常让快乐方程式的“期望”一边落空，结果导致了我们不快乐，但是将这些都归入设计者所为公平吗？

先说一样吧，我们许多人都不认同他在这个地球上选择的“代理”。那些宗教组织号称拥有与设计者沟通的渠道，其实把事情搞得乱七八糟。大多数宗教已经严苛到画蛇添足的地步。它们偏离自己的核心前提，夸大对审判的期望，而且还要“征税”。与此同时，宗教组织的领袖却时常行为不当。不过，这些都不足以让我心烦。我认为自己是个理性的教徒，可以不在乎宗教组织的所作所为，因为我的忠诚坚定不移地属于设计者，而不是那种自封的中间人。

除了偏重形式的宗教以外，还有很多被我们视作设计者所做的事情也是说不通的。为什么生活如此残酷？为什么会有战争、疾病、死亡、破坏、饥饿、肮脏、贫穷、折磨、罪行和腐败？为什么我们要遭受自然灾害的痛苦折磨？为什么阿里那么年轻就要被带走？如果设计者是一个大慈大悲的存在，那么他对局势的操控显然存在疏漏。

好吧，其实我认为设计者压根儿就没有在操控局势！一切都是他创造的算法在代劳。这个算法里蕴含着各种美好，其中既有伟大设计，也有终极真相，还有快乐。

海啸是海底深处的地震运动导致海浪朝着陆地方向前进的结果，背后没有任何剧情，也不需要干涉。它不过是这个世界的一种打开方式——依照的是已经设计好的物理规律。当奥迪公司生产一辆汽车的时候，其制造目标是让它在你挂挡、踩油门的时候向前移动。尽管你可能更希望冲它喊一嗓子来代替这些动作，但是不行。它就是被这么设计的。奥迪公司会坚持让你定期开车来保养，并会放油和换油。这不算是一种缺陷，而是设计。你不会站在自己的汽车旁边抱怨换油的过程，因为这个过程已经被纳入你的计划和期望。地球偶尔会喷出火山熔岩，地动会导致地震，冬天会寒冷刺骨。当 70 亿人出生的时候，会有 70 亿人死亡。其存在方式就是这样，没有剧情，只有事实。

对一名工程师来说，算法代表了终极公平，它的表现总是尽如期望。输出的结果是完全可知的，只是会根据输入值变化而已。生存与死亡，富有与贫穷，健康与疾病，它们就是会发生。人生就是这样。

请记住！

没有神的干涉。

但为什么设计看起来如此残酷呢？换作是我，一定会设计出一个更加仁慈的世界。蛇为什么要分泌毒液，为什么要那么可怕？如果我是设计者，一定会创造出更加友好的爬行动物。

好吧，这是个不错的念头。但是给你一点儿时间，想象一个没有昆虫的世界，难道那样不好吗？我们野营的时候再也不必为各种可怕的爬虫、咬人的蚊子烦心了！但是别太兴奋哦。没有了昆虫，我们就连扎营的地方都没有，地球会因为缺少能发挥分解作用的昆虫而堆满动物的粪便和死去的植物。而作为授粉的媒介和其他动物的食物来源，昆虫也扮演了一个很重要的角色。没有了它们，我们的食物供给就会大幅减少。删除昆虫会让设计变得更好吗？不会。我们这个世界之所以能够运转，就是因为它是一个整体，是一个生态系统，真的没有什么是可有可无的。如果你对此有所怀疑，那么就把橡皮擦测试也用在这里。随意删除这个宇宙中你不喜欢的部分，连同所有与之相关的结果，然后看看最后是否会得到一个让你更喜欢的世界。

请记住！

设计就是为了实用！

顺便说一句，我们抱怨的对象其实常常是我们自己的所作所为。我们发动让数百万人丧生的战争，然后归咎于上帝的疏忽和残忍。这个世界在供养74亿人口，但我们的贪婪和浪费却导致10亿人忍饥挨饿，而另外10亿人脑满肠肥。明明是我们的行为，却要归咎于设计者。我们污染环境，进行核试验，获取超出自己需要的财富，并且为了自私的目的而互相利用。对由此造成的破坏，我们又归咎于谁呢？如果我们开车的时候决定以100英里的时速来一个急转弯，那么出了事故就不应该归咎于汽车的设计者，对吗？

请记住！

我们自作自受，不应该归咎于设计者。

你应该能想象到，假如我和阿里一味地坐在那儿批评游戏规则，那么就不可能在玩儿《光晕》的过程中得到那么多乐趣。我们知道游戏就是那个样子，料到它有开始就有结束，也懂得应该在设定好的限制范围内操控游戏。

人生如游戏，也有设定好的规则。你要学会在这个范围之内操控游戏，而不是希望换一套规则，这样你才能真的到达自己需要去的地方。

说到这里，我真挚地请你自己研究其他的外层问题，因为那些是你的谜题，解决它们是你游戏的一部分。

*　　*　　*

几个月过去了，我已经写到了最后一页，希望本书能实实在在地将你推入安乐的状态。如果读完本书之后，你在别的方面一无所获，那么请至少了解以下几条。

生活中没有什么是随机的。我们的宇宙是大师级设计的产物。操控局势的不是设计者，而是他设计的算法。专注于你的快乐算法，它是你唯一能完全控制的东西。当你将生活中的事件与你设定的期望对比的时候，请记住，所发生的都是本就应该发生的。你首先要做的或许不应该是担心事件，而是怀疑自己设定的期望，因为尽管有时候残酷，但是：

请记住！

生活总是符合切合实际的期望。

我们的宇宙太过复杂，以至于根本无法预言。把自己托付给一种超出我们理解能力的设计，无异于在解放自由，而那种自由就是安乐。你要努力打造自己的命运，并致力于让这个世界变得更好。但同时也要知道，你能向伟大设计算法输入的内容是有局限性的。若是最后的结果被10亿个其他参数带离了你的期望，那么就用全力接受的方法来武装自己。只要把自己托付并折服于那种设计才华，你就能驾驭自己的人生。

非常重要!

接受设计。

我已经用几百页的内容和你分享了我认为的错觉、盲点和真相，以及对我来说有效的东西——我知道对你来说它们并不全都有效。我可能会出错，所以请撷取适合你的内容，摒弃剩下的内容，但要记住一个放之四海皆准的道理：要找到你的宁静和安乐，就要拒绝每一种错觉，不断寻求真实的东西。

非常重要!

活在真相中。找到安乐其实就是这么简单！

后　记

与阿里的对话

当我亲吻已经离世的儿子的额头时，立刻被一种无法抑制的安宁感笼罩了。我说不明白它究竟是什么。仅仅是消除了焦虑吗？当我和妮芭丽彻夜未眠，不知道我们亲爱的儿子会发生什么情况的时候，确实感到了那种焦虑。是从心痛中解脱吗？当我们坐在重症监护病房外面，知道我们的儿子只能靠呼吸机维持生命，同时希望麻醉能让他远离疼痛的时候，也确实感到了那种心痛。还是在知道他不必为间接伤害导致的器官衰竭而痛苦终生后，找到了安宁？

这些想法都可能让我们释然，但都不是感到安宁的充分理由。我的内心居然没有为一系列本来可以避免的错误而愤怒，这是怎么回事呢？毕竟是那些错误夺走了我最好的朋友的生命啊。

我想我已经疯了，但或许疯了是件好事。疯子是安宁的。正是那种安宁的感觉帮助我冷静下来，并走出重症监护病房，来到他脆弱的母亲身边，温柔地告诉她那个噩耗。虽然他已经被正式宣布死亡，但我还是想尽量委婉一点儿。“妮芭丽，”我说，“看来阿里可能挺不过去了。”她的反应甚至比我的还要出人意料。她说：“带我去看他。”我脱口拒绝了，我不确定妮芭丽这样一位心痛的慈母能忍受看到那个样子的阿里。但是她自信地笑了笑，说：“我知道他离开了，所以带我去看他吧，我想跟他告别。”

哪怕在那样的状态下，阿里看上去还是那么英俊。他前一天刚修过胡子，留着一头短短的鬈发。他的脸看上去是轻松的，安宁得一如以往我看到的样子。妮芭丽露出了一个真正的笑容，她抚摸着阿里的脸，说出了最让人意想不到的那句话：“亲爱的，你终于到家了。”一切都清楚了。最初那种温暖了我们内心的感觉就是因为他很好，甚至比很好还要好。阿里真正到了他本就归属的地方。

虽然我们今天也是那样的感觉，但并非一贯如此。我们一离开医院，事件的严重性就开始蔓延，最初那种安宁的感觉溜走了。我们用尽一切办法才把它找了回来。

这么多年以来，我已经学会了控制脑子里的想法。我能告诉大脑暂时搁置某个消极的想法，给我一个更好的想法。经过多次练习，我甚至能让大脑完全关闭，给我安宁。不过，意外地失去阿里还是将我甩出了平衡的状态。最初那种疯子般安宁的感觉很快就转变成恶毒而挑衅的想法。我整个人变得一团糟。

我根本控制不住自己的眼泪。失去阿里带来的是一种锥心之痛。那些连绵不断的想法吵得我听不见任何声音。我感觉自己要疯了，特别是

后　记
与阿里的对话

当我开始听到一种仿佛来自吉他的陌生但欢快到诡异的琶音在我脑子里一遍又一遍地演奏着单调旋律的时候，我就是关不掉它，仿佛整个人已经精神失常。

那感觉很残忍。要在平时，还有一个人可以作为我寻求建议的对象，教我摆脱这样的旋涡，但现在一去不回的偏偏就是那个人。我拼命地想要问一问他："阿里，我要如何应对失去你这件事？"

当我把他的尸体送到最后安息的地方之后，回到家里就精疲力竭地倒头睡去，只是短短的几分钟时间，就梦到了他。我看见他从手术台上坐起来，转向我。他笑着看我，然后又看向我身后，仿佛要拥抱站在那里的什么人一样跑了过去，那显然是他心爱的人。

他的出现让我一下子从床上跳了起来。虽然我的心怦怦乱跳，却感到了片刻安宁，接下来我就记起了刚刚发生的事。我哭了。我发现自己那么需要再见他一面，哪怕是在梦里，我需要和他聊聊这一切。接下来的几天里，我会闭上双眼，想象他朝我走来——或许是在某次坐长途飞机的时候，带着那种笑容，留着他十几岁时的那种发型，穿着黑色的乐队 T 恤和牛仔裤。

我会从座位上跳起来去拥抱他。"阿里，你回来了，我想你。"而他则会像往常一样，说一句："爸爸，你过得怎么样？"此时此刻问这句话再合适不过了，因为我会泪如雨下，一股脑儿地倒出全部的心里话。

"阿里，我过得不好，非常不好。我们想你，没有了你，我们不知道要怎么活下去。"

"跟我讲讲吧，胖胖的霍比特人（自从他长高到超过我的那天，就开玩笑地这么叫我）。我们前面还有很长的路要飞，可以聊上好几个小时。”

我的大脑在飞速运转，阿里。一切都不再有任何意义。我的想法都是有毒的：那个医生杀了我的儿子，没人应该这么年轻就死，人生是不公平的，再活下去也没意思……这样的想法简直多达百万个。

错觉占据了支配地位，正在把我推向妄想的边缘。自我的错觉让我认为这一切都是因为我，一定是因为我做了什么，所以生活才要惩罚我。我的自我意识受到了伤害，我不断地问：“为什么要从我身边夺走我的儿子？”知识的错觉让我忍不住想，早知道这个结果我就不该带你去那家医院。为什么我没有另外挑一个医疗团队呢？我早该知道的。控制的错觉让我撕心裂肺，粉碎了我的人生信念。为什么我没有计划到这件事？还有什么是我没有计划到的？时间的错觉放慢了时钟的速度，让我连续几个小时为过去而流泪、内疚和愤怒，也为未来没有你的漫长人生而担心，并深陷其中不能自拔。我感觉度日如年。对外在的世界已经麻木，一味地活在脑子里，浸没在无尽的想法和情感中。还有最后一样，就是排山倒海般的恐惧。阿亚会发生什么，妮芭丽会发生什么，这一生还要失去什么，这些都让我恐惧。

当我幻想着阿里，幻想着他会如何施展魔力，让我的大脑恢复正常——就像他一贯所做的那样，却只能听到那种讨厌的旋律还在响个不停。然后，第一条信息来了。

能让阿里回来吗

消息不胫而走，我接到了迪拜政府一个高级官员的电话。他已经听说所发生的事情，并承诺会重视这次医疗事故。他说调查已经展开，问我是否愿意参与其中，还问我们是否同意验尸。我看向妮芭丽，问她想怎么做。她寥寥几字好似醍醐灌顶，将我们锚定在了终极真相中："能让阿里回来吗？"

就仿佛划破迷雾的一座灯塔，妮芭丽的问题让我的想法立即重新回到原来的焦点。真相很简单，我们所认识的那个最善良的人已经安宁地离开了，无论我们做什么都不能——什么都不能——让他回来。远离了这个朴素的真相，任何想法都是恶毒而无用的，纯粹只是不真实的想法而已。

是真的吗

从那时起，我脑子里偏离了正轨的对话就在理智中找到了平衡。每当有一个恶毒的想法冒出来，我都能听到阿里的声音在问："是真的吗？"

那个医生杀了我的儿子。"是真的吗，爸爸？什么样的医生会一大早醒来就说：'今天我要杀了某个人，毁了我的事业'？"

没人应该这么年轻就死掉。"是真的吗？每天每时死掉的年轻人有成千上万。"

我的生命随你的生命一起停止了。"哦，是真的吗？生命不会为任何人停止。只要你走的时间还没到，就会一直在这里。无论做什么都最好记住这一点。"

发生在我身上的最糟糕的事莫过于此。"这是真的吗，爸爸？你知道的，事情还有可能比这坏得多。我可能被诊断为无法治愈的癌症，或者应征参加中东的疯狂战争，而不是在睡梦中安宁地离开。”

是我亲自开车送你到那儿的。我早该知道的。“是真的吗？你怎么能早就知道呢？你只是做了你认为对的事，爸爸。你希望减轻我的病痛。你希望我恢复健康。没有人能早就知道这件事会发展成最后那个样子。知识是一种错觉，不要被它迷惑。”

这样活着哪怕只有几天我也做不到，我会年复一年地经受折磨。“是真的吗？你会活下去，时间也会过去。日复一日是漫长的，而年复一年是短暂的。用不了多久，你就会一边回忆现在，一边想：‘他真的离开那么久了吗？’人生如白驹过隙，就像从过去到今天一样。时间是一种错觉。不要考虑接下来的年复一年，而要专注于现在的每时每刻。尽你所能。让我为你感到骄傲。人生中的每一天都要仔细品味。我还在波士顿的时候，我们每年只见一次面，当时也挺好的。现在我只是离你远了一点、时间久了一点。没什么可等待的，时间会照顾它自己，你也要照顾自己。”

但为什么命运要这样对我，它夺走了我的儿子。“是真的吗？我无意冒犯，爸爸，但我从来都不是你的。我一直都是我的。这是我的电影，现在我到时间切换场景了。”

一定有什么事是在我的能力范围之内而且能够改变这个结果的。我一直都在控制局面。“哈哈！有一点点真实的成分吗，爸爸？没有人能控制什么，我们只是尽自己所能而已。我们采取正确的行动，然后保持最佳的态度。结果并不取决于我们，控制是一种错觉。如果你确切地知道没有什么能让我回来，那么今天你会采取什么行动，又会保持什么态度？专心想想这个问题吧。”

我知道，你的死已经说明了一切，但我还是很害怕。妮芭丽会挺过来吗？阿亚会发生什么？“恐惧也是一种错觉，爸爸。要发生的终究还是要发生，更何况最后我们都会好的，真的没有什么可恐惧的。”

好？你真的好吗？此时你在哪里？你安全吗？我还能再看到你吗？

我脑子里的对话似乎没完没了。每当他的声音帮助我澄清了一个想法，就会有另一个想法冒出来。虽然阿里还在帮助我，但我超速运转的大脑却让我痛苦，直到我听见阿里说：“爸爸，我们在一起的日子还长着呢。这样还不够吗？为什么要让你的想法年复一年地带给你无济于事的痛苦呢？你知道我想要你做什么？我想要你快乐！想法是一种错觉。你可以吩咐大脑想什么，吩咐它去寻找真相吧。”

真 相

伊丽莎白·库伯勒·罗斯有一套关于悲伤的著名观点，其中说到所有的悲伤都从否认开始，然后发展到讨价还价、愤怒和沮丧，最后变成接受。[1] 我和妮芭丽还算幸运，直接跳过了否认阶段。那件事在我们的头脑里没有发生任何扭曲。从宣布阿里离世的那一刻，我们的心态就完全被锚定在了现实中。阿里离开了，这一点毋庸辩驳，也没有任何办法可以让他回来。但是，我们当初没用多久就感受到的那种接受后来还是在想法的作用下变得扭曲，于是痛苦就开始了。我们一家人需要找回在重症监护病房时感到的那种安宁。而由于我深入研究过快乐，所以知道自始至终都只能在真相中找到它。

就此事来说，真相很简单。阿里已经度过了完整的一生，他真真切切地存在过。他仔细品味过人生的每一分钟，而且一直都是快乐的。不知怎么——没有了那些恶毒的想法——我的感觉竟好了起来。

我的关注焦点开始从阿里再也不是什么切换到了他曾经是谁。阿里曾经是一个善良的客人，给我们家带来了光明和快乐，但是我们不能期望客人永远留下。其实他离开得并不算太快。我回想起整整 21 年前，我们因为多了他的存在而倍感幸福的那一天，还想起这些年的时光飞逝。哪怕再给我 21 年与他相处的时间，也还是会有同样的时光飞逝的感觉。我不再回想失去他这件事，而是回想美好的真相：我们曾经有他相伴，他 21 年如一日地给我们的生活带来欢乐。于是我不再为他的离开而感到悲伤，而是第一次为他当初来做客而感到快乐。

后来支撑我的则是对两个最难接受的真相——死亡和伟大设计——的强烈信念。我回想起自己年轻时曾经研究过“设计”这一概念，还研究过宗教学说中常见的那些被加密的——有时甚至是被扭曲的——信息，然后发现所有信仰的共性就是这个简单的核心信息：死亡不是终点，这一生积德行善的人会在下一世的轮回中安好。死亡虽然是真实的，但不是终点。真实的我和真实的阿里永远都不会真的死亡。我迟早会与阿里会合，一起探索那边的世界。虽然在这个物质存在的世界里，我们有时候可能会因为所发生的事件而相信别的东西，但设计者是慷慨而善良的，他会比我更好地照顾阿里。

诚然，我没有完全的把握证实这一点，但这不正是所有知识的天性吗？于是每当大脑企图占据支配地位的时候，每当怀疑、讥讽和唠叨占据上风的时候，我就会记住快乐的黄金法则：如果要在两个想法中选择一个，却又没有完全的把握证实其中任何一个，那么就选择让你快乐的那一个。是不是再简单不过了？

因此我选择快乐。阿里是安好的，他已经玩儿到了游戏的下一关。

阿里的遗言

当这些积极的想法开始在我的大脑里占据优势地位时，我终于能够想明白了。我发现自己一直希望与阿里进行的那场对话已经开始，也已经结束了，甚至在他还没离开的时候。

在人生的最后几个星期里，阿里几乎逢人就问："我们死后会发生什么？"却很少谈及别的话题，他仿佛在为自己知道就要开始的一场旅行做着准备。他看起来很好奇，每次都在提问之后专心致志地聆听，不予评价或辩论。在意外离世的几天前，他在最后一次有关这个话题的对话中分享了自己的观点："好吧，我猜我们只有到了那儿才能知道答案。但我是个乐观主义者！"他已经准备好了。甚至在还没离开的时候，他就找到了属于自己的安宁。"我为此而快乐。"

在他离开的一个星期前，有一天早上，他对妹妹说他做了一个梦。在梦里，他无处不在，而且属于每个人。他说那种感觉无可名状，但他不想再被关在自己的身体里了。他离开的时候，有成千上万来自全球各地的人被他的故事打动。时至今日，还有许多人在对我说，虽然他们从来没有见过阿里，但是依然爱他。而本书将把他带到更多人的身边。他无处不在，而且属于每一个人。他的梦成真了。"我为此而快乐。"

几天之后，阿里特意安排出一块时间，说出了他临终前的最后建议，就像一位睿智的祖父一样。他对妮芭丽、阿亚和我讲述他对我们的爱，然后说起我们每个人需要做什么才能正确地面对人生。他说："我也不知道自己为什么要主动说出这些建议，却感觉非说不可。"他先是让我们的内心充满浓浓的爱意，让每个人都沐浴在善言善语之中，然后又提供了他的建议。对他母亲的要求是：只要"快乐"就好，要像《白日梦想家》里的沃尔特·米蒂那样开放性地探索人生。对他妹妹的要求是：要"意识到"并且找到她真正的美丽自我。而对我的要求则是：永远都不要停止工作。他说："爸爸，你干得非常好，一直在发挥重要的作用。你在这里的工作还没结束。"那些话改变了我的人生，让我成了今天的我。他已经告诉我怎样做才能熬过失去他这件事。"我为此而快乐。"

接下来，他露出了一个安宁的笑容，脸上浮现出一种满足感，对此唯一可能的解释就是，"现在我人生的工作已经结束了"。然后他用那一贯悦耳的声音说："好了，就这些，我说完了。"那是他当天说的最后一句话。他又回复到往常那个安静的自我，甚至比过去的每一天都要安静。

随着最后的日子越来越近，他开始说得少、睡得多，而且几乎不怎么吃东西。如果说人活一世要做的事情是一笔预算，那么他的那笔仿佛已经被用光了。

他留给我的最后一句话不是说出来的。但也正是那句话，让我此后的每一天都坚强不息。阿里这一生只后悔过一件事：就是他十几岁时刺过的一个文身，而且藏了好几年都没让我发现。虽然明知道我会支持他，但他还是为没经我许可就用了我的钱（尽管那是他的零用钱）而感到内疚。多年过去，他一直在等一个合适的机会向我坦白。那是他唯一保守的秘密。不过他告诉过他的母亲，而他的母亲当然又告诉了我。我本不打算在他还没准备好的时候提及此事，不过出于某种原因，妮芭丽在我们到医院的时候提醒了我一下，所以我记忆犹新。

在去手术室的路上，他坐了起来，于是我第一次看到了那个文身。我大声喊道："亲爱的，我同意。"我希望他听见了，这样他就会知道自己没有理由后悔。但无论是否如此，他的安宁都是完整的。虽然是在无意之中，但他确实告诉我了，他摆脱了内疚。"我为此而非常快乐。"

他的文身中包含了留给我的最后一句话，那是真相的终极陈述：

战争的严酷对身处和平的人来说毫无意义。

谢谢你提醒我，阿里，也谢谢这场精彩的对话。

你可能认为我只是在寻找可以支撑我保持积极状态的任何一样东西。好吧，让你说对了。但是这么做本就无可非议。痛苦是一种选择，而我选择的是不痛苦。到了那个时候，那些想法都不见了，而我继续积极地看待我的梦境。

他的纪念日当晚，在所有人都离开之后，我就进入了睡梦中，看见他站在人群里，正双臂环抱，看向四周，对所有来致敬的人绽放出开心的笑容，并流露出深情的目光。他看上去很快乐，并为这个地方洋溢着积极、快乐的能量而感到自豪。

开始写本书之后，只过了几个晚上，我就做了第二个梦。梦里的他在跳舞、旋转、欢笑，并挥舞着双臂。他用一种欢快的旋律唱道："我为所有人而自豪，为所有人而自豪。”虽然我还在为失去他而感到心痛，但我是快乐的。不仅因为我的梦，还因为我已经破解了亲爱的儿子传递给我的一条更为清楚的信息。

还记得他离世后我脑子里一遍又一遍弹奏着的那个疯狂的旋律吗？我曾经力图让它安静下来，但接着就明白了事出必有因。我用了好一段时间才明白那也是一条信息。我一直在寻求的与阿里的对话自始至终都近在眼前，却被我忽略了。密码就在那段旋律中。

传送门

阿里对待电子游戏向来认真，并能在模拟人生的游戏中发现信息和哲学。另外，他还是一个才华横溢的音乐家。我想，如果他要向我传递一条信息，又怎么会用音乐和游戏以外的方式呢？在聚精会神之后，我终于想起自己之前听过那个旋律，但是只有一次，是在几年前我和阿里结伴参加的一场音乐会上。那是一款游戏的主题曲，而游戏的名字起得恰到好处，叫《传送门》，是我们两个都很喜欢的一款游戏。每当游戏结束的时候，那首歌都会伴随着得分响起，但由于当时我从来没有完整地玩过那个游戏（我现在当然玩过了），所以只在音乐会上听过一次。

《传送门》的内容是这样的，一台名为格拉多斯（Glados，基因生命体及磁片操作系统的缩写）的邪恶电脑会假装成你的朋友，引导你通过光圈科技实验室的一些实验。你会情不自禁地爱上格拉多斯。它就像你脑子里的一个声音，表面看来，它一直在帮你。它会告诉你做什么，而且它所说的通常听起来都像是不错的建议。它会激励你，并许诺只要你执行了那些艰难的任务，就会给你蛋糕作为奖励。但当你深入到实验室内部，就会发现墙上有狂草般的涂鸦："蛋糕是谎言！"而且在每一关的结尾处，格拉多斯都不能兑现它的诺言。但哪怕是你一块蛋糕都得不到，也还会爱它，因为它很有趣——真的很有趣——所以你会原谅它。

然而，当游戏进行到一半的时候，你会发现它——就像脑子里的小声音一样——在撒谎。它在试图伤害你，而且你会发现所谓的蛋糕就像人生的所有错觉一样，只是一个谎言。只有当你不再听它的声音，并且专注于真正的游戏情节时，才能赢得胜利。是不是很耳熟？

在游戏过程中，你会用到一把传送枪，它虽然是武器，但并不是用来杀人的，而是用来帮你射击位于实验室物理边界的传送门，带你从当前位置到想去的地方。想及此处，我发现用这款游戏来概括阿里离开的情形再合适不过——他就是穿过了一道意想不到的传送门。

当我记起歌曲的出处，就开始在视频网站 YouTube 上查找，而置顶的搜索结果中恰好包括了歌词。几乎每一个字都带有阿里说话时惯用的那种诙谐轻松的语气。歌曲一开始响起的是遥远的白噪音，就像远距离接收广播信息时收音机调频的声音。几秒钟后，舒缓的吉他声响起，听上去像是来自另一个维度的合成音开始轻声地唱：

胜利已然在望。

我心潮激荡，心花怒放。

我此刻的喜悦之情无可名状。[2]

我颤抖着暂停了音乐，眼泪止不住地落了下来。如果这是儿子发出的一条信息，那么已经再明白不过。他是安好的。不，不仅安好，而且极好。他回首自己这场完整的生死游戏，然后用一个词得出它是一场“胜利”的结论。这首歌接着让我想起他交给我的任务：

穿梭之力量。

我们竭尽全力只因心的方向。

为了所有活着的人，逝者以往。

这段在重复他给我的建议：“永远都不要停止工作，爸爸。要发挥重要的作用。不是因为任何理由，而只是因为你有这个能力。你不能为死去的人做任何事，但能为活着的人做许多事。”他就在离开的几天前说出了这些话。那是指派给我的任务。歌声还在继续：

不必为过去每一次失败而沮丧。

只要你勇于尝试，永不退让。

力量自然从天而降，你拥有时空操纵之枪，

为了所有活着的人啊。

“不要为夺走我生命的人为错误而终日哭泣。继续前进，直到用完你这一生的时间。专心生活，行善积德。就这样度过人生接下来的日子——前进。”

让憎恨随风。
我心境明澄。
即使揉碎我的心，让我不得生。
将我碾为灰尘。
抑或将我推入火炕。
我燃烧之时，略为伤神，
因为我曾是为你喝彩的人。

我的好儿子已经原谅了那些人，他一贯如此。他知道这终会带来好结果，并且为我们能顺利度过这段经历而快乐。

因我的星光火点，为你打开智慧之门。
我凤凰涅槃，浴火重生。
所以我不惧烈火焚身，我们学会倔强和坚忍，
为了所有活着的人啊。

任何事都不是随机的，我们总是准时发布新的版本。

走你的路，莫回头。

我愿意一直在你的身后。

可能有一天你会找到帮助你的新朋友。

“走你的路，莫回头”？我又一次哭了，但信息的意思很清楚。“继续前进，爸爸。你知道要做什么。会有其他人帮助你完成任务——希望所有的读者都能帮忙传播这条信息。”我发现信息的这部分实在难以接受，我的心在痛。我想要儿子在身边，但不能。然后在歌曲的结尾处，他告诉了我原因：

就像我一边聊天，一边还可以做研究。

眺望前路，我窃喜不必面对你那些艰难险阻。

我还有实验要做，我还有报告要补，

为了所有活着的人啊。

相信我，我还活着。

我正在做研究，所以我还活着。

我异想天开，所以我要活着。

你垂死之刻，我仍会活着。

你作古之时，我还会活着，还活着！

我知道你还活着，亲爱的。无论你在哪里，我确信你都是快乐的——正与曾经活着的最有趣的人谈笑风生。

我也将完成我在这里的工作，找到我的传送门。我们都有这么一天。穿过去吧，我会想你，但我保证会如你所愿那般快乐。我保证会让你为我骄傲，我也将永远感谢你为我指明方向。

谢谢你读我的故事，也谢谢你思考我的一些人生观点。我希望你也能找到你的快乐，并真心希望有一天能与你见面。与此同时，请写信告诉我，当你应用了其中的一些概念后产生了怎样的效果。

在最后一次有关死亡的对话中，阿里曾告诉朋友他是个乐观主义者，他这样陈述自己的遗愿："等到了那边的时候，我唯一的愿望就是到最高的地方，看看创造出这个超凡宇宙的那个人的脸。"

请为阿里祈祷，让他的愿望成真。

致 谢

如果没有整个北极星之路团队给予我的大力支持，就不会有本书的问世。米歇尔·马丁，我非常喜欢你的远见、果断和辅导，谢谢你参与到这个使命中来。戴安娜·文蒂米利亚，你是真正颠覆这部作品的人。你总是满面笑容，让我们达到始终都要达到的目标。在这期间，我得到了许许多多的乐趣，感觉完全不像在工作。迈克尔、戴安娜，本书跟我当初拿给你们的那一稿相比，简直有了飞跃式的进步。谢谢你们!

在这个历程中，我认识了我的代理商，现在也是我的人生挚友迈克尔·卡莱尔。你对我的使命给予了信任，更给予了我热情的指引。我永远都无以为报。

妮芭丽，谢谢你这些年的陪伴、智慧、友谊和爱。本书里的每一个想法都是在与你对话之后才诞生的。要不是你，我将与现在的我相去甚远。

阿亚，我人生中的阳光，我爱你，也爱我们之间的对话。我的女儿，我从你身上学到了太多太多，你像一颗神奇的钻石般光芒四射。

乌米和阿米拉·瓦赫比，你们是最棒的。谢谢你们在我那么小的时候就让我读书，谢谢你们在我大一些后让我去探索，也谢谢你们一直在那里。

卡罗尔·汤琴森，谢谢你从很早就对这件事投注了信心，也谢谢你帮我奠定了本书的基础。

彼得·古扎尔迪，真希望我们相处的时间能再多一些。谢谢你的经验、耐心和鼓励。

威廉·卡拉汉，你就像一台发电机，见解深刻，能言善辩，积极进取，思维敏捷。朋友，你实在太敏捷了。

瑞克·霍根，你教我懂得了无价。我对你的感激与尊敬高于一切。

威廉·帕特里克，谢谢你提供的服务。

滕托，在你说不要再评价和预测之前，我一直以为自己已经学到家了，结果你一语中的。作为许多要诀之一，它帮助我塑造了世界观。我为这一切而谢谢你。

谢谢埃利斯和查特韦尔演说家团队让我面对数千名观众。

谢谢马赛拉·戈麦斯在拉丁美洲宣传这个使命。

珍妮弗·艾克，你对本书给予了名副其实的支持。在斯坦福分享观念的机会让我得以深入挖掘全世界最聪明的一些头脑。

谢谢贝蒂·林帮助我一路走遍世界，直到香港，谢谢艾米丽·马所做的一切。

整个历程行至一半的时候，我在网上发布了本书的一个早期版本，有成百上千位早期读者看过。他们争论、辩驳、分享研究成果，甚至自己编辑文字。数万条评论和修改建议使得本书近乎是由读者共同编写而成的。安妮、乌萨马、卡拉、萝莉安、古尔娜拉、乔治、梅、阿利克斯、纳德、埃米莉、梅塞姆、埃姆尔、伊斯兰姆、哈娜、阿格涅丝卡、怡慧、阿斯杜第、詹妮、迪娜、萨玛、欧荷伊、格拉迪斯·卡琳娜、卡瑞诗玛、埃文、安吉拉、拉米亚、尼科什、特雷西、薇薇安和其他所有慷慨供稿的人，谢谢你们。我永远感激你们每一个人。

关于本书引用的内容和参考的书籍，我要谢谢所有的作者和思想领袖，是你们的智慧照亮了我前方的道路。

谢谢我人生经历的所有艰难时刻，它们迫使我探求、研究和内省。我一个都不想删除。

至于我还没有见过，但即将自愿参与进来并帮助我们达成使命的你们，请一并接受我的谢意。没有你们，我就不可能达成“千万要快乐”的目标。

还有你，阿里。谢谢你为我指明一切，谢谢你让我感受到无边无际的爱，也谢谢你给我一个写作的理由。我爱你，儿子。你要快乐下去，直到我完成在这里的工作并与你见面。

注　释

第一章　建立快乐算法

1. Ed Diener and Richard Easterlin[please document source].
2. Andrew J. Oswald, Eugenio Proto, and Daniel Sgroi, "Happiness and Productivity," Warwick Social Sciences, working paper, February 10, 2014, https://www2.warwick.ac.uk/fac/soc/economics/staff/eproto/workingpapers/happinessproductivity.pdf.
3. Malcolm Gladwell, *Outliers: The Story of Success* (Little, Brown, 2008).

第二章　快乐算法模型："6–7–5"法则

1. Mihaly Csikszentmihalyi[please document source].

第三章　想法错觉≠你的想法

1 Eckhart Tolle, *A New Earth: Awakening to Your Life's Purpose* (Penguin, 2008).

2. Gartner, "Gartner Says 6.4 Billion Connected 'Things' Will Be in Use in 2016, Up 30 Percent from 2015," press release, November 10, 2015, http://www.gartner.com/newsroom/id/3165317.
3. Daniel Kahneman, *Thinking, Fast and Slow* (Farrar, Straus & Giroux, 2013).
4. Bhavin R. Sheth, Simone Sandkühler, and Joydeep Bhattacharya, "Posterior Beta and Anterior Gamma Oscillations Predict Cognitive Insight," *Journal of Cognitive Neuroscience* 21.7 (2009), http://www.mitpressjournals.org/doi/abs/10.1162/jocn.2009.21069#.Van3LhOqpTI.
5. Norman A. S. Farb et al., "Attending to the Present: Mindfulness Meditation Reveals Distinct Neural Modes of Self-Reference," *Social Cognitive and Affective Neuroscience* 2.4 (2007), http://scan.oxfordjournals.org/content/2/4/313.full.

第四章　自我错觉：还原一个真实的你

1. *The New York Public Library's Science Desk Reference* (Stonesong Press, 1995).
2. Nicholas Wade, "Your Body Is Younger Than You Think," *New York Times*, August 2, 2005, http://www.nytimes.com/2005/08/02/science/your-body-is-younger-than-you-think.html?_r=0.

第五章　知识错觉：无所不知只是一个神话

1. Donald Rumsfeld, U.S. Department of Defense news briefing, February 12, 2002, *Wikiquote*, https://en.wikiquote.org/wiki/Donald_Rumsfeld.

第七章　控制错觉：控制自己能掌控的

1. Nassim Nicholas Taleb, *The Black Swan: The Impact of the Highly Improbable* (Random House, 2010).
2. Edward Lorenz[please document source].

第八章 恐惧错觉：勇敢面对恐惧

1. John B. Watson.
2. *Journal of Psychosomatic Medicine*[please document source].

第九章 修复 7 处大脑盲点

1. Mihaly Csikszentmihalyi[please document source].
2. Raj Raghunathan and colleagues[please document source].
3. National Science Foundation[please document source].
4. Roy F. Baumeister, Ellen Bratslavsky, Catrin Finkenauer, and Kathleen D. Vohs, "Bad Is Stronger Than Good," *Review of General Psychology* 5.4 (2001), http://dare.ubvu.vu.nl/bitstream/handle/1871/17432/Baumeister_Review?sequence=2.
5. Felicia Pratto and Oliver P. John, "Automatic Vigilance: The Attention-Grabbing Power of Negative Social Information," *Journal of Personality and Social Psychology* 61.3 (1991), http://people.uncw.edu/hakanr/documents/AutoVigilanceforneg.pdf.
6. David L. Thomas and Ed Diener, "Memory Accuracy in the Recall of Emotions, *Journal of Personality and Social Psychology* 59.2 (1990), http://psycnet.apa.org/psycinfo/1991-00334-001.
7. Christopher Nass[please document source].
8. Rick Hanson[please document source].
9. Christopher Chabris and Daniel Simons, "The Original Selective Attention Task," *The Invisible Gorilla*, http://www.theinvisiblegorilla.com/videos.html.
10. Vilayanur S. Ramachandran and Diane Rogers-Ramachandran, "Extreme Function: Why Our Brains Respond So Intensely to Exaggerated Characteristics, *Scientific American*, July 1, 2010, http://www.scientificamerican.com/article/carried-to-extremes/.
11. Kahneman[please document source].

12. Dan Cray, "How We Confuse Real Risks with Exaggerated Ones," *Time*, November 29, 2006, http://content.time.com/time/health/article/0,8599,1564144,00.html.
13. Shawn Achor[please document source].

第四部分

1. Arianna Huffington[please document source].

第十章　现在：意识帮你回归快乐的默认状态

1. Matt Killingsworth[please document source].

第十一章　变化：寻找生活的自然平衡状态

1. Robert A. Emmons and Michael E. McCullough, "Counting Blessings versus Burdens: An Experimental Investigation of Gratitude and Subjective Well-Being in Daily Life," *Journal of Personality and Social Psychology* 84.2 (2003), http://www.stybelpeabody.com/newsite/pdf/gratitude.pdf.
2. Martin E. P. Seligman[please document source].

第十二章　爱让生命流动

1. Elizabeth W. Dunn, Lara B. Aknin, and Michael I. Norton, "Spending Money on Others Promotes Happiness," *Greater Good*, n.d., http://greatergood.berkeley.edu/images/application_uploads/norton-spendingmoney.pdf.

第十三章 死亡：没有死，就没有生

1. World Health Organization, Global Health Observatory (GHO) Data, http://www.who.int/gho/en/.
2. Peter Saul, "Let's Talk about Dying," *TED*, November 2011, https://www.ted.com/talks/peter_saul_let_s_talk_about_dying?language=en.
3. An observing life form could have been one of ours or that of an extraterrestrial residing outside our own universe. Unless that extraterrestrial life created a new set of physical laws that are different for our universe than its own, it would suffer the same challenge of creation on its side and need a life form to observe its universe at inception. And that life form would need yet another life form to observe it into being. And so on. Alternatively, the life form could be the Designer of all life, a topic for the next chapter.
4. Anita Moorjani, "Dying to Be Me!," *TEDx*, December 11, 2013, http://tedxtalks.ted.com/video/Dying-to-be-me-Anita-Moorjani-a.

第十四章 伟大设计：寻找"造物主"的奇妙之旅

1. George Carlin[please document source].
2. Brian Greene, *The Fabric of the Cosmos: Space, Time, and Texture of Reality* (Vintage, 2005).
3. Sentences per second *(S)* = (9 *words* / 220 *words/minute*) * 60 *seconds/minute*.
4. Years to finish *(Y)* = *(C)* x *(S)* / (60*60*24*365) *seconds/year*. Number of possible configurations *(C)* = 27 *possibilities* ^ 56 *positions*.
5. Multiples of the age of Earth = *(Y)* / 4.5 * 10^9 *years*.
6. Attempts to write *War and Peace* randomly = 27 *possibilities* ^ (580,000 *words* * 6 *letters/word*).
7. Typing speed needed to finish in time = *(C)* * *9 words/sentence* / (60 * 24 * 365) *minutes/year* * 4.5 * 10^9 *years*.
8. World Registry of Marine Species, http://www.marinespecies.org/.
9. Camilo Mora et al., "How Many Species Are There on Earth and in the Ocean?," *PLOS Biology*, August 23, 2011, http://journals.plos.org/plosbiology

/article?id=10.1371/journal.pbio.1001127.

10. Attempts as a multiple of human population *(M)* = *(C)* / 7 ⋆ 10^9 *humans.*
11. Skeletons per square meter = *(M)* / 1.49 ⋆ 10^14 *surface area of the land mass.*
12. Humans to be created per month = *(C)* / 2 *million years* / 12 *months.*
13. George Sylvester Viereck, *Glimpses of the Great* (Macaulay, 1930), http://www.thinknice.com/albert-einstein-quotes/.

后记　与阿里的对话

1. Elisabeth Kübler-Ross[please document source].
2. Jonathan Coulton, "Still Alive," *YouTube*, https://www.youtube.com/watch?v=Y6ljFaKRTrI&spfreload=10.